Elemente der Mathematik

EdM

Nordrhein-Westfalen

Einführungsphase

Lösungen

Herausgegeben von

Heinz Griesel, Andreas Gundlach, Helmut Postel, Friedrich Suhr

Schroedel

westermann

Elemente der Mathematik
EdM
Lösungen
Nordrhein-Westfalen
Einführungsphase

Herausgegeben von
Prof. Dr. Heinz Griesel, Dr. Andreas Gundlach, Prof. Helmut Postel, Friedrich Suhr

Bearbeitet von
Karin Benecke, Martin Brüning, Gabriele Dybowski, Dr. Andreas Gundlach, Dr. Arnold Hermans †, Jakob Langenohl, Matthias Lösche, Hanns Jürgen Morath, Heinz Klaus Strick, Friedrich Suhr

unter Mitarbeit von
Sibylle Brinkmann, Dr. Holger Reeker, Sigrid Schwarz

westermann *GRUPPE*

Druck A^5 / Jahr 2018
Alle Drucke der Serie A sind im Unterricht parallel verwendbar.

Redaktion: Dr. Petra Brinkmeier
Herstellung: Reinhard Hörner
Grafiken: imprint, Ilona Külen, Zusmarshausen; Michael Wojczak, Braunschweig;
Langner und Partner, Hemmingen
Umschlagsfoto: plainpicture, Hamburg (Image Source)
Umschlagsgestaltung: sensdesign, Roland Sens
Satz: Satzteam Bleifrei, Hildesheim
Druck und Bindung: westermann druck GmbH, Braunschweig

ISBN 978-3-507-**87981**-2

1. Funktionen

2 Differenzialrechnung

3 Funktionsuntersuchungen

4 Wahrscheinlichkeitsrechnung

5 Punkte und Vektoren im Raum

1 Funktionen

Noch fit ... im Umgang mit quadratischen Funktionen?

10 **1.** **a)** $y = (x+3)^2$ **b)** $y = 3(x-2)^2$ **c)** $y = 2(x-3)^2 - 1$

2. Für $c = 0$ ist $y = x^2$ und die Parabel hat eine Nullstelle. Für $c > 0$ verschiebt sich die Parabel in Richtung der y-Achse nach oben und die Parabel hat keine Nullstelle. Für $c < 0$ wird die Parabel in Richtung der y-Achse nach unten verschoben und hat zwei Nullstellen.

3. **a)**

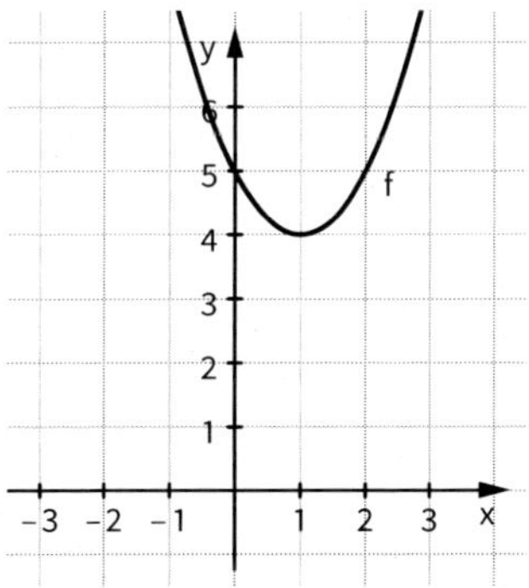

b)

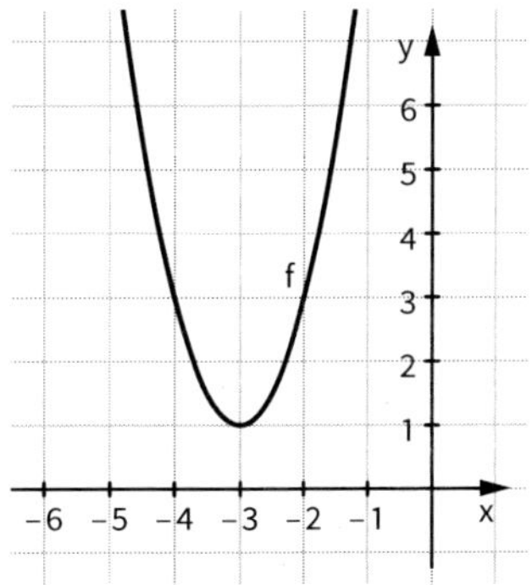

c)

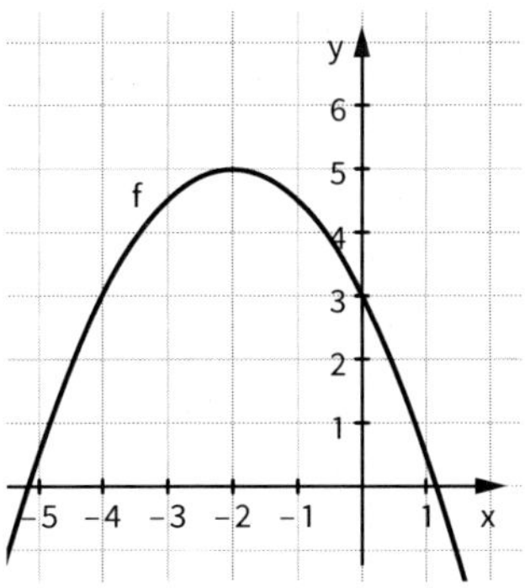

4. (1) $y = (x+2)^2 - 4$
(2) $y = -(x-2)^2 + 4$
(3) $y = (x-1)^2 - 2$
(4) $y = 1{,}8(x+1)^2 - 4$

1.1 Funktionen und ihre Darstellungen – Umgang mit dem Rechner

11 **Einstiegsaufgabe ohne Lösung**

- Der Bogen lässt sich durch den Graphen einer nach unten geöffneten Parabel beschreiben.
- Es bietet sich an, den Scheitelpunkt auf der y-Achse festzulegen: S (0 | 36), da der Bogen 36 m hoch ist. Aus der Breite des Bogens von 72 m ergeben sich die Nullstellen $x_1 = -36$ und $x_2 = +36$. Aus der Scheitelpunktform $y = a \cdot x^2 + 36$ ergibt sich mithilfe des Punktes N (36 | 0):

  $f(x) = -\frac{1}{36} \cdot x^2 + 36$ mit $D_f = \{x \in \mathbb{R} \mid -36 \le x \le 36\}$ und $W_f = \{y \in \mathbb{R} \mid 0 \le y \le 36\}$.
- 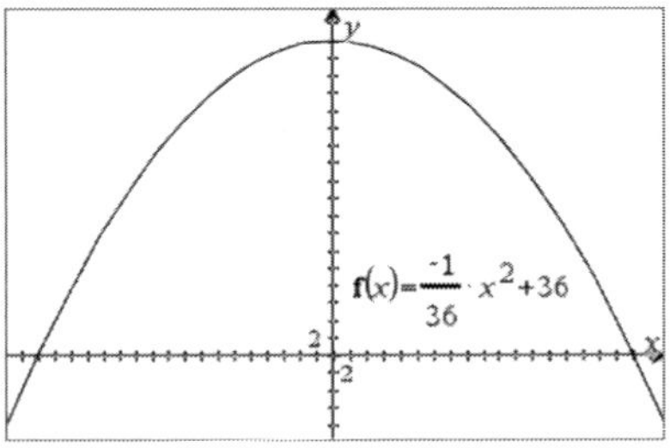

- Breite im fünften Geschoss: zwischen 48 m und 53,7 m, im obersten Geschoss max. 24 m.

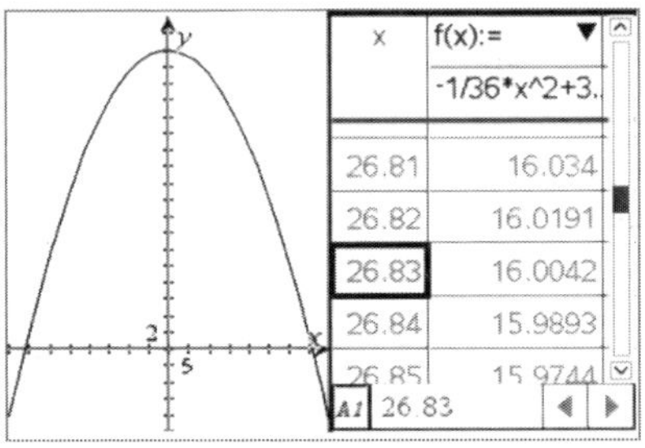

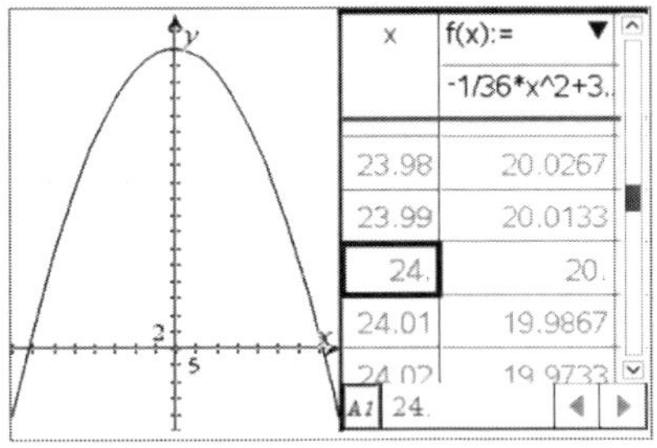

Im fünften Geschoss (also in einer Höhe zwischen $y = 16$ m und $y = 20$ m) beträgt die Breite höchstens etwa 53,7 m und mindestens etwa 48 m.

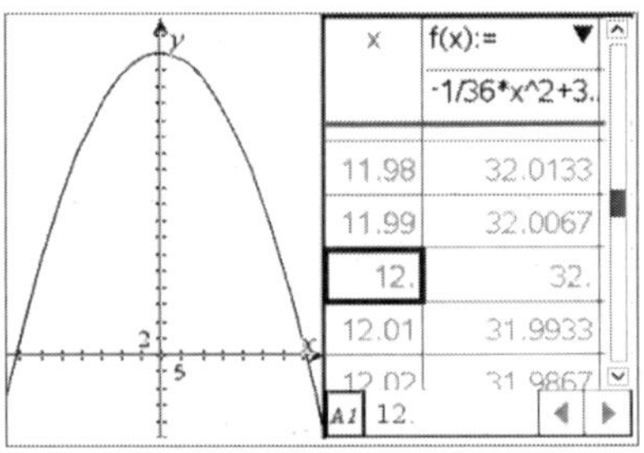

Im obersten Geschoss (also in einer Höhe von mindestens $y = 32$ m) beträgt die Breite höchstens 24 m.

14

1. jährliche Fixkosten:

Q-ÖKOreal: $12 \cdot 7{,}30\,€ = 87{,}60\,€$; extraWatt: $12 \cdot 13{,}50\,€ = 162{,}00\,€$

lineare Funktionen:

Q-ÖKOreal: $f_1(t) = 0{,}2753 \cdot t + 87{,}60$ extraWatt: $f_2(t) = 0{,}2410 \cdot t + 162{,}00$

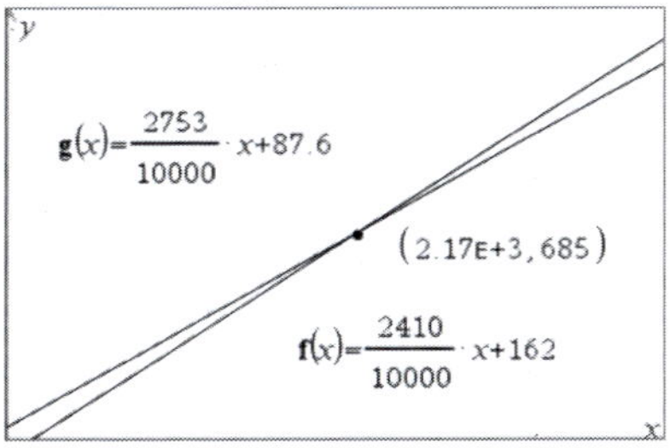

Beim jährlichen Verbrauch von 2 169,0962 kWh sind die Kosten gleich, darunter ist Q-ÖKOreal günstiger, darüber extraWatt.

Algebraisch erhält man die Lösung aus der Gleichung:

$0{,}2753 \cdot t + 87{,}60 = 0{,}2410 \cdot t + 162{,}00$

2. a) Da der Graph nicht geradlinig ist, ist der Zusammenhang nicht linear. Mit dem Ansatz $s = a\,v^2$ wird geprüft, ob der Zusammenhang quadratisch ist. Die Quotienten $s : v^2$ der Tabelle sind nahezu gleich: ihr gerundeter Mittelwert ist 0,009. Daher kann der Zusammenhang mit $s = 0{,}009\,v^2$ beschrieben werden.

Die Wertepaare geben Punkte, die ungefähr auf dem Graphen von $s = 0{,}009\,v^2$ liegen.

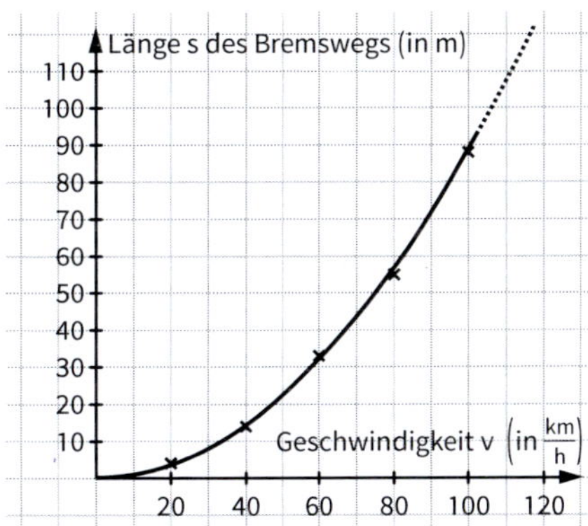

b) Maximaler Bremsweg für $v = 130\,\frac{km}{h}$: $s = 152{,}1\,m$

3. a) Bestimmung der Funktionsgleichung h (t):

Wasserstandsänderung: $\frac{45\,cm}{30\,s}$ also $h(t) = 1{,}5\,t + h_0$

Zeitpunkt $t = 2$: $8{,}5 = 1{,}5 \cdot 2 + h_0 \Rightarrow h_0 = 5{,}5$ (cm)

Zum Zeitpunkt $t = 0\,s$ war das Gefäß bereits bis zu einer Höhe von 5,5 cm gefüllt.

b) $f(15) = 1{,}5 \cdot 15 + 5{,}5 = 28$; Nach 15 s steht das Wasser 28 cm hoch.

c) $f(t) = 1{,}5 \cdot t + 5{,}5 = 82 \Rightarrow t = 51$; Das Gefäß ist nach 51 s voll.

15

4.

x	f1(x):= -4.1E-4*x^2+0.054*x-2.3
64.	-0.52336
65.	-0.52225
66.	-0.52196
67.	-0.52249
68.	-0.52384
69.	-0.52601
66.	

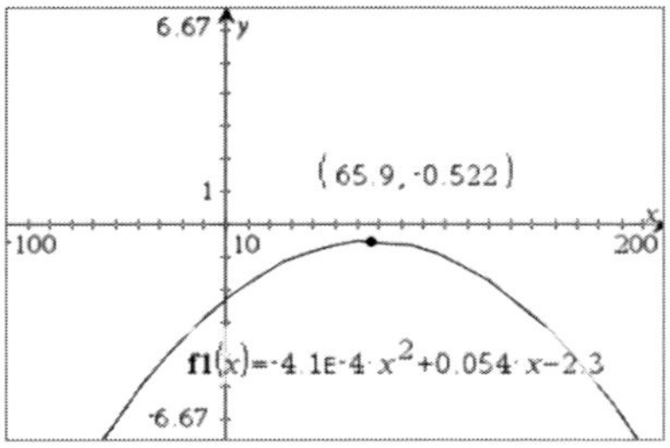

Bei einer Fluggeschwindigkeit von etwa 66 $\frac{km}{h}$ sinkt das Flugzeug mit einer Sinkgeschwindigkeit von etwa $-0{,}5\,\frac{m}{s}$.
Mit einem TR/GTR kann man dies anhand der Wertetabelle bestimmen oder im Grafik-Menü z. B. mithilfe des Befehls Maximum.

5. a) Flächeninhalt der gelben Flächen: $A_{gelb} = 2 \cdot (2\,cm \cdot 0{,}9\,cm) = 3{,}6\,cm^2$.
Berechnung der halben Seitenlänge a des blauen Quadrates mit dem Satz des Pythagoras:
$2a^2 = (2\,cm)^2 \Rightarrow a = \sqrt{2}\,cm$
Flächeninhalt des blauen Quadrates: $A_{blau} = \left(2\sqrt{2}\,cm\right)^2 = 8\,cm^2$.
Anteil der gelben Flächen: 45 %

b) $f(x) = 0{,}45 \cdot x^2$ (x = Breite des Logos; f(x) = Größe der gelben Fläche)

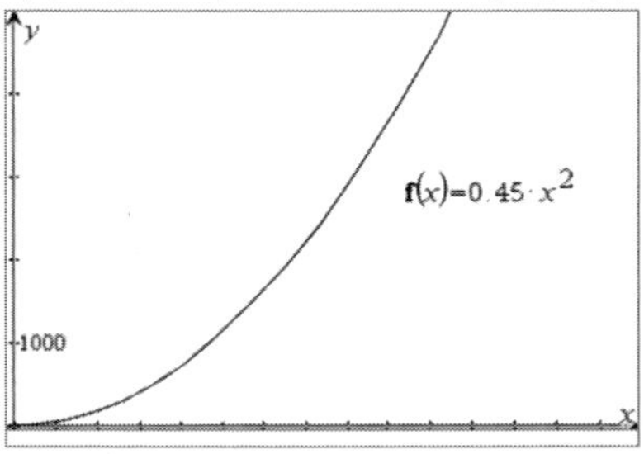

c) Breite 1 m $\Rightarrow$ Flächeninhalt der gelben Fläche $f(1) = 0{,}45\,m^2 = 4\,500\,cm^2$.
Kosten 450 €.

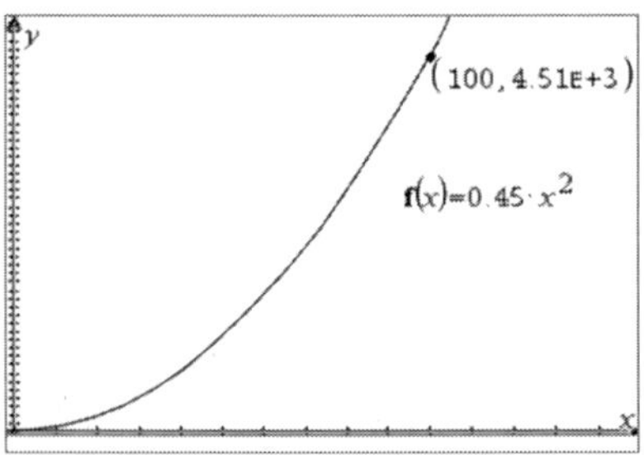

15

5. d) $4410\,cm^2 = 0{,}45\,x^2 \Rightarrow$ Breite des Logos $x \approx 99\,cm$

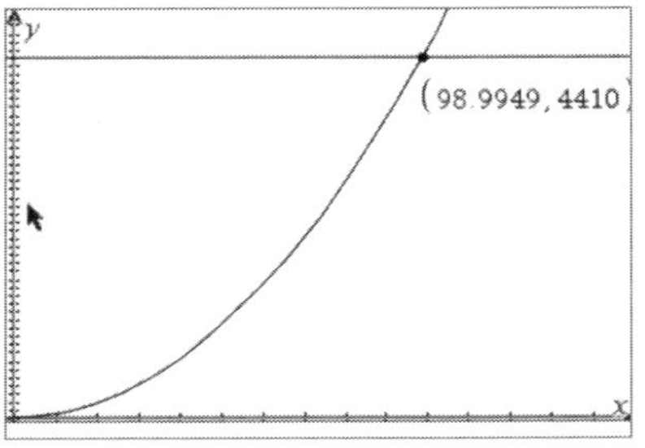

6. a) Im beiden Fällen geht Hannah von der allgemeinen Form $y = m \cdot x + b$ aus, gesucht sind die Werte für m und b.

Fall A: Steigung m und ein Punkt P des Graphen sind gegeben: Hannah setzt für m die gegebene Steigung, für x die x-Koordinate und für y die y-Koordinate des gegebenen Punktes P ein. Den Wert für den y-Achsenabschnitt b erhält sie durch das Lösen der entstandenen Gleichung.

Fall B: Zwei Punkte A und B des Graphen sind gegeben: Hannah setzt jeweils die Koordinaten der Punkte A und B ein und erhält ein Gleichungssystem mit zwei Gleichungen, in denen m und b nicht bekannt sind. Das Lösungspaar dieses Gleichungssystems sind die Werte für m bzw. b. Hannah berechnet zunächst m. Dann geht sie vor wie im Fall A.

b) Mögliches Vorgehen zur Berechnung von b:
$m = \frac{6}{7}$ in Hannahs Gleichung (1) einsetzen:
$5 = \frac{6}{7} \cdot 2 + b \Rightarrow b = \frac{23}{7}$
gesuchte Geradengleichung: $y = \frac{6}{7} \cdot x + \frac{23}{7}$
Alternatives Vorgehen:
$m = \frac{6}{7}$ in Hannahs Gleichung (2) einsetzen liefert ebenfalls $b = \frac{23}{7}$.

c) (1) gesuchte Geradengleichung: $y = \frac{1}{2} \cdot x - 1$
(2) gesuchte Geradengleichung: $y = -2{,}45 \cdot x + 635$
(3) gesuchte Geradengleichung: $y = -\frac{9}{8} \cdot x + \frac{13}{8}$
(4) gesuchte Geradengleichung: $y = -\frac{5}{4} \cdot x + \frac{25}{4}$

16

7. a) Berechnung der Parameter m und b der Geraden liefert die Geradengleichung:
$g(x) = -\frac{2}{3} \cdot x - \frac{1}{3}$.
Schnittpunkte bestimmen: Gleichsetzen: $f(x) = g(x)$ liefert die quadratische Gleichung $\frac{x^2}{2} - 1 = -\frac{2}{3}x - \frac{1}{3}$.
Die Lösungen der Gleichung sind die beiden x-Koordinaten der Schnittpunkte:
$x_1 = \frac{2}{3}$ und $x_2 = -2$.
Einsetzen der x-Werte in g liefert die y-Werte der Schnittpunkte:
$y_1 = -\frac{7}{9}$ und $y_2 = 1$.
Schnittpunkte: $S_1\left(\frac{2}{3} \middle| -\frac{7}{9}\right)$ und $S_2(-2 \mid 1)$

16

7. b) Vorgehen wie in a): gesuchte Geradengleichung: $g(x) = x - 2$
Die quadratische Gleichung $\frac{x^2}{2} - 1 = x - 2$ liefert $x_{1/2} = 1 \pm \sqrt{-1}$. Dies sind keine reellen Lösungen: Die Parabel und die Gerade haben keine Schnittpunkte.

c) Vorgehen wie in a): gesuchte Geradengleichung: $g(x) = -1$
Die quadratische Gleichung $\frac{x^2}{2} - 1 = -1$ hat nur eine Lösung $x = 0$.
Es gibt nur einen Schnittpunkt: $S(0\,|\,-1)$.

d) Vorgehen wie in a): gesuchte Geradengleichung: $g(x) = 2x - 3$
Die quadratische Gleichung $\frac{x^2}{2} - 1 = 2x - 3$ hat nur eine Lösung $x = 2$.
Es gibt nur einen Schnittpunkt: $S(2\,|\,1)$.

e) Bei der Berechnung der Steigung m tritt ein nicht definierter Term auf:
$m = \frac{y_P - y_Q}{x_P - x_Q} = \frac{-1-2}{1-1} = \frac{-3}{0}$
Die Gerade, auf der die Punkte P und Q liegen, ist eine Parallele zur y-Achse: $x = 1$.
Sie schneidet die Parabel im Punkt: $S\left(1\,\middle|\,-\frac{1}{2}\right)$.

8. a) Eingabe von $y = 3x^2$ und $y = 4x + 8$ im Grafikmodus des Rechners

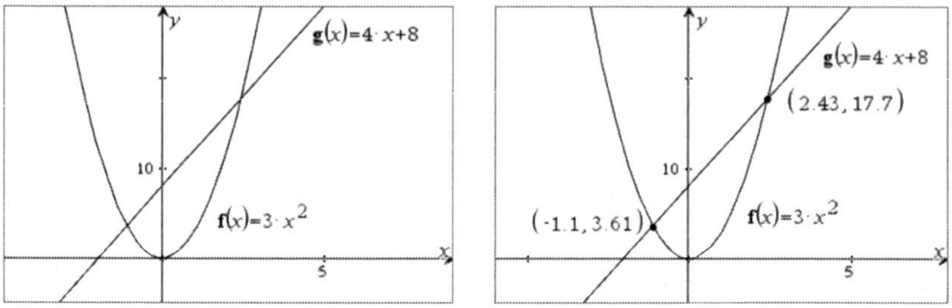

b) Die von Torben beschriebene Strategie nennt man auch Grafisches Lösen von Gleichungen. Dies Vorgehen ist mit beliebigen Termen auf beiden Seiten der Gleichung möglich. Die x-Koordinaten der Schnittpunkte sind die Lösungen der Gleichung. Gibt es nur einen Schnittpunkt, hat die Gleichung nur eine Lösung, gibt es keinen Schnittpunkt, hat die Gleichung keine Lösung.

9. a) $D_f = \mathbb{R}$, $D_g = \mathbb{R}$
$W_f = [-4; \infty[= \{y \in \mathbb{R} \mid y \geq -4\}$, $W_g = [14; \infty[= \{y \in \mathbb{R} \mid y \geq 14\}$

b)

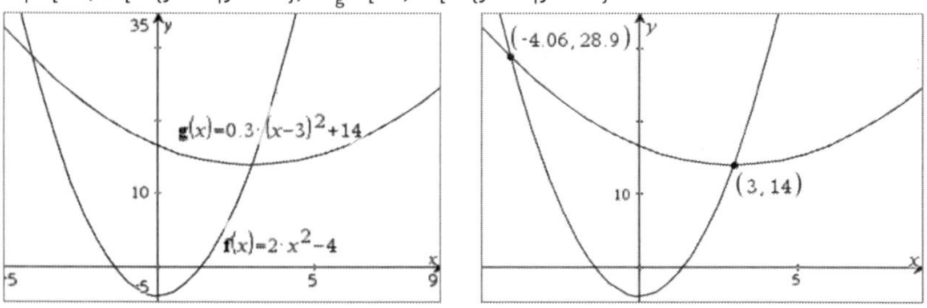

Die gemeinsamen Punkte der Funktionsgraphen sind: $S_1(-4{,}0588\,|\,28{,}9481)$, $S_2(3\,|\,14)$

16

9. b) Fortsetzung

Alternative algebraische Lösung: $f(x) = g(x)$

$2x^2 - 4 = 0{,}3(x-3)^2 + 14 \Rightarrow x_1 = 3;\ x_2 = -\frac{69}{17};\ f(x_1) = 14;\ f(x_2) = 28{,}9481$

c) Die dritte Parabel h hat die Funktionsgleichung:

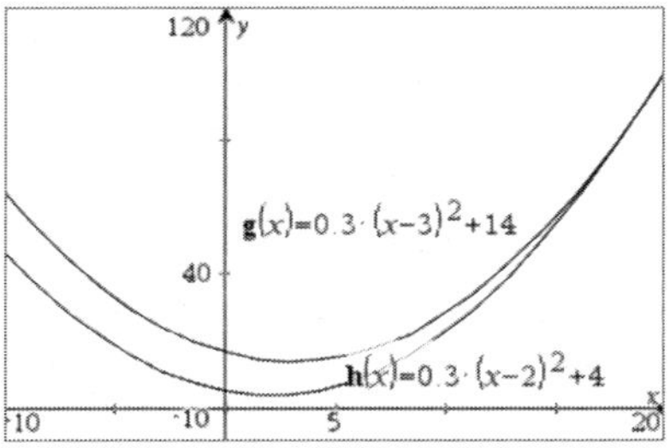

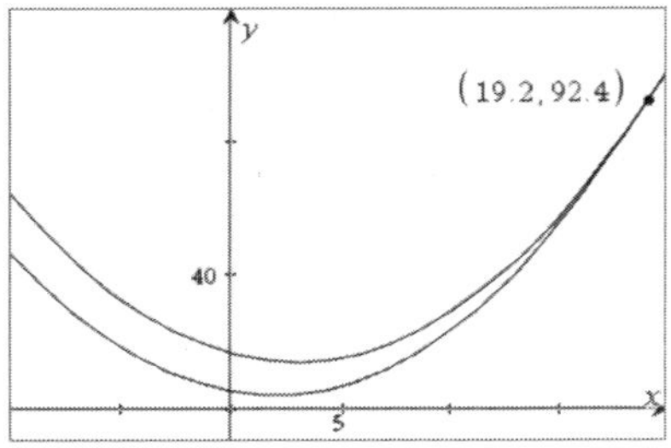

Der Rechner liefert nur einen Schnittpunkt: S(19,1667 | 92,4083)

Alternativer Nachweis: $g(x) = h(x)$

$0{,}3(x-3)^2 + 14 = 0{,}3(x-2)^2 + 4 \Rightarrow x = \frac{115}{6};\ f(x) \approx 92{,}4083$

10. a)

Parkzeit	30 min	$1\frac{1}{2}$ h	2 h 1 min	4 h 59 min
Parkgebühren	0 €	1,25 €	2,50 €	5 €

b)

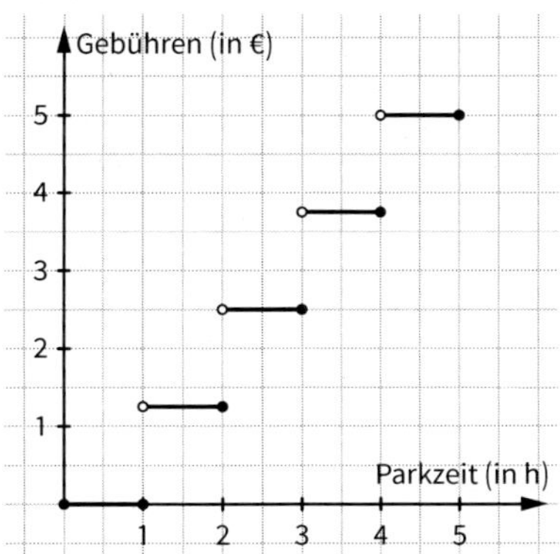

11. (2) passt zum Bild.

Der untere quaderförmige Teil des Beckens füllt sich schneller als der obere Quader des Beckens. Im unteren Beckenbereich wird eine Wasserhöhe also in einer kürzeren Zeit erreicht als im oberen Beckenteil. Die Knickstelle des Graphen beschreibt den Zeitpunkt, zu dem der untere Teil des Beckens gefüllt ist.

16

12. a) Nach dem Satz des Thales liegen die Punkte C aller rechtwinkligen Dreiecke mit der Hypotenuse c auf einem Kreis um den Mittelpunkt von c mit dem Radius c/2.
In diesem Fall ist $c = 5$. Nach dem Satz des Pythagoras gilt für die rechtwinkligen Dreiecke mit der Hypotenuse $c = 5$ und den Katheten x und y die Gleichung $x^2 + y^2 = 25$.
Die Punkte C haben den Abstand $5 = \sqrt{25} = \sqrt{x^2 + y^2}$ vom Mittelpunkt der Hypotenuse c.

b) $M(0|0)$, $r = 5$ (LE)

c) „Eine Funktion f ordnet jeder Zahl x, für die sie definiert ist, **genau eine** Zahl y zu.“ (Definition von Seite 12)
Gegenbeispiel: Für $x = 4$ ist die Kreisgleichung definiert und sowohl für $y = -3$ als auch für $y = 3$ erfüllt. Damit werden einer Zahl x zwei verschiedene y-Werte zugeordnet; die Kreisgleichung ist also keine Funktion.

d) $f_1(x) = -\sqrt{25 - x^2}$, $D_{f_1} = \{x \in \mathbb{R} \mid -5 \le x \le 5\}$
$f_2(x) = \sqrt{25 - x^2}$, $D_{f_2} = \{x \in \mathbb{R} \mid -5 < x < 5\}$

1.2 Potenzen mit rationalen Exponenten – Potenzgesetze

1.2.1 Definition von Potenzen mit rationalen Exponenten

17

Einstiegsaufgabe ohne Lösung

■

t (in h)	0	1	2	3	4	5
A (in cm²)	1	3	9	27	81	243

$A(t) = 1 \cdot 3^t$

■ $A\left(\frac{1}{2}\right) \approx 1{,}73$

$A\left(\frac{1}{4}\right) \approx 1{,}32$

$A\left(\frac{3}{4}\right) \approx 2{,}28$

$A\left(\frac{1}{3}\right) \approx 1{,}44$

19

1. a)
(1) $t = 1$ — $A = 27\,\text{cm}^2 \cdot 3 = 81\,\text{cm}^2$
(2) $t = \frac{1}{2}$ — $A = 27\,\text{cm}^2 \cdot 3^{\frac{1}{2}} \approx 46{,}8\,\text{cm}^2$
(3) $t = \frac{5}{3}$ — $A = 27\,\text{cm}^2 \cdot 3^{\frac{5}{3}} \approx 168{,}5\,\text{cm}^2$
(4) $t = -\frac{2}{3}$ — $A = 27\,\text{cm}^2 \cdot 3^{-\frac{2}{3}} \approx 13{,}0\,\text{cm}^2$
(5) $t = 2{,}5$ — $A = 27\,\text{cm}^2 \cdot 3^{2{,}5} \approx 420{,}9\,\text{cm}^2$
(6) $t = 3{,}2$ — $A = 27\,\text{cm}^2 \cdot 3^{3{,}2} \approx 908{,}1\,\text{cm}^2$

19

1. b)

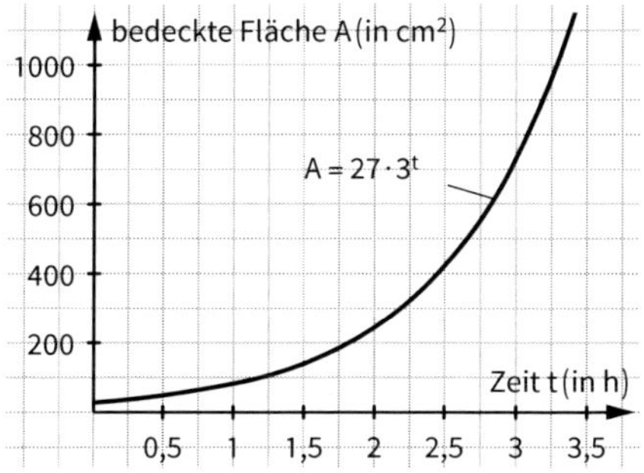

20

2. a) $16^{\frac{1}{4}} = (2^4)^{\frac{1}{4}} = 2$

b) $100^{\frac{3}{2}} = (10^2)^{\frac{3}{2}} = 10^3 = 1000$

c) $8^{\frac{2}{3}} = (2^3)^{\frac{2}{3}} = 2^2 = 4$

d) $81^{\frac{3}{4}} = (3^4)^{\frac{3}{4}} = 3^3 = 27$

e) $\left(\frac{243}{1\,024}\right)^{\frac{1}{5}} = \left(\frac{3^5}{2^{10}}\right)^{\frac{1}{5}} = \frac{3}{4}$

f) $0^{\frac{4}{5}} = 0$

g) $1{,}44^{-\frac{1}{2}} = \left(\frac{144}{100}\right)^{-\frac{1}{2}} = \left(\frac{10^2}{12^2}\right)^{\frac{1}{2}} = \frac{10}{12} = \frac{5}{6}$

h) $125^{-\frac{2}{3}} = \frac{1}{(5^3)^{\frac{2}{3}}} = \frac{1}{5^2} = \frac{1}{25}$

i) $1^{-\frac{4}{7}} = 1$

j) $625^{-\frac{3}{4}} = \frac{1}{(5^4)^{\frac{3}{4}}} = \frac{1}{5^3} = \frac{1}{125}$

3. a) $4^{0,5} = 4^{\frac{1}{2}} = 2$

b) $32^{0,8} = (2^5)^{\frac{4}{5}} = 2^4 = 16$

c) $16^{-0,75} = (2^4)^{-\frac{3}{4}} = \frac{1}{(2^4)^{\frac{3}{4}}} = \frac{1}{8}$

d) $0{,}25^{-0,5} = \left(\frac{1}{4}\right)^{-\frac{1}{2}} = (4)^{\frac{1}{2}} = 2$

e) $\left(\frac{81}{625}\right)^{0,25} = \left(\frac{3^4}{5^4}\right)^{\frac{1}{4}} = \frac{3}{5}$

4. a) $b = 27$ **b)** $b = 32$ **c)** $b = 25$ **d)** $b = \frac{1}{16}$ **e)** $b = 125$

5. a) $3 = 9^{\frac{1}{2}} = 27^{\frac{1}{3}} = \left(\frac{1}{81}\right)^{-\frac{1}{4}}$

b) $5 = 125^{\frac{1}{3}} = 625^{\frac{1}{4}} = \left(\frac{1}{25}\right)^{-\frac{1}{2}}$

c) $2^3 = 4^{\frac{3}{2}} = (1\,024)^{\frac{3}{10}} = \left(\frac{1}{8}\right)^{-1}$

d) $3^8 = 9^4 = 81^2 = \left(\frac{1}{9}\right)^{-4}$

e) $1 = 1^{\frac{2}{5}} = 1^{-0,3} = 5^0$

f) $1\,000 = 100^{\frac{3}{2}} = \left(\frac{1}{10}\right)^{-3} = (100\,000)^{\frac{3}{5}}$

6. a) Nach der Definition auf S. 19 würde gelten:
$(-4)^{\frac{1}{2}} = \sqrt{-4}$; $\sqrt{-4}$ wäre diejenige Zahl a, für die gilt: $a^2 = -4$.
Diese Gleichung hat keine Lösung.

b) $(-8)^{\frac{1}{3}} = (-8)^{\frac{2}{6}} = (\sqrt[6]{-8})^2$
$\sqrt[6]{-8}$ wäre diejenige Zahl a, für die gilt: $a^6 = -8$
Diese Gleichung hat keine Lösung.

c) Viele Rechner lassen eine Potenz mit negativer Basis zu, falls
- der Exponent eine ganze Zahl ist,
- der vollständig gekürzte Exponent ein Bruch ist, dessen Nenner ungerade ist.

20 **7.** **a)** richtig **e)** $128^{\frac{3}{7}} = 8$ **i)** $(-125)^{\frac{2}{5}} = 5^{\frac{6}{5}}$

b) $27^{\frac{1}{3}} = 3$ **f)** richtig **j)** richtig

c) falsch (auch das Ergebnis – 10), da $a^{\frac{1}{3}}$ nur für $a > 0$ definiert ist; vgl. Aufgabe 6 b.

d) richtig **g)** $1^{-2,4} = 1$ **k)** $125^{-\frac{2}{3}} = \frac{1}{25} = 0,04$

h) richtig **l)** $\left(\frac{1}{256}\right)^{-0,75} = 64$

8. Korrektur an der 1. Auflage: Im Beispiel: ... $= \left(7^{\frac{1}{3}}\right)^4 = 7^{\frac{4}{3}}$

a) $13^{\frac{1}{2}} = \sqrt{13} \approx 3,61$; $7,8^{\frac{6}{12}} = \sqrt[12]{7,8^6} = \sqrt{7,8} \approx 2,79$;

$5^{-\frac{1}{2}} = \frac{1}{5^{\frac{1}{2}}} = \frac{1}{\sqrt{5}} \approx 0,45$; $7^{\frac{3}{2}} = 7^{1,5} = \sqrt{7^3} \approx 18,52$

$5,6^{0,5} = \sqrt{5,6} \approx 2,37$; $0,3^{-2,5} = 0,3^{-\frac{5}{2}} = \frac{1}{0,3^{\frac{5}{2}}} = \frac{1}{\sqrt{0,3^5}} \approx 20,29$

b) $\sqrt{0,64} = 0,64^{\frac{1}{2}} = 0,8$; $(\sqrt{50})^3 = 50^{\frac{3}{2}} = (50^3)^{\frac{1}{2}} \approx 353,55$

$\sqrt{\frac{1}{8}} = \left(\frac{1}{8}\right)^{\frac{1}{2}} = 2^{-\frac{3}{2}} \approx 0,35$; $\frac{1}{(\sqrt{2})^6} = \left(2^{\frac{1}{2}}\right)^{-6} = 2^{-3} = \frac{1}{8}$

$\frac{1}{\sqrt[3]{5}} = \frac{1}{5^{\frac{1}{3}}} = 5^{-\frac{1}{3}} \approx 0,58$; $(\sqrt[5]{3})^2 = \left(3^{\frac{1}{5}}\right)^2 = 3^{\frac{2}{5}} \approx 1,55$

9. **a)** Kontostand nach 5 Jahren: $23\,000\,€ \cdot 1,0325^5 = 26\,988,50\,€$

b) $17\,000\,€ \cdot b^5 = 20\,435,70\,€$, also

$b = \sqrt[5]{1,2021} = 1,0375$

Der Zinssatz betrug 3,75 %.

21 **10.** $5\,000\,€ \cdot b^5 = 6\,000\,€$, also $b = \sqrt[5]{1,2} \approx 1,0371$; Der Zinssatz beträgt ca. 3,7 %.

11.
- in den ersten drei Jahren: $20\,000\,€ \cdot b_1^3 = 22\,367,74\,€$, also $b_1 = 1,038$
  In den ersten drei Jahren beträgt der Zinssatz 3,8 %.
- im 4. und 5. Jahr: $22\,367,74\,€ \cdot b_2^2 = 24\,426,13\,€$, also $b_2 \approx 1,045$
  Im 4. und 5. Jahr beträgt der Zinssatz ca. 4,5 %.
- vom 6. bis zum 10. Jahr: $24\,426,13\,€ \cdot b_3^5 = 30\,805,25\,€$, also $b_3 \approx 1,0475$
  In den letzten fünf Jahren beträgt der Zinssatz ca. 4,75 %.
- bei gleichbleibender Verzinsung über 10 Jahre:
  $20\,000\,€ \cdot b_4^{10} = 30\,805,25\,€$, also $b_4 \approx 1,044$
  Der Zinssatz würde ca. 4,4 % betragen.

12.
- in den ersten drei Jahren: $12\,000\,€ \cdot 2,4^3 = 12\,884,90\,€$
- in den folgenden vier Jahren: $12\,884,90\,€ \cdot b^4 = 14\,785,72\,€$, also $b \approx 1,035$
  Der erhöhte Zinssatz beträgt 3,5 %.

13. **a)** 5-mal gefaltetes Blatt: $0,1\,\text{mm} \cdot 2^5 = 3,2\,\text{mm}$

10-mal gefaltetes Blatt: $0,1\,\text{mm} \cdot 2^{10} = 102,4\,\text{mm} \approx 1,02\,\text{dm}$

b) $0,1\,\text{mm} \cdot 2^x = 6\,000\,\text{mm}$, also $2^x = 60\,000$

Durch Probieren erhalten wir $x = 15 \Rightarrow 2^{15} = 32\,768$

$x = 16 \Rightarrow 2^{16} = 65\,536$

Man muss mindestens 16-mal falten.

1.2.2 Potenzgesetze

23

1. a) $2^{3+2} = 2^5 = 32$

b) $\left(\frac{12}{4}\right)^3 = 3^3 = 27$

c) $2^{-4} = \frac{1}{2^4} = \frac{1}{16}$

d) $(2{,}5 \cdot 4)^4 = 10^4 = 10\,000$

e) $3^{7-5} = 3^2 = 9$

f) $3^{0{,}5 \cdot 4} = 3^2 = 9$

g) $\left(\frac{1}{2}\right)^{-2\cdot(-1)} = \left(\frac{1}{2}\right)^2 = \frac{1}{4}$

h) $4^{\frac{1}{8}+\frac{3}{8}} = 4^{\frac{1}{2}} = \sqrt{4} = 2$

i) $(2 \cdot 5)^{-3} = 10^{-3} = \frac{1}{10^3} = \frac{1}{1\,000}$

j) $3^{1{,}5-3{,}5} = 3^{-2} = \frac{1}{3^2} = \frac{1}{9}$

k) $\left(\frac{1}{2} \cdot 4\right)^4 = 2^4 = 16$

l) $\left(\frac{1}{4}\right)^{-2+0{,}5} = \left(\frac{1}{4}\right)^{-\frac{3}{2}} = 4^{\frac{3}{2}} = \left(\sqrt{4}\right)^3 = 8$

2. a) Korrektur an der 1. Auflage: erste Zeile: $2/3^4 = \frac{2}{81}$

$2/3^4 = \frac{2}{3^4} = \frac{2}{81}$; $\left(\frac{2}{3}\right)^4 = \frac{2^4}{3^4} = \frac{16}{81}$; $\frac{2^4}{4^4} = \left(\frac{2}{4}\right)^4 = \left(\frac{1}{2}\right)^4 = \frac{1}{16}$

b) $\frac{(-5)^4}{(-5)^6} = (-5)^{4-6} = (-5)^{-2} = \frac{1}{(-5)^2} = \frac{1}{25}$; $\frac{3^5}{6^5} = \left(\frac{3}{6}\right)^5 = \left(\frac{1}{2}\right)^5 = \frac{1}{32}$

$\frac{2^{8{,}5}}{2^{6{,}5}} = 2^{8{,}5-6{,}5} = 2^2 = 4$

c) $(-2)^{3^2} = (-2)^9 = -512$; $\left((-2)^2\right)^3 = (-2)^6 = 64$

$-2^3 \cdot 5^3 = -(2 \cdot 5)^3 = -10^3 = -1\,000$

$4^4 \cdot (-2{,}5)^4 = \left(4 \cdot (-2{,}5)\right)^4 = (-10)^4 = 10\,000$

3. a) $5^{4-8} = 5^{-4} = \frac{1}{625}$

b) $2^{3+12} = 2^{15}$

c) $0{,}5^{-12} = 2^{12}$

d) $\left(\frac{2}{3} \cdot \frac{3}{4}\right)^5 = \left(\frac{1}{2}\right)^5 = \frac{1}{32}$

e) $\left(\frac{3}{6}\right)^4 = \left(\frac{1}{2}\right)^4 = \frac{1}{16}$

f) $64^{2\cdot\frac{1}{4}} = 64^{\frac{1}{2}} = 8$

g) $(-4{,}5)^{-4-(-5)} = -4{,}5$

h) $\left(-7 \cdot (-0{,}3)\right)^8 = 2{,}1^8$

i) $1\,024^{\frac{1}{5}\cdot\frac{1}{2}} = 1\,024^{\frac{1}{10}} = 2$

j) $(2 \cdot 0)^{\frac{3}{5}} = 0$

k) $(3 \cdot 27)^{\frac{1}{2}} = 81^{\frac{1}{2}} = 9$

l) $16^{\frac{15}{2}-\frac{19}{2}} = 16^{-2} = \frac{1}{256}$

4.

(1)	falsch	Gegenbeispiel $5^2 \neq 2^5$
(2)	richtig	$(a^m)^n = a^{m\cdot n}$
		$(a^n)^m = a^{n\cdot m} = a^{m\cdot n}$
(3)	richtig	Potenzgesetz (3)

5. a) $z^{3+7} = z^{10}$

b) $\left(\frac{2a}{a}\right)^4 = 2^4 = 16$

c) $w^{3-(-3)} = w^6$

d) $(-a)^{3\cdot 2} = (-a)^6 = a^6$

e) $x^{-5-5} = x^{-10}$

f) $(4z)^{-2+4} = (4z)^2 = 16z^2$

g) $(25b^2)^{3\cdot\frac{1}{2}} = (25b^2)^{\frac{3}{2}} = (5 \cdot |b|)^3 = 125 \cdot |b|^3$

h) $(-3x \cdot 3x)^4 = (-9x^2)^4 = 6\,561x^8$

i) $\left(\frac{2}{4x}\right)^5 = \left(\frac{1}{2x}\right)^5 = \frac{1}{32x^5}$

j) $(5a \cdot 2a)^6 = (10a^2)^6 = 1\,000\,000 \cdot a^{12}$

k) $\left(-\frac{1}{3}\right)^{-3\cdot(-2)} = \left(-\frac{1}{3}\right)^6 = \frac{1}{3^6} = \frac{1}{729}$

l) $x^{-4+3-(-2)} = x^1 = x$

23

6. a) $a^{\frac{3}{4}} \cdot b^{\frac{3}{4}} = (a\,b)^{\frac{3}{4}}$; $a^{\frac{3}{4}} \cdot b^{\frac{1}{4}} = (a^3 b)^{\frac{1}{4}} = \sqrt[4]{a^3 b}$; $a^{\frac{3}{4}} \cdot b^{-\frac{1}{5}}$

$b^{0,25} \cdot b^{\frac{3}{4}} = b^1 = b$; $b^{0,25} \cdot b^{\frac{1}{4}} = b^{\frac{1}{2}} = \sqrt{b}$

$b^{0,25} \cdot b^{-\frac{1}{5}} = b^{\frac{1}{4} - \frac{1}{5}} = b^{\frac{1}{20}}$

$a^{-0,2} \cdot b^{\frac{3}{4}}$; $a^{-0,2} \cdot b^{\frac{1}{4}}$; $a^{-0,2} \cdot b^{-\frac{1}{5}} = (a \cdot b)^{-\frac{1}{5}} = \frac{1}{(a\,b)^{\frac{1}{5}}}$

b) $a^{\frac{3}{4}} : b^{\frac{3}{4}} = \left(\frac{a}{b}\right)^{\frac{3}{4}}$; $a^{\frac{3}{4}} : b^{\frac{1}{4}} = \left(\frac{a^3}{b}\right)^{\frac{1}{4}}$; $a^{\frac{3}{4}} : b^{-\frac{1}{5}} = a^{\frac{3}{4}} \cdot b^{\frac{1}{5}}$

$b^{0,25} : b^{\frac{3}{4}} = b^{-\frac{1}{2}} = \frac{1}{\sqrt{b}}$; $b^{0,25} : b^{\frac{1}{4}} = 1$; $b^{0,25} : b^{-\frac{1}{5}} = b^{\frac{1}{4} + \frac{1}{5}} = b^{\frac{9}{20}}$

$a^{-0,2} : b^{\frac{3}{4}}$; $a^{-0,2} : b^{\frac{1}{4}}$; $a^{-0,2} : b^{-\frac{1}{5}} = a^{-\frac{1}{5}} \cdot b^{\frac{1}{5}} = \left(\frac{b}{a}\right)^{\frac{1}{5}}$

7. a) $5^{\frac{1}{2}} \cdot 5^{\frac{1}{3}} = 5^{\frac{5}{6}}$

b) $7^{\frac{1}{5}} \cdot 7^{\frac{1}{3}} = 7^{\frac{8}{15}}$

c) $4^{\frac{1}{3}} : 4^{\frac{1}{4}} = 4^{\frac{1}{12}}$

d) $8^{\frac{1}{2}} : 8^{\frac{1}{4}} = 8^{\frac{1}{4}}$

e) $x^{\frac{1}{2}} \cdot x^{\frac{1}{3}} = x^{\frac{5}{6}}$

f) $x^{\frac{4}{5}} : x^{\frac{1}{10}} = x^{\frac{7}{10}}$

g) $2^{-\frac{3}{2}} \cdot 2^{\frac{2}{3}} = 2^{-\frac{5}{6}}$

h) $3^{-\frac{3}{4}} : 3^{\frac{4}{3}} = 3^{-\frac{25}{12}}$

i) $x^{\frac{7}{5}} \cdot x^{-\frac{4}{6}} = x^{\frac{11}{15}}$

j) $y^{-1} : y^{\frac{1}{2}} = y^{-\frac{3}{2}}$

24

8. Korrektur an der 1. Auflage: 8 f) neu: $14 \cdot 3^{n-1} - 5 \cdot 3^{n-1}$

a) $b^4(5 - 8) = -3\,b^4$

b) $2\,y^3$

c) $-7\,z^7$

d) 0

e) $5 \cdot 5^k = 5^{k+1}$

f) $9 \cdot 3^{n-1} = 3^2 \cdot 3^{n-1} = 3^{n+1}$

g) $2 \cdot 2^n - 2^n = 2^n$

h) $5^2 \cdot 5^k + 100 \cdot 5^k = 125 \cdot 5^k = 5^3 \cdot 5^k = 5^{k+3}$

i) $50 \cdot 7^{k-1} - 7^2 \cdot 7^{k-1} = 7^{k-1}$

9. Korrektur an der 1. Auflage: Im Beispiel, 2. Zeile, wird im Nenner x ergänzt.

(1) $\frac{2x^3 + 4x^3}{3x^3 + 3x^3} = \frac{6x^3}{6x^3} = 1$

(2) $\frac{2a^2}{4a^3 - 2a^3} = \frac{2a^2}{2a^3} = \frac{1}{a} = a^{-1}$

(3) $\frac{6x}{2x^3 + 3x^3 + x^3} = \frac{6x}{6x^3} = \frac{1}{x^2} = x^{-2}$

(4) $\frac{2a^2b - a^2b}{a^2b - b + b} = \frac{a^2b}{a^2b} = 1$

10. a) falsch; Gegenbeispiel: $2^5 + 2^2 \neq 2^7$

b) falsch; Gegenbeispiel: $2^3 + 5^3 \neq (2 + 5)^3$

c) richtig: $\sqrt{a} \cdot \sqrt{b} = a^{\frac{1}{2}} \cdot b^{\frac{1}{2}} = (a \cdot b)^{\frac{1}{2}} = \sqrt{a \cdot b}$

11. a) Die Exponenten wurden multipliziert statt addiert.
Richtig ist: $a^{\frac{2}{3}} \cdot a^3 = a^{\frac{2}{3} + 3} = a^{\frac{11}{3}}$

b) Die Exponenten wurden dividiert statt subtrahiert.
Richtig ist: $y^{\frac{3}{2}} : y^2 = y^{\frac{3}{2} - 2} = y^{-\frac{1}{2}}$

c) Die Exponenten wurden quadriert statt multipliziert.
Richtig ist: $\left(c^{\frac{5}{3}}\right)^2 = c^{\frac{5}{3} \cdot 2} = c^{\frac{10}{3}}$

d) Summen von Potenzen mit gleicher Basis können nicht zusammengefasst werden.
$r^{0,6} + r^{0,4}$ kann nicht vereinfacht werden.

24

12. a) $3^2 : 4^2 = \frac{9}{16}$ richtig;
$a^3 \cdot a^2 = a^6$ falsch, denn $a^3 \cdot a^2 = a^5$;
$x^{2k} : x^k = x^2$ falsch, denn $x^{2k} : x^k = x^{2k-k} = x^k$;
$b^r + b^s = b^{r \cdot s}$ falsch; Term kann nicht zusammengefasst werden.

b) $x^3 \cdot y^2 = (x \cdot y)^5$ falsch, denn $x^3 \cdot y^2 = (x \cdot y)^2 \cdot x$;
$\frac{b^5}{b^{-5-k}} = b^{10+k}$ richtig;
$(a \cdot k)^5 = a \cdot k^5$ falsch, denn $(a \cdot k)^5 = a^5 \cdot k^5$;
$(2 \cdot a)^3 = 6\,a^3$ falsch, denn $(2 \cdot a)^3 = 2^3 \cdot a^3 = 8\,a^3$

c) $a^k + a^k = a^{2k}$ falsch, denn $a^k + a^k = 2 \cdot a^k$;
$2^6 - 2^5 = 2^5$ richtig;
$a \cdot a^7 = a^7$ falsch, denn $a \cdot a^7 = a^{1+7} = a^8$;
$(b^{-k})^2 \cdot b^{2k+2} = b^2$ richtig

d) $3^{s+1} : 3^s = 3$ richtig;
$3^n + 2 \cdot 3^n = 3^{n+1}$ richtig;
$(-1)^{2k} = 1$ richtig nur für $k \in \mathbb{N}$
$(-1)^{2k+1} = 1$ falsch, denn für $k \in \mathbb{N}$ gilt: $(-1)^{2k+1} = (-1) \cdot (-1)^{2k} = (-1) \cdot 1 = -1$

13. a) $a'' = 2\,a'$; $b_1 = K \cdot a'$; $b_2 = k \cdot b_1 = k^2 \cdot a'$; …
$b_{12} = k^{12} \cdot a' = a''$; also $k^{12} \cdot a' = 2 \cdot a'$ bzw. $k^{12} = 2$, also $k = \sqrt[12]{2}$

a′	b′	h′	c″	cis″	a″

$$440\text{ Hz} \xrightarrow{\cdot k} \ldots \xrightarrow{\cdot k} \ldots \xrightarrow{\cdot k} \ldots \xrightarrow{\cdot k} \ldots \xrightarrow{\cdot k} \ldots \xrightarrow{\cdot k} 880\text{ Hz}$$

12 Halbtonschritte, also $440 \cdot k^{12} = 880$, also $k^{12} = 2$, also $k = \sqrt[12]{2}$

b) $(\sqrt[12]{2})^x = 1{,}5$; Durch Probieren erhält man $x \approx 7$.
Antwort: Eine reine Quinte umfasst 7 Halbtonschritte.
$(\sqrt[12]{2})^7 \approx 1{,}498$
Die Abweichung beträgt ca. 0,1 %.

1.3 Potenzfunktionen

1.3.1 Potenzfunktionen mit natürlichen Exponenten

25

Einstiegsaufgabe ohne Lösung

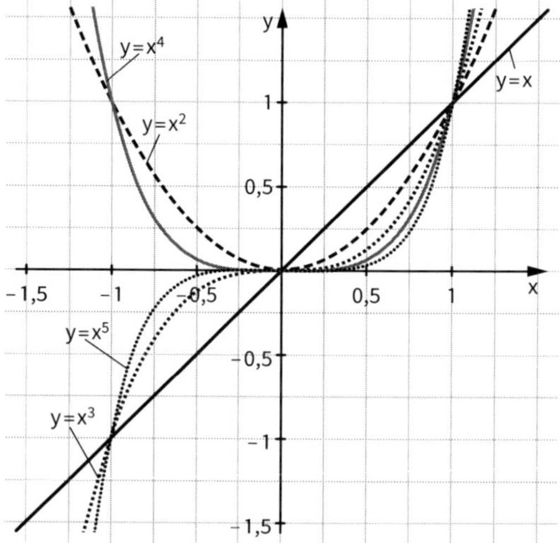

- Die Graphen von $y=x^2$ und $y=x^4$ verlaufen oberhalb der x-Achse für $x<0$ und für $x>0$. Sie sind symmetrisch zur y-Achse.
  Die Graphen von $y=x$, $y=x^3$ und $y=x^5$ verlaufen vom 3. Quadranten in den 1. Quadranten. Sie sind punktsymmetrisch zum Ursprung. Alle Graphen verlaufen durch den Koordinatenursprung und durch den Punkt $(1\,|\,1)$.
- Ist der Exponent n gerade, so gilt:
  - der Graph von f ist achsensymmetrisch zur y-Achse.
  - der Graph verläuft durch die Punkte $(-1\,|\,1)$, $(0\,|\,0)$ und $(1\,|\,1)$.

  Ist der Exponent n ungerade, so gilt:
  - der Graph von f ist punktsymmetrisch zum Koordinatenursprung.
  - der Graph verläuft durch die Punkte $(-1\,|\,-1)$, $(0\,|\,0)$ und $(1\,|\,1)$.

27

1. a) $P_1(4\,|\,64)$, $P_2(3\,|\,27)$, $P_3(-3\,|\,27)$, $P_4(0{,}5\,|\,0{,}125)$, $P_5(-0{,}5\,|\,-0{,}125)$

b) $P_1(-3\,|\,81)$, $P_2(-2\,|\,16)$ oder $P_2(2\,|\,16)$, $P_3\left(-\frac{1}{5}\,\middle|\,\frac{1}{625}\right)$ oder $P_3\left(\frac{1}{5}\,\middle|\,\frac{1}{625}\right)$, $P_4(0\,|\,0)$, $P_5\left(-\sqrt[4]{8}\,\middle|\,8\right)$ oder $P_5\left(\sqrt[4]{8}\,\middle|\,8\right)$

28

2. a) Der rote und der schwarz Graph sind Graphen einer Potenzfunktion mit geraden Exponenten. Der Grad der Potenzfunktion, zu der der rote Graph gehört, ist höher.
Die beiden Graphen schneiden sich in den Punkten $(-1\,|\,1)$ und $(1\,|\,1)$.
Die Potenzfunktion, zu der der blaue Graph gehört, hat einen ungeraden Exponenten. Auch dieser Graph verläuft durch den Punkt $(1\,|\,1)$.

b) Der Graph der Funktion mit $y=x^0=1$ ist eine Parallele zur x-Achse.
Damit weist er nicht die typischen Eigenschaften der Graphen der Potenzfunktionen (Monotonie, Verhalten für $x\to\infty$ und $x\to-\infty$) auf.

28

3. **a)** Der rote Graph ist der Graph zu $y = x^7$, der blaue zu $y = x^5$.
Beim höheren Exponenten verläuft der Graph für $x < -1$ und $x > 1$ steiler.

b) Der rote Graph ist der Graph zu $y = x^4$, der blaue zu $y = x^6$.
Beim höheren Exponenten verläuft der Graph für $x < -1$ und $x > 1$ steiler.

4. **a)** Das Strecken der Graphen von f parallel zur y-Achse mit dem Faktor 1,5 bedeutet, dass die y-Koordinate f(x) jedes Punktes mit dem Faktor 1,5 multipliziert wird, während die x-Koordinate beibehalten wird.

b)

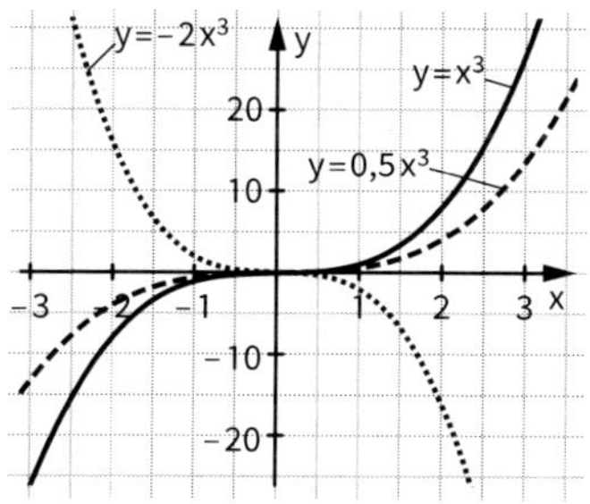

c)

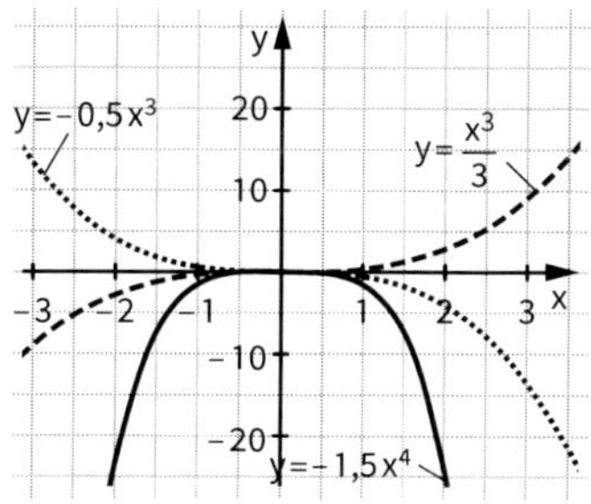

5. **a)** Beispiel: $g(x) = x^2 + 1{,}5$
Beim Verschieben eines Graphen wird zur y-Koordinate f(x) der Wert c addiert und die x-Koordinate beibehalten.

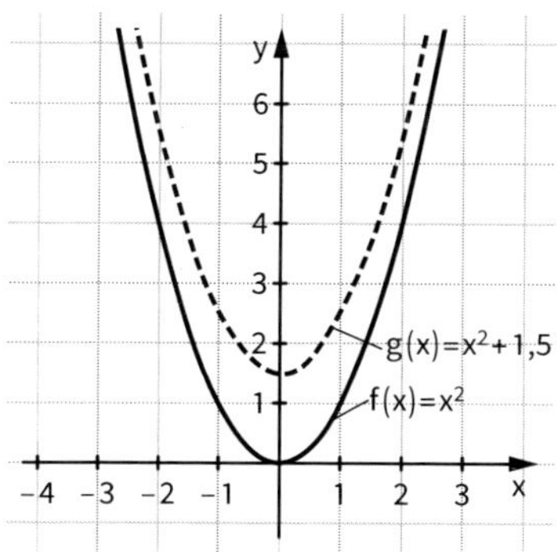

b)

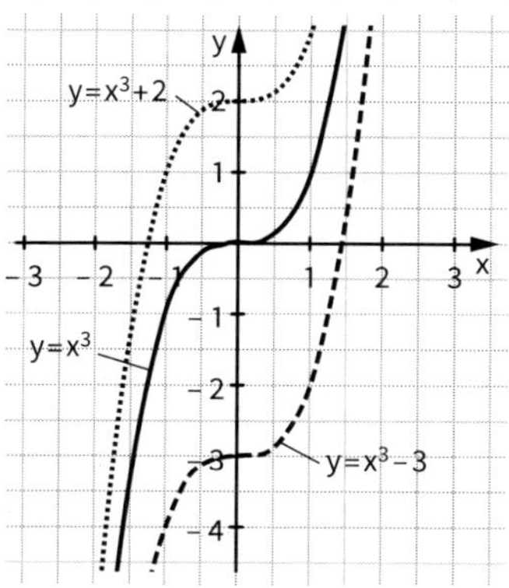

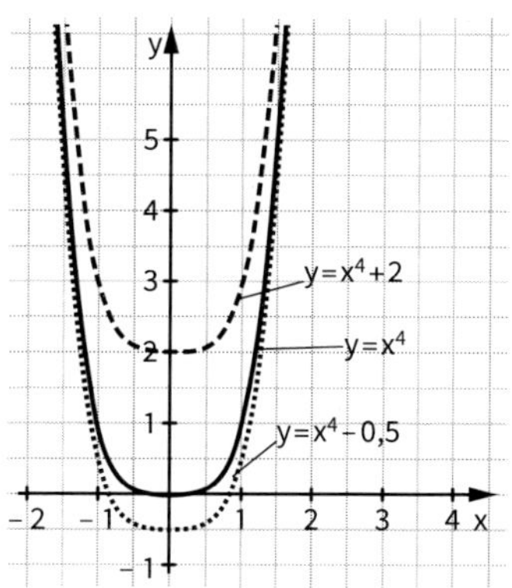

29

6. **a)** (1) $y = x^3$ (d);
(2) $y = 0{,}5\,x^3$ (e);
(3) $y = -2\,x^3$ (b);
(4) $y = 1{,}8\,x^3$ (c);
(5) $y = -\frac{1}{3}x^3$ (a)

b) (1) $y = -x^4 + 1$ (e);
(2) $y = \frac{1}{4}x^4 + 1$ (b);
(3) $y = 2\,x^4$ (c);
(4) $y = -0{,}5\,x^4 - 1$ (d);
(5) $y = \frac{1}{2}x^4 - 1$ (a)

7. Die Aussage ist falsch. Für $x > 10$ oder für $x < -10$ gilt: $100\,x^2 < x^4$
z. B. gilt für $x = 11$: $100 \cdot 11^2 < 11^4$

8. **a)**

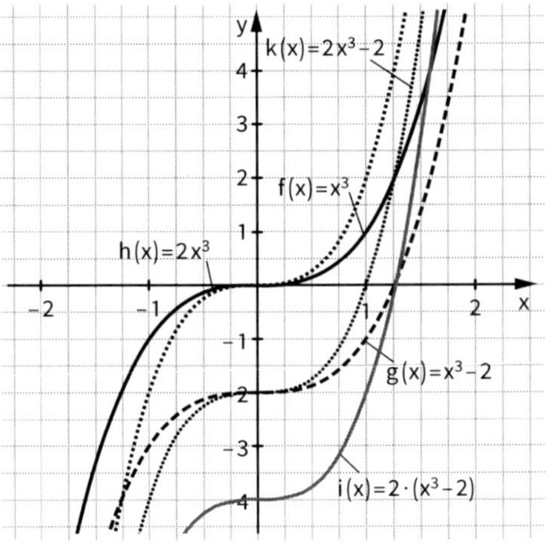

b)

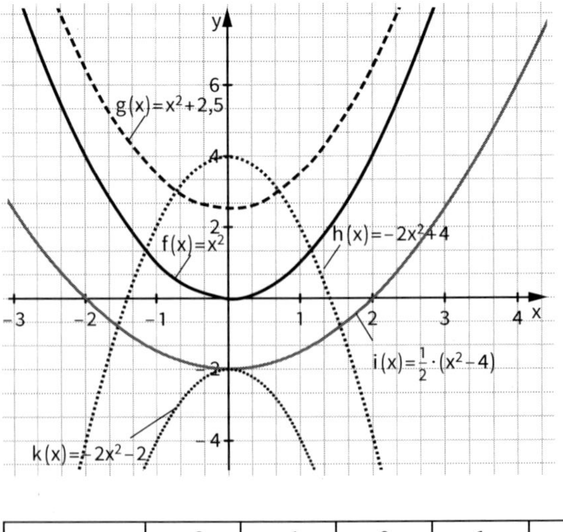

9. **a)**

x	−2	−1	0	1	2	3	4
$y = f(x) = x^3$	−8	−1	0	1	8	27	64
$y = g(x)$	−64	−27	−8	−1	0	1	8

b) Der Funktionswert der Funktion g an der Stelle x stimmt mit dem Funktionswert der Funktion f an der Stelle $x - 2$ überein. Somit gilt: $g(x) = f(x-2) = (x-2)^3$

29

9. c)

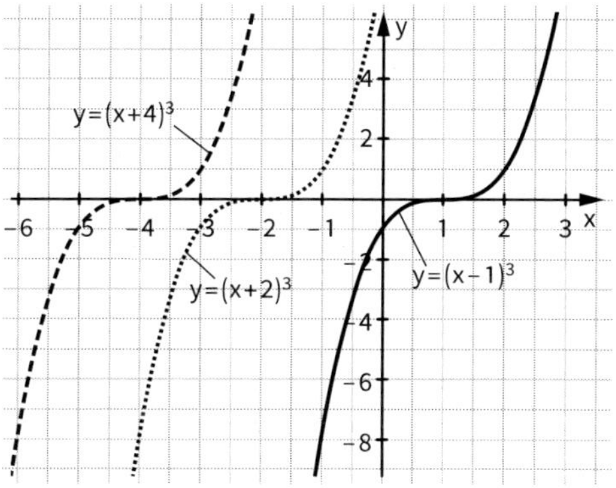

10. a)

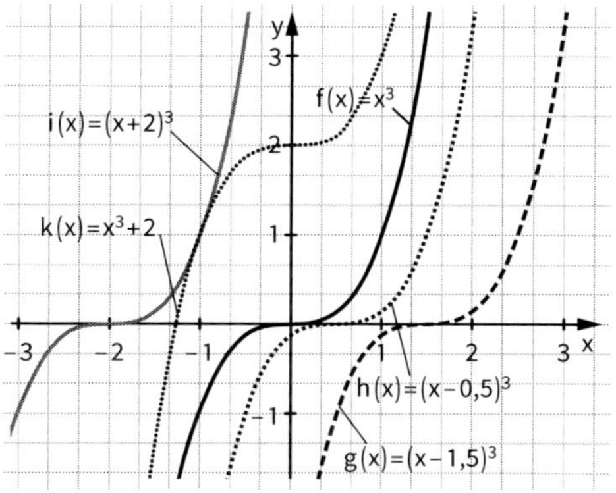

b)

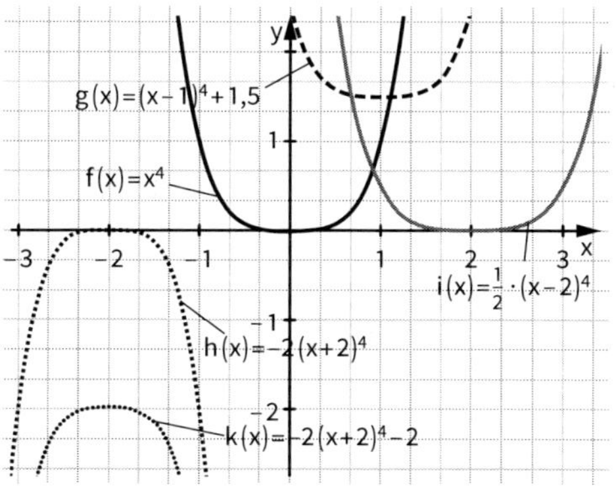

30

11. a) (1) $y = x^3$ (c) (2) $y = (x + 0{,}5)^3$ (b) (3) $y = (x - 2{,}5)^3$ (e) (4) $y = (x - 0{,}5)^3$ (d) (5) $y = (x + 2{,}5)^3$ (a)

b) (1) $y = (x - 1)^4 - 1$ (c) (2) $y = \frac{1}{2}(x - 1)^4 - \frac{1}{2}$ (d) (3) $y = -(x - 1)^4 + 1$ (b) (4) $y = (x + 1)^4 - 1$ (a)

30 **12.** Der zurückgelegte Weg wird durch eine Funktion s mit $s(t) = a \cdot t^2$, $a > 0$ beschrieben. Es handelt sich somit um ein quadratisches Wachstum.
Für $t = 1$ gilt: $s = 4{,}9$
Für $t = 5$ gilt: $s = 4{,}9 \cdot 5^2 = 122{,}5$

13. Reaktionsweg: $f(t) = \frac{3}{10} \cdot v$ lineare Funktion
Bremsweg: $g(t) = \frac{1}{100} \cdot v^2$ potenzielles (quadratisches Wachstum)
Anhalteweg: $h(t) = f(t) + g(t) = \frac{1}{100} \cdot v^2 + \frac{3}{10} \cdot v$

14. Dichte $\frac{m}{V} = \frac{120\,g}{15{,}625\,cm^3} = 7{,}68\,\frac{g}{cm^3}$
(1) $V = 125\,cm^3$, also $m = 960\,g$
(2) $V = 421{,}875\,cm^2$, also $m = 3\,240\,g$
(3) $V = 1\,000\,cm^3$, also $m = 7\,680\,g$
(4) $V = 8\,000\,cm^3$, also $m = 61\,440\,g$

15. a) doppelte Kantenlänge – achtfaches Volumen
dreifache Kantenlänge – 27-faches Volumen
b) doppelte Kantenlänge – vierfacher Oberflächeninhalt
dreifache Kantenlänge – neunfacher Oberflächeninhalt
c) Wird x verdoppelt, so gilt:
$f(2x) = a \cdot (2x)^n = (a \cdot x^n) \cdot 2^n = f(x) \cdot 2^n$
y ist also (2^n)-mal so groß.
Allgemein: Wird x mit dem Faktor k multipliziert, so gilt:
$f(k \cdot x) = a \cdot (k \cdot x)^n = (a \cdot x^n) \cdot k^n = f(x) \cdot k^n$. Der y-Wert wird also mit dem Faktor k^n multipliziert.

1.3.2 Potenzfunktionen mit negativen ganzzahligen Exponenten

31 **Einstiegsaufgabe ohne Lösung**

■
- Der Graph von f besteht aus 2 Teilen.
- f ist für $x = 0$ nicht definiert.
- Ist n gerade, so ist der Graph von f achsensymmetrisch zur y-Achse.
  Ist n ungerade, so ist der Graph von f punktsymmetrisch zum Koordinatenursprung.
- Ist n gerade, so verläuft der Graph durch die Punkte $(-1 \mid 1)$ und $(1 \mid 1)$.
  Ist n ungerade, so verläuft der Graph durch die Punkte $(-1 \mid -1)$ und $(1 \mid 1)$.
- Für sehr große und sehr kleine Werte von x schmiegt sich der Graph an die x-Achse an.

33

1. **a)** $P_1\left(-\frac{1}{3}\middle|9\right)$; $P_2\left(-\frac{1}{4}\middle|16\right)$ oder $P_2\left(\frac{1}{4}\middle|16\right)$; $P_3\left(-25\middle|\frac{1}{625}\right)$ oder $P_3\left(25\middle|\frac{1}{625}\right)$;
$P_4(-1|1)$ oder $P_4(1|1)$; $P_5\left(-\frac{1}{\sqrt{5}}\middle|5\right)$ oder $P_5\left(\frac{1}{\sqrt{5}}\middle|5\right)$

b) $P_1\left(2\middle|\frac{1}{8}\right)$; $P_2\left(\frac{1}{3}\middle|27\right)$; $P_3\left(-\frac{1}{3}\middle|-27\right)$; $P_4\left(4\middle|\frac{1}{64}\right)$; $P_5\left(-\frac{1}{64}\middle|-262\,144\right)$

c) $P_1(-1|1)$; $P_2\left(-2\middle|\frac{1}{16}\right)$; $P_3\left(-\sqrt[4]{\frac{8}{5}}\middle|0{,}625\right)$ oder $P_3\left(\sqrt[4]{\frac{8}{5}}\middle|0{,}625\right)$;
$P_4\left(-3\middle|\frac{1}{81}\right)$ oder $P_4\left(3\middle|\frac{1}{81}\right)$; $P_5(-10|0{,}0001)$ oder $P_5(10|0{,}0001)$

2. (1) Für gerade n gilt: $f(-x) = a\cdot(-x)^{-n} = \frac{a}{(-x)^n} = \frac{a}{x^n} = a\cdot x^{-n} = f(x)$
Der Graph von f ist achsensymmetrisch zur y-Achse.
(2) Für ungerade n gilt: $f(-x) = a\cdot(-x)^{-n} = \frac{a}{(-x)^n} = \frac{a}{-x^n} = -a\cdot x^{-n} = -f(x)$
Der Graph von f ist punktsymmetrisch zum Koordinatenursprung.

3. $x = 2$; $n = 2$; $k = 3$ $\quad y = a\cdot 2^{-2} = \frac{1}{4}a$
$y^* = a\cdot(3\cdot 2)^{-2} = a\cdot\frac{1}{36} = \frac{1}{4}a\cdot\frac{1}{9} = \frac{1}{9}\cdot y$
Allgemein $y = a\cdot x^{-n}$
$y^* = a\cdot(k\cdot x)^{-n} = a\cdot k^{-n}\cdot x^{-n} = \frac{1}{k^n}\cdot y$
Wird x mit dem Faktor k multipliziert, so wird y mit dem Faktor $\frac{1}{k^n}$ multipliziert.

4. (1) Verschieben um –3 in Richtung der y-Achse
(2) Verschieben um 2 in Richtung der y-Achse
(3) Strecken mit dem Faktor 2 in Richtung der y-Achse
(4) Spiegeln an der x-Achse, anschließend verschieben um 3 in Richtung der y-Achse
(5) Strecken mit dem Faktor 0,5 in Richtung der y-Achse, anschließend spiegeln an der x-Achse, danach verschieben um 2,5 in Richtung der y-Achse
(6) Strecken mit dem Faktor $\frac{1}{3}$ in Richtung der y-Achse
(7) Verschieben um 2 nach rechts in Richtung der x-Achse
(8) Verschieben um 2 nach links in Richtung der x-Achse, anschließend verschieben um –1 in Richtung der y-Achse

5. Zum 1. Graphen gehört (8) $y = 0{,}5x^{-3}$
Zum 2. Graphen gehört (4) $y = 2x^{-2}$
Zum 3. Graphen gehört (3) $y = x^{-3} - 2$
Zum 4. Graphen gehört (7) $y = -2x^{-2}$

6. **a)** $2x^{-2} = 5$, also $x_{1,2} = \pm\sqrt{\frac{2}{5}} \approx \pm 0{,}632$
b) $x^{-1} + 1 = 5$, also $x = \frac{1}{4}$
c) $0{,}5x^{-2} - 1 = 5$, also $x_{1,2} = \pm\sqrt{\frac{1}{12}} \approx \pm 0{,}289$
d) $-3x^{-8} + 5{,}001 = 5$; also $x = \pm\sqrt[8]{3000} \approx \pm 2{,}720$

1.3.3 Potenzfunktionen mit den Exponenten $\frac{1}{2}$ und $\frac{1}{3}$

34 **Einstiegsaufgabe ohne Lösung**

- 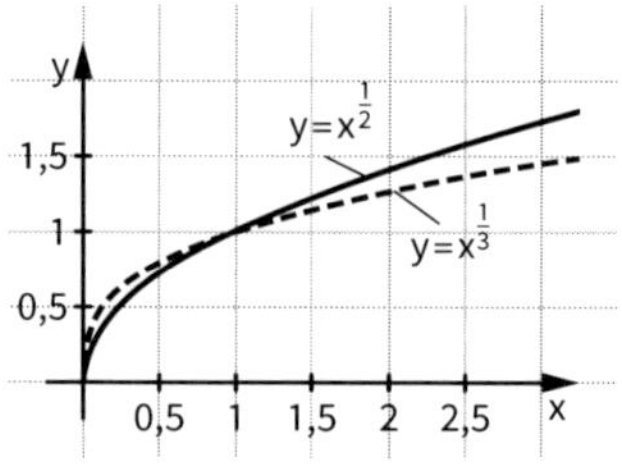

  – Die beiden Graphen beginnen im Ursprung und steigen für alle $x \geq 0$ an.

- $x^{\frac{1}{2}} = \sqrt{x}$ ist für negative Werte von x nicht definiert.
  $x^{\frac{1}{3}} = \sqrt[3]{x}$ ist für negative Werte von x nicht definiert, weil man zu Widersprüchen gelangen würde, wie das folgende Beispiel zeigt:
  $-1 = \sqrt[3]{-1} = (-1)^{\frac{1}{3}} = (-1)^{\frac{2}{6}} = \sqrt[6]{(-1)^2} = \sqrt[6]{1} = 1$

35 **1.** (1) gehört zu $y = x^2$; (2) gehört zu $y = x^3$; (3) gehört zu $y = x$;
(4) gehört zu $y = x^{\frac{1}{2}}$; (5) gehört zu $y = x^{\frac{1}{3}}$
Der Graph (4) entsteht aus dem Graphen (1) für $x \geq 0$ durch eine Spiegelung an der Geraden (3).
Der Graph (5) entsteht aus dem Graphen (2) für $x \geq 0$ durch eine Spiegelung an der Geraden (3).

36 **2.** **a)** $P_1(4\,|\,2)$; $P_2(9\,|\,3)$; $P_3(25\,|\,5)$; $P_4(5{,}0625\,|\,2{,}25)$
b) $P_1(8\,|\,2)$; $P_2(27\,|\,3)$; $P_3(125\,|\,5)$; $P_4\left(\frac{1}{512}\,\middle|\,\frac{1}{8}\right)$

3. Die Gleichung ist falsch. Der Fehler liegt beim Übergang von $(-1)^{6:2}$ zu $\left((-1)^6\right)^{\frac{1}{2}}$.
Würde man nämlich schreiben $(-1)^{\frac{1}{2}\cdot 6} = \left(\sqrt{-1}\right)^6$, so ist dieser Ausdruck nicht definiert.

4. **a)** 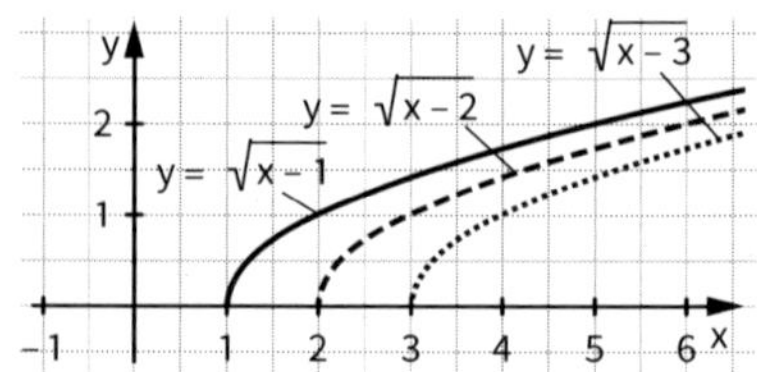

b) 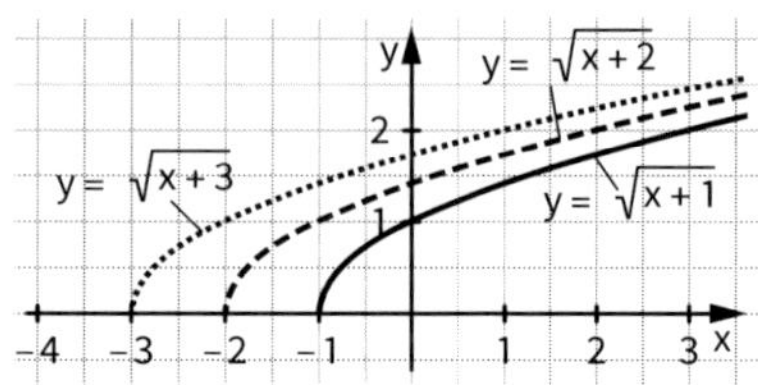

Die Graphen entstehen aus dem Graphen von $y = \sqrt{x}$ jeweils durch eine Verschiebung in Richtung der x-Achse.
Bei einer Funktion mit $y = \sqrt{x - c}$ ändert sich daher der Definitionsbereich zu $D = \{x \in \mathbb{R} \mid x \geq c\}$

36

5.

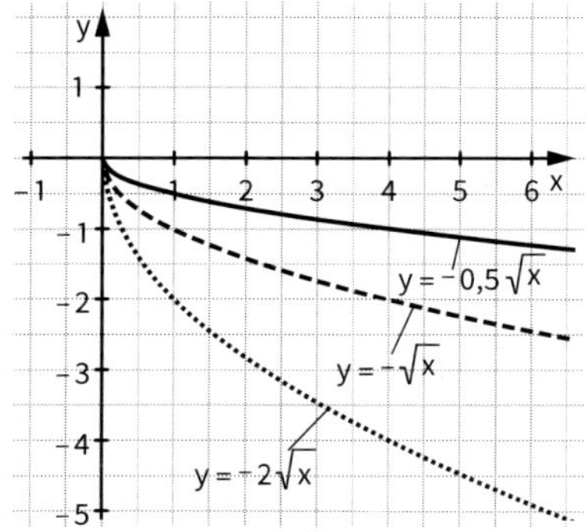

Der neue Graph entsteht durch eine Streckung des Graphen zu $y = \sqrt{x}$ mit dem Faktor $|a|$ parallel zur y-Achse und einer anschließenden Spiegelung an der x-Achse.

6. a)

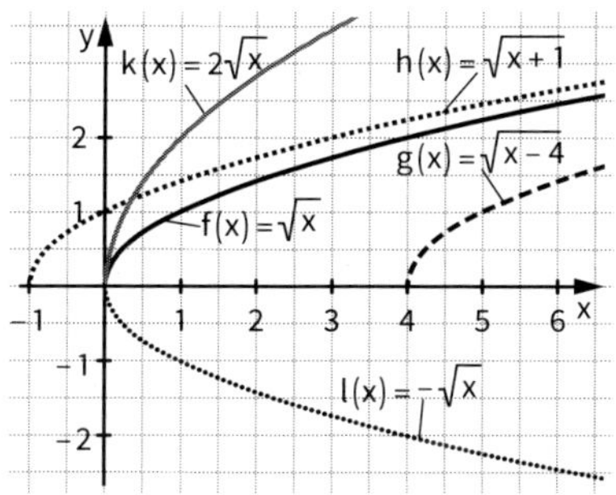

b)

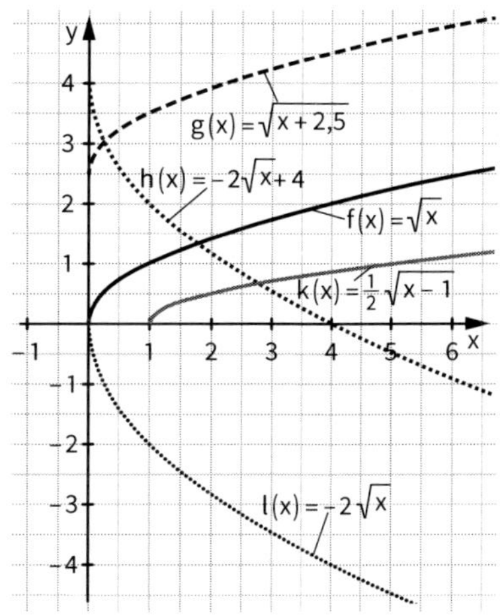

7. a)

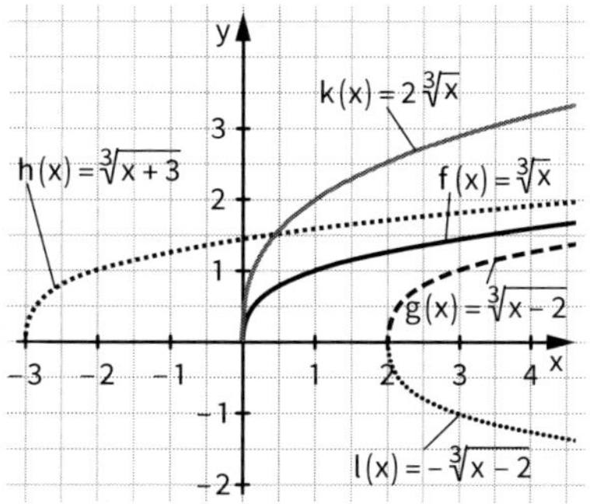

b)

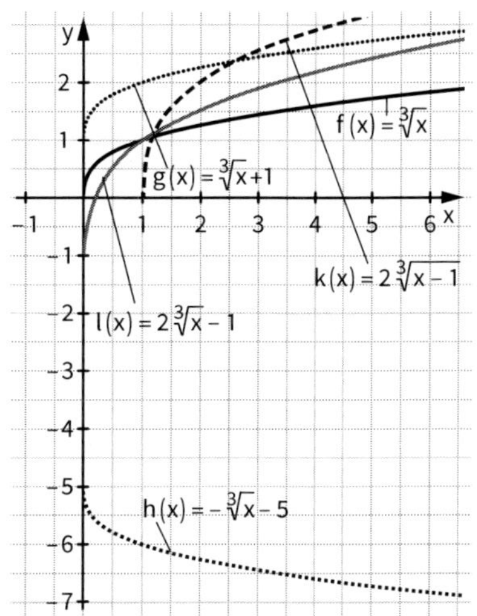

37

8. a) *Geschwindigkeit → Bremsweg*

Geschwindigkeit $\left(\text{in } \frac{\text{km}}{\text{h}}\right)$	Bremsweg (in m)
10	1
20	4
30	9
40	16
50	25
60	36
70	49
80	64
90	81
100	100

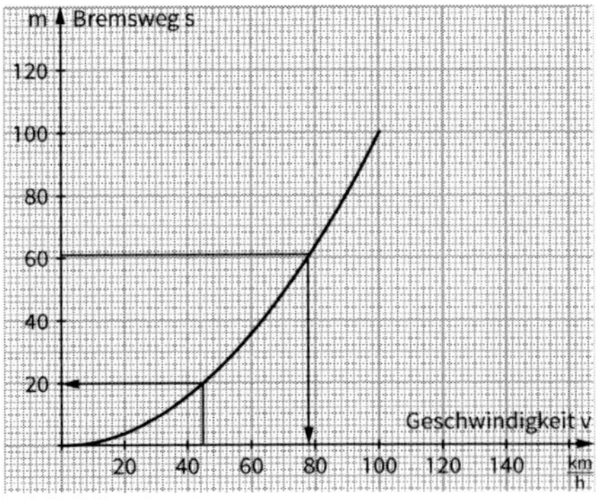

b) *(1) Bestimmen der Geschwindigkeit v mithilfe des Graphen – Eindeutigkeit*
Bei einem Bremsweg von 61 m Länge ist die vorhergehende Geschwindigkeit etwa 78 $\frac{\text{km}}{\text{h}}$.

(2) Wertetabelle und Graph der Umkehrzuordnung
Bremsweg → Geschwindigkeit

Bremsweg (in m)	Geschwindigkeit $\left(\text{in } \frac{\text{km}}{\text{h}}\right)$
1	10
4	20
9	30
16	40
25	50
36	60
49	70
64	80
81	90
100	100

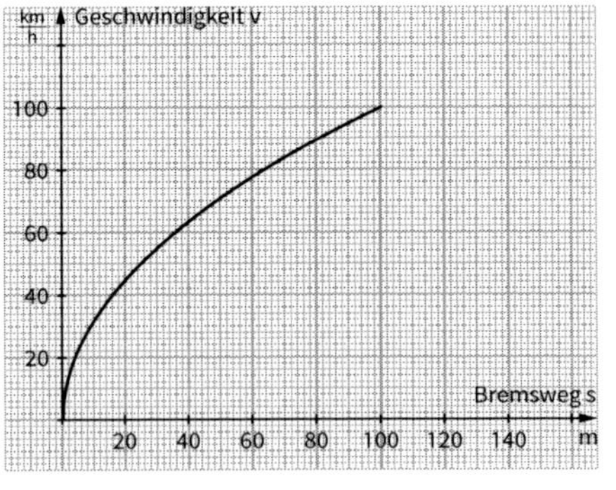

(3) Gleichung für die Umkehrzuordnung:
$s = 0{,}01 \cdot v^2$, also $v^2 = \frac{s}{0{,}01}$ und somit $v = \sqrt{\frac{s}{0{,}01}} = \sqrt{100\,s} = 10\sqrt{s}$, da v hier nicht negativ sein kann.
Die Umkehrzuordnung hat also die Gleichung $v = 10\sqrt{s}$.

37

9. a)

$x\left(\text{in } \frac{km}{h}\right)$	$y_{(1)}$ (in m)	$y_{(2)}$ (in m)	$y_{(3)}$ (in m)
10	0,9	1,3	0,8
20	3,6	5,2	3,2
30	8,1	11,7	7,2
40	14,4	20,8	12,8
50	22,5	32,5	20,0
60	32,4	46,8	28,8
70	44,1	63,7	39,2
80	57,6	83,2	51,2

b) (1) $47{,}1\,\frac{km}{h}$ $\left[52{,}7\,\frac{km}{h};\ 57{,}7\,\frac{km}{h}\right]$ (gerundet)

(2) $39{,}2\,\frac{km}{h}$ $\left[43{,}9\,\frac{km}{h};\ 48\,\frac{km}{h}\right]$ (gerundet)

(3) $50\,\frac{km}{h}$ $\left[55{,}9\,\frac{km}{h};\ 61{,}2\,\frac{km}{h}\right]$ (gerundet)

10. Für das Volumen der Dosen gilt:

a) $V = \pi \cdot r^2 \cdot h$, also $r = \sqrt{\frac{V}{\pi \cdot h}}$, also $d = 2 \cdot \sqrt{\frac{V}{\pi \cdot h}}$

Für $V = 425$ folgt daraus: $d = 2 \cdot \sqrt{\frac{425}{\pi \cdot h}}$

b)

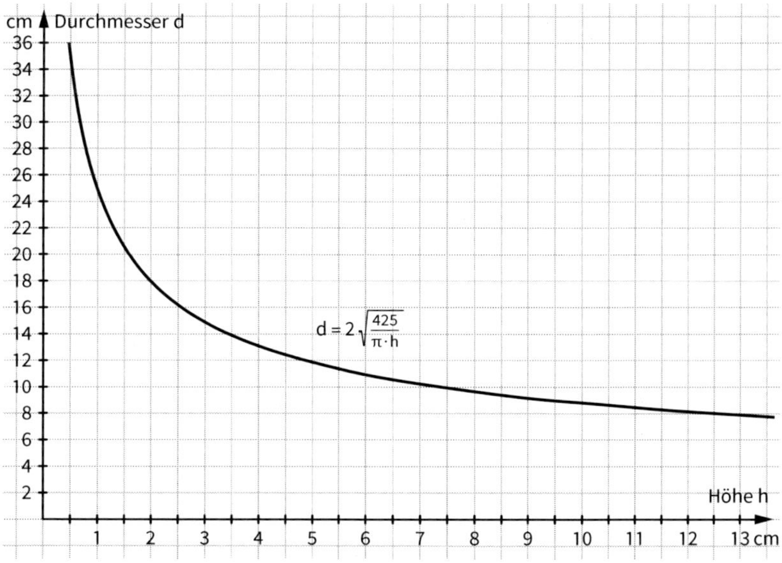

c) Wenn man die Höhe verdoppelt, verkleinert sich der Durchmesser mit dem Faktor $\frac{1}{\sqrt{2}} \approx 0{,}71$.

Begründung:

$2 \cdot \sqrt{\frac{425}{\pi \cdot 2h}} = 2 \cdot \sqrt{\frac{1}{2} \cdot \frac{425}{\pi \cdot h}} = \sqrt{\frac{1}{2}} \cdot 2 \cdot \sqrt{\frac{425}{\pi \cdot h}} = \frac{1}{\sqrt{2}} \cdot d$

37 **11. a)** (1) $x^2 = 3$, $x = 3^{\frac{1}{2}} = \sqrt{3} \approx 1{,}73$ oder $x = -\sqrt{3} \approx -1{,}73$ $L = \{-\sqrt{3}; \sqrt{3}\}$

(2) $x^2 = 5$, $x = \sqrt{5} \approx 2{,}24$ oder $x = -\sqrt{5} \approx -2{,}24$ $L = \{-\sqrt{5}; \sqrt{5}\}$

(3) $x^2 = -1$ Keine Lösung $L = \{\ \}$

(4) $x^3 = 2$, $x = \sqrt[3]{2} \approx 1{,}26$ $L = \{\sqrt[3]{2}\}$

(5) $x^3 = -32$, $x = -\sqrt[3]{32} \approx -3{,}17$ $L = \{-\sqrt[3]{32}\}$

(6) $x^3 = 0$, $x = 0$ $L = \{0\}$

b) (1) $(x-2)^2 = 4$, $x - 2 = 2$ oder $x - 2 = -2$ $L = \{0; 4\}$

(2) $3(x+5)^2 = 12$, also $(x+5)^2 = 4$, $x + 5 = 2$ oder $x + 5 = -2$ $L = \{-7; -3\}$

(3) $-2(x-1)^2 = -8$, also $(x-1)^2 = 4$, $x - 1 = 2$ oder $x - 1 = -2$ $L = \{-1; 3\}$

(4) $(x+5)^3 = 27$, $x + 5 = 3$ $L = \{-2\}$

(5) $(x-2)^3 + 1 = 10$, also $(x-2)^3 = 9$, $x - 2 = \sqrt[3]{9}$ $L = \{2 + \sqrt[3]{9}\}$

1.4 Ganzrationale Funktionen

38 **Einstiegsaufgabe ohne Lösung**

$V(x) = (40 - 2x) \cdot (30 - 2x) = 4x^3 - 140x^2 + 1200x$

39 **1.**

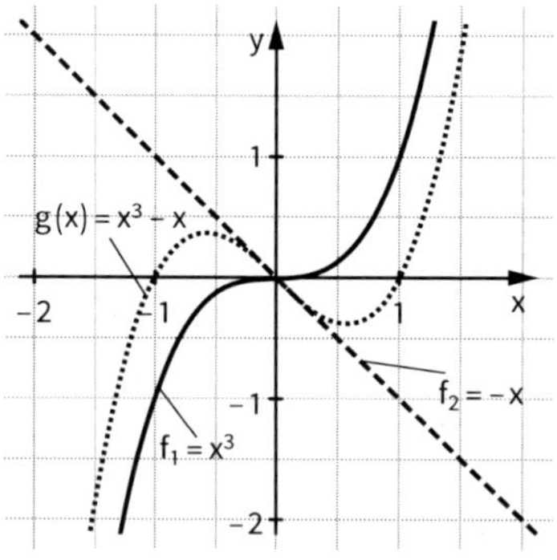

2. a) $f(x) = x^2 + x - 6$ Polynom vom Grad 2

b) $f(x) = -3x^2 - x + 10$ Polynom vom Grad 2

c) $f(x) = 6x^5 + x^3 - x$ Polynom vom Grad 5

d) $f(x) = x^4 - 3x^3 - 3x^2 + 9x$ Polynom vom Grad 4

e) $f(x) = x^3 - 3x^2 - 6x + 8$ Polynom vom Grad 3

f) $f(x) = -x^6 + x^5 + x^3 + x^2 + 2$ Polynom vom Grad 6

40 **3.** Ganzrationale Funktionen sind:

f_1 (Grad 1), f_2 (Grad 0), f_3 (Grad 4), f_4 (Grad 2), f_7 (Grad 2)

f_5, f_6 und f_8 sind keine ganzrationalen Funktionen.

4. a) $f(x) = -\frac{1}{2}(x+1)^2 + 3 = -\frac{1}{2}x^2 - x + \frac{5}{2}$

b) $f(x) = \frac{1}{4}x^3 - 2$

c) $f(x) = \frac{1}{4}(x-1)^4 - 2 = \frac{1}{4}x^4 - x^3 + \frac{3}{2}x^2 - x - \frac{7}{4}$

40

5. a)

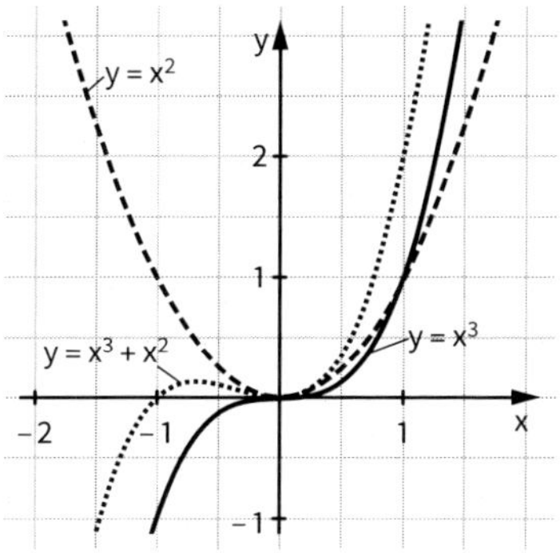

b)

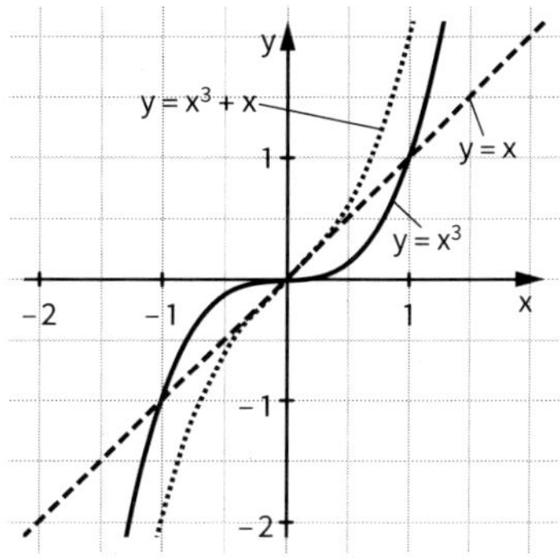

c)

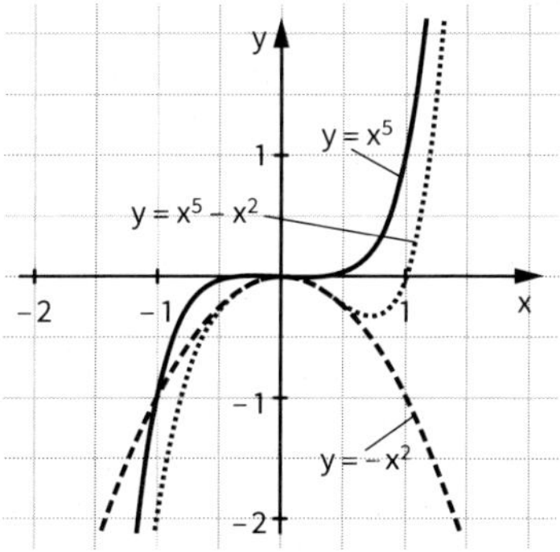

d)

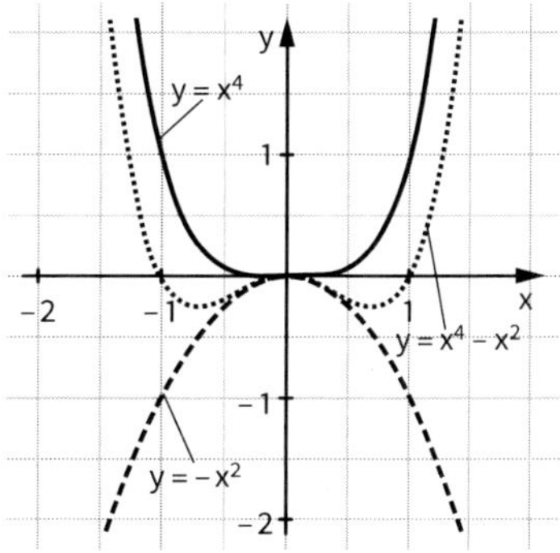

6. a) Die ganze Wanne hat die Form eines Pyramidenstumpfes mit quadratischer Grundfläche. Das bis zur Füllhöhe stehende Altöl nimmt die Form eines Pyramidenstumpfes mit quadratischer Grundfläche an.
Volumen eines quadratischen Pyramidenstumpfs: $V = \frac{1}{3}x \cdot (a_1^2 + a_1 a_2 + a_2^2)$.
Die Seitenlänge a_2 ist 0,5 m und die Höhe h ist die Füllhöhe x. Zu bestimmen ist noch die Seitenlänge a_1. Bei einer Füllhöhe von 0 m beträgt diese 0,5 m; bei einer Füllhöhe von 0,4 m beträgt sie 1,7 m. Dazwischen ändert sie sich gleichmäßig mit ansteigender Füllhöhe. Der Zuwachs beträgt 1,7 m – 0,5 m = 1,2 m bei 0,4 m Höhenzuwachs, also 3 m pro m Höhenzuwachs. Also gilt: $a_1 = 0{,}5 + 3x$.

$$V = \frac{1}{3}x \cdot \left((0{,}5 + 3x)^2 + (0{,}5 + 3x) \cdot 0{,}5 + 0{,}5^2\right)$$
$$= \frac{1}{3}x \cdot (0{,}25 + 3x + 9x^2 + 0{,}25 + 1{,}5x + 0{,}25)$$
$$= \frac{1}{3}x \cdot (9x^2 + 4{,}5x + 0{,}75)$$
$$= 3x^3 + 1{,}5x^2 + 0{,}25x$$

40

6. b) Wir zeichnen den Graphen, z. B. mit einem GTR.

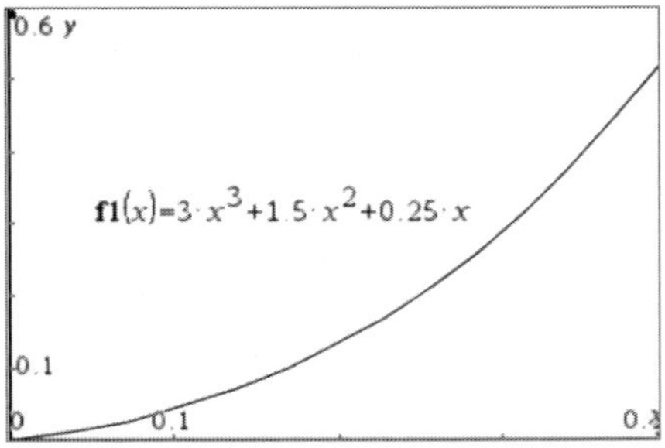

Die Füllmenge steigt nicht gleichmäßig mit steigender Füllhöhe an, sondern zunächst langsam und dann immer stärker. Dies liegt daran, dass die Wanne nach oben weiter wird: je höher das Altöl schon steht, desto mehr Altöl kommt pro cm Füllhöhenvergrößerung hinzu. Die Änderungsrate der Funktion *Füllhöhe (in m) → Füllmenge (in m³)* ist also nicht konstant, sondern nimmt stets zu.

7. a) Höhe des Zylinders: $h = 16 - x$, also
$V(x) = \pi \cdot x^2 \cdot (16 - x) + \frac{2}{3}\pi \cdot x^3 = -\frac{\pi}{3}x^3 + 16\pi x^2$

b) Die Innenwand ist die Mantelfläche des Zylinders.
Also: $A(x) = 2\pi \cdot x \cdot (16 - x)$

c) Korrektur an der 1. Auflage: neue Aufgabenstellung: Untersuchen Sie anhand einer Wertetabelle oder eines Graphen, ob es einen Wert für den Radius gibt, für den das Volumen des Silos maximal wird.

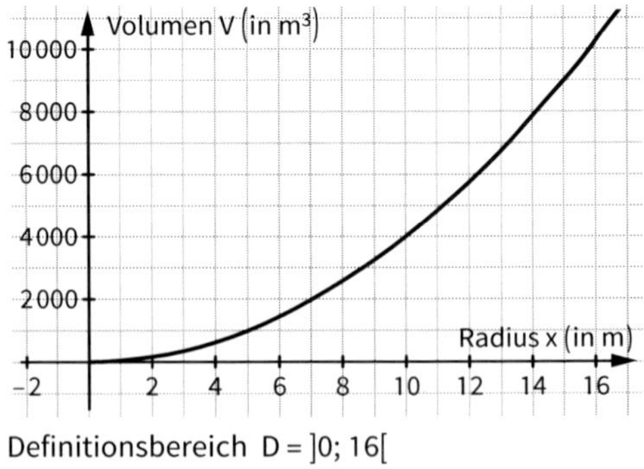

Definitionsbereich $D =]0; 16[$
Der größte Wert für das Volumen würde für $x \approx 16$ erreicht. In diesem Fall hätte der Silo nicht mehr die Form eines Zylinders mit einer aufgesetzten Halbkugel, sondern nur noch die Form einer Halbkugel.

1.5 Beschreibung exponentieller Prozesse

1.5.1 Lineares und exponentielles Wachstum

41 **Einstiegsaufgabe ohne Lösung**

Variante 1	Monat	Taschengeld + Erhöhung in €	Variante 2	Monat	Taschengeld + Erhöhung in €
	1 2 3 4 ⋮ 12 ⋮ n 36	84 88 92 96 $80 + 4 \cdot 12 = 128$ $80 + 4n$ 224		1 2 3 ⋮ 12 ⋮ n 36	$80 \cdot 1{,}04 = 83{,}2$ $80 \cdot 1{,}04^2 = 86{,}53$ $80 \cdot 1{,}04^3 = 89{,}99$ $80 \cdot 1{,}04^{12} = 128{,}08$ $80 \cdot 1{,}04^n$ $80 \cdot 1{,}04^{36} = 328{,}32$
Gesamt	$\sum_{n=1}^{36} (80 + 4n) = 5544$			$\sum_{n=1}^{36} 80 \cdot 1{,}04^n = 6456{,}18$	
Gesamte Zuzahlung Oma	$5544 - 2880 = 2664$			$6456{,}18 - 2880 = 3576{,}18$	

Onur sollte sich für Variante 2 entscheiden, hier zahlt seine Oma insgesamt 912,18 € mehr als bei Variante 1. Nach 1 Jahr ist auch das monatliche Taschengeld höher, nach 17 Monaten ist die Gesamtzahlung bei diesem Modell höher.

44 **1. a)** $4{,}9\,(\text{Mrd.}) \cdot 1{,}018^{15} = 6{,}40343\,(\text{Mrd.}) \approx 6{,}4\,(\text{Mrd.})$
(stimmt mit Zeitungsmeldung überein)

	tatsächlich
1990: $4{,}9 \cdot 1{,}018^5 = 5{,}357\,(\text{Mrd.})$	5,31 Mrd.
1995: $4{,}9 \cdot 1{,}018^{10} = 5{,}85698\,(\text{Mrd.})$	5,73 Mrd.
2005: $4{,}9 \cdot 1{,}018^{20} = 7{,}00086\,(\text{Mrd.})$	6,51 Mrd.

Die Prognose stimmt für das Jahr 2000 recht gut, für das Jahr 1990 ist die Abweichung relativ gering, für die Jahre 1995 und 2005 weist das rechnerische Modell deutlich höhere Werte aus als die tatsächlichen.

b) $5{,}4\,\text{Mio.} \cdot a^{20} = 9{,}7\,\text{Mio.} \Rightarrow a^{20} = \frac{9{,}7\,\text{Mio.}}{5{,}4\,\text{Mio.}} \Rightarrow a \approx 1{,}02972$
Jährliche Wachstumsrate von ≈ 3 % ist deutlich höher als weltweite Rate.

2. a) Möglichkeit 1: Man bestimmt den Schnittpunkt des Graphen von $f(x) = 95{,}62 \cdot 1{,}02617^x$ mit der Geraden $f_2(x) = 95{,}62 \cdot 2$.
Möglichkeit 2: Man bestimmt die Lösung der Gleichung $95{,}62 \cdot 2 = 95{,}62 \cdot 1{,}02617^x$.

b) $x = 26{,}831$; Die Verdopplungszeit d beträgt 26,831 Jahre.
Nach der Faustformel ergibt sich: $d = \frac{72}{2{,}617} = 27{,}5$ (Jahre).

c) Verdopplung im Jahr 2042; Vervierfachung im Jahr 2069.

45

3.

Zeit t (in Monaten)	Fläche B(t) (in m^2)	Fläche B(t) (in km^2)
0	2	0,000002
1	6	0,000006
2	18	0,000018
3	54	0,000054
4	162	0,00016
5	486	0,00049
6	1 458	0,0015
7	4 374	0,0044
8	13 122	0,013
9	39 366	0,039
10	118 098	0,12
11	354 294	0,35
12	1 062 882	1,06
13	3 188 646	3,19
14	9 565 938	9,57
15	28 697 814	28,70

$B(t) = 2 \cdot 3^t$ (in m^2)

4. Arten der Prozesse und Formeln:

a) exponentiell; $V(t) = 3^t$ (in cm^2)

b) linear; $H(t) = 26 \cdot t$ (in cm)

c) exponentiell; $A(t) = 4^t$ (Anzahl der infizierten Personen)

Zeit (in Tagen)	0	1	2	3	4	5	6	7	8
a) Volumen (in m^3)	1	3	9	27	81	243	729	2 187	6 561
b) Füllhöhe (in cm)	0	26	52	78	104	130	156	182	208
c) Anzahl Personen	1	4	16	64	256	1 024	4 096	16 384	65 536

46

5. a) $f(t) = 4 \cdot b^t$. Einsetzen der Koordinaten von P(5 | 10) liefert:

$10 = 4 \cdot b^5 \Rightarrow b^5 = 2{,}5 \Rightarrow b = 1{,}20112$

$f(t) = 4 \cdot 1{,}20112^t$

b) $f(t) = 2{,}5 \cdot b^t$. Einsetzen der Koordinaten von P(–10 | 12,5) liefert:

$12{,}5 = 25 \cdot b^{-10} \Rightarrow b^{-10} = 0{,}5$

$\Rightarrow b \approx 1{,}07177$

$f(t) = 25 \cdot 1{,}07177^t$

6. 1 092,73 € ; 1 159,27 € ; 1 266,77 €

Wachstum: exponentiell

Formel: $1\,000\,€ \cdot 1{,}03^n$ (n: Anzahl der Jahre)

46

7. a)

Zeit t (in Jahren)	0	1	2	3	4	5
Bestand B(t) (in Festmeter)	40 000	41 400	42 849	44 349	45 901	47 507

Zeit t (in Jahren)	6	7	8	9	10
Bestand B(t) (in Festmeter)	49 170	50 891	52 672	54 516	56 424

b)

Zeit t (in Jahren)	0	1	2	3	4	5
Bestand B(t) (in Festmeter)	40 000	41 000	42 025	43 076	44 153	45 256

Zeit t (in Jahren)	6	7	8	9	10
Bestand B(t) (in Festmeter)	46 388	47 547	48 736	49 955	51 203

c)

Zeit t (in Jahren)	0	1	2	3	4	5
Bestandsunterschied (in Festmeter)	0	400	824	1 273	1 748	2 251
Verlust (in €)	0	18 000	37 080	57 285	78 660	101 295

8. $1\,170\,€ : 1\,000\,€ = 1{,}17;\ 1{,}17^{\frac{1}{4}} \approx 1{,}04$

Der Zinssatz beträgt 4 %.

9. K_0: Anfangskapital (am Jahresbeginn)

p %: Wachstumsrate (= Zinssatz)

n: Anzahl der Jahre

K_n: Kapital nach n Jahren

K_0	1 500 €	25 000 €	23 682,28 €	1 000 €	8 945,45 €
p %	4 %	5,75 %	3 %	4,14 %	6 %
n	8	10	8	10	12
K_n	2 052,85 €	43 726,40 €	30 000 €	1 500 €	18 000 €

47

10. Afrika: Bevölkerung: $7\text{ Mrd.} \cdot 0{,}15 = 1{,}05\text{ Mrd.}$ Bevölkerung nach 89 Jahren:
Wachstumsrate: 1,023 $1{,}05\text{ Mrd.} \cdot 1{,}023^{89} = 7{,}9455\text{ Mrd.}$

Asien: Bevölkerung: $7\text{ Mrd.} \cdot 0{,}6 = 4{,}2\text{ Mrd.}$ Bevölkerung nach 89 Jahren:
Wachstumsrate: 1,0115 $4{,}2\text{ Mrd.} \cdot 1{,}0115^{89} = 11{,}62\text{ Mrd.}$

Auch nach 89 Jahren ist die Bevölkerung von Asien höher.

47

11. a) $6470 \cdot b^9 = 8780 \quad \Rightarrow b^9 = 1{,}35703$

$\Rightarrow b = 1{,}0345$

Der Wachstumsfaktor ist 1,0345.

b) $6470 \cdot 1{,}0345^5 = 7665{,}79$

Nach 5 Jahren gab es etwa 7 666 Kormorane.

c) Die Kormoranpopulation kann nur so lange ungebremst wachsen, wie Platz- und Nahrungsangebot ausreichen. Langfristig kann dieses Modell nicht angewandt werden.

12. Nigeria: $2a = a \cdot 1{,}025^x \Rightarrow x = 28{,}071 \left(= \log_{1{,}025}(2)\right)$

Türkei: $2a = a \cdot 1{,}012^x \Rightarrow x = 58{,}1081 \left(= \log_{1{,}012}(2)\right)$

13. Prognose A: 2,8 % Prognose B: 2,2 %

14. Die Rechnung berücksichtigt nicht die Zinseszinsen.

15. 1960: Jahr 0; 2000: Jahr 40

a) Mit den Punkten P (0 | 318) und Q (40 | 370) ergibt sich:

$318 \cdot a^{40} = 370 \Rightarrow a^{40} = \frac{370}{318}$

$\Rightarrow a \approx 1{,}00379$

$f(t) = 318 \cdot 1{,}004^t$

b) Mit den Punkten P und Q aus a) erhält man $m = \frac{370 - 318}{40} = 1{,}3$ und damit $g(t) = 1{,}3t + 318$

c) $f(t) = g(t)$ liefert: $t = 0$ oder $t = 11{,}9$

graphische oder rechnerische Lösung mit CAS

d) $3{,}18 \cdot 1{,}004^t = 2 \cdot (1{,}3t + 318) \Rightarrow t = 426$

Nach 426 Jahren ist der Prognosewert der exponentiellen Funktion doppelt so hoch wie bei der linearen.

1.5.2 Exponentielle Abnahme – Halbwertszeit

48

Einstiegsaufgabe ohne Lösung

- $f(t) = 50 \cdot 0{,}8^t$

  $25 = 50 \cdot 0{,}8^t \Rightarrow 0{,}8\,t = \frac{1}{2}$

  $\Rightarrow t = \log_{0{,}8}\left(\frac{1}{2}\right)$

  $t \approx 3{,}1$

  Nach ca. 3 Minuten ist die Hälfte der Substanz ausgeschieden.
- $30 \cdot b^{10} = 6 \Rightarrow b = 0{,}85134$

  $f(t) = 30 \cdot 0{,}85134^t$

  Die Halbwertszeit beträgt hier 4,3 Minuten und stimmt mit den Aussagen der Wikipedia-Quelle überein, in der ersten Teilaufgabe ist die Halbwertszeit niedriger.

49

1. a)

	1. Tag	2. Tag	3. Tag	4. Tag	5. Tag
Anzahl der Tage	0	1	2	3	4
Masse (in mg)	3	2,76	2,54	2,34	2,15

Abnahmefaktor: $1 - 0{,}08 = 0{,}92$

b) neuer Wert = alter Wert – p % vom alten Wert

$= \text{alter Wert} \cdot \left(\frac{1-p}{100}\right)$

50

2. a)

Anzahl x der Jahre	Masse y (in g)
0	6
1	5,500
2	5,042
3	4,622
4	4,236
5	3,883
6	3,560

$y = 6 - \left(\frac{11}{12}\right)^t$ 10 Jahre: 2,513 g

3. Nach 3 Stunden ist zum ersten Mal weniger als 0,5 mg vorhanden.
Der Zerfallsfaktor beträgt 0,75 [0,5625; 0,421875; 0,316406; 0,237305]

4. a) Linearer Abbau mit 0,15 ‰ Abbau pro Stunde
$f(t) = 0{,}8 - 0{,}15t$, $f(t) = 0 \Rightarrow t = 5{,}\overline{3}$
Nach $5\frac{1}{3}$ Stunden vollständiger Abbau

b) $g(t) = 0{,}8 \cdot b^t$ mit $0{,}8 \cdot b^1 = 0{,}65 \Rightarrow b = 0{,}8125 \Rightarrow g(t) = 0{,}8 \cdot 0{,}8125^t$

c) Lineares Modell: $f(-1) = 0{,}95$
Exponentielles Modell: $g(-1) = 0{,}9846$
Legt man ein exponentielles Modell zugrunde, ist der Alkoholgehalt höher.

d) Zu lösen ist die Ungleichung $0{,}1 \cdot 0{,}6^t < 0{,}01 \Rightarrow t > 4{,}5$
Nach 4,5 Stunden ist der Alkoholgehalt unter 0,01 ‰ gesunken.

51

5. a) $55 \cdot 0{,}9^7 = 26{,}3$ $55 \cdot 0{,}9^{7,5} \approx 24{,}96$ $55 \cdot 0{,}9^8 = 23{,}3$
Nach $7\frac{1}{2}$ Wochen

b) Verunreinigung nach 5 Wochen: $55 \cdot 0{,}9^5 = 32{,}477$
Verlauf nach 5 Wochen: $32{,}477 \cdot 1{,}15^t = 55 \Rightarrow t = 3{,}77$
Nach ca. weiteren 4 Wochen wird der alte Wert wieder erreicht sein.

6. a) $5 \cdot b^{30} = 2{,}5 \Rightarrow b = 0{,}97716$
$f(t) = 5 \cdot 0{,}97716^t$

b) $0{,}97716^{10} = 0{,}7937$; 79,37 %

c) $0{,}97716^t = 0{,}01 \Rightarrow t = 199{,}316$
Nach ca. 199 Jahren ist noch 1 % der Ausgangssubstanz vorhanden.

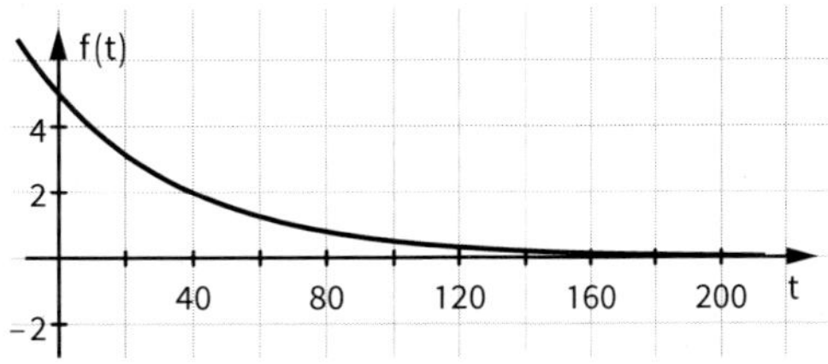

51

7. **a)** Wachstumsfaktor: 0,96, Halbierungszeit $16{,}98 \approx 17$ Tage
b) Wachstumsfaktor: 1,01, Verdopplungszeit $69{,}66 \approx 70$ Tage
c) Wachstumsfaktor: 1,023, Verdopplungszeit $30{,}48 \approx 30{,}5$ Tage
d) Wachstumsfaktor: 0,984, Halbierungszeit $42{,}97 \approx 43$ Tage

8. Zwischen 13 mm und 14 mm [zwischen 44 mm und 45 mm].

52

9. $t = 0$: 2003
a) 2012: $f(9) = a \cdot b^9 = 81{,}7$
2060: $f(57) = a \cdot b^{57} = 81{,}7 - 17$
$= 64{,}7$
$\Rightarrow a = 85{,}3531 \qquad b = 0{,}995152$
$f(t) = 85{,}3531 \cdot 0{,}995152^t$
b) $0{,}995152^t = 0{,}5 \Rightarrow t = 142{,}629$
Nach 143 Jahren wird die Bevölkerungszahl halbiert sein.
$0{,}995152^t = 0{,}7 \Rightarrow t = 73{,}39$
Nach ca. 73 Jahren wird sie um 30 % gesunken sein.
c) $16{,}3 \cdot b^{48} = \frac{2}{3} \cdot 16{,}3 \Rightarrow b = 0{,}9916$
Halbierungszeit: 82 Jahre
Sinken um 30 % nach ca. 42 Jahren.

10.

	Wachstumsfaktor	Verdopplungszeit (in Jahren)	Steigerung um 25 %
Tokio	1,00283	245,275	78,961
Neu-Delhi	1,02686	26,15	8,419
Mexiko	1,01346	51,84	16,690
New York	1,01046	66,6	21,444
Shanghai	1,0246	28,52	9,182
Sao Paulo	1,01102	63,245	20,360

11. $f(t) = 5 \cdot 0{,}802742^t \qquad b = 0{,}802742$
$g(t) = 10 \cdot 1{,}24573^t \qquad b = 1{,}24573$
$h(t) = 5 \cdot 1{,}09372^t \qquad b = 1{,}09372$

12. $f(t) = a \cdot b^t \qquad f(1) = 0{,}5$ und $f(3) = 8$
$a \cdot b = 0{,}5$ und $a \cdot b^3 = 8 \Rightarrow a = 0{,}125,\ b = 4$
$f(t) = 0{,}125 \cdot 4^t$
$f(30) = 0{,}125 \cdot 4^{30} = 1{,}44 \cdot 10^{17}$
(Größe der Fläche nach 30 Tagen)

53 **13. a)** Bestimmung der Basis b:

$a \cdot b^{50} = 0{,}5 \cdot a$

$b^{50} = 0{,}5$

$b \approx 0{,}9862$

Funktionsgleichung für das Medikament:

$f(t) = a \cdot 0{,}9862^t$; a: Menge des Medikamentes in mg.

$f(30) = 5 \cdot 0{,}9862^{30} = 3{,}295$

Beim OP-Beginn sind noch 3,295 mg vorhanden.

b) Nach einer Stunde sind noch 2,172 mg vorhanden, mit zusätzlicher Injektion 7,172 mg.
Es ergibt sich die neue Funktionsgleichung:

$f(t) = 7{,}172 \cdot 0{,}9862^t$

$7{,}172 \cdot 0{,}9862^t = 1$

$t \approx 141{,}7$

Der Patient wacht nach etwa 142 Minuten auf.

14. $20 \cdot 1{,}06^{191} = 1\,362\,857$

Die Forderung hat also eine gewisse Grundlage.

15. a) $g(t) = \frac{640}{3}t + 640 \approx 213{,}\overline{3}t + 640$

$p(x) = 0{,}123457 \cdot x^4 + 640$

b) $f(x) = 640 \cdot 1{,}14353^x$

c) (3) ist der Graph der linearen Funktion g

(1) ist der Graph der Exponentialfunktion f

(2) ist der Graph der Potenzfunktion p

Vor dem Jahr 2000 startet das lineare Modell bei $t = -3$ bei 0, das exponentielle Modell hat für $x \to -\infty$ den Grenzwert 0, die Funktionswerte sind aber immer positiv. p ist achsensymmetrisch und damit für Werte von $x < 0$ nicht geeignet.
Für langfristige Prognosen wächst f zu schnell, kein Graph hat eine Sättigungsphase, alle wachsen unbeschränkt, aber unterschiedlich schnell.

1.5.3 Eigenschaften von Exponentialfunktionen – Die Exponentialfunktionen mit $y = b^x$ mit $b > 0;\ b \neq 1$

54 **Einstiegsaufgabe ohne Lösung**

Siehe Informationen auf Seite 55 des Schülerbandes.

55 **1.** Konkrete Werte:

$x = -4$; $\left(\frac{1}{2}\right)^{-4} = 16$

$x = 4$: $2^4 = 16$

Vermutung: Der Graph von f entsteht durch Spiegelung des Graphen von g an der y-Achse.

Da $2^{-x} = \frac{1}{2^x} = \left(\frac{1}{2}\right)^x$ kann man das auch rechnerisch zeigen.

Allgemein gilt: $b^{-x} = \frac{1}{b^x} = \left(\frac{1}{b}\right)^x$

$\left(\frac{1}{b}\right)^x$ ist das Spiegelbild von b^x.

56 **2. a)** 2,3; 0,2; 4,0; 5,2; 0,4 **b)** 0,6; 1,6; keine Lösung; 2,1

56

3. **a)** $f(x) = 4 \cdot 2^x$ **d)** $f(x) = \frac{1}{8} \cdot 2^x$ **g)** $f(x) = 4^x$

b) $f(x) = \frac{1}{4} \cdot 2^x$ **e)** $f(x) = \sqrt{2} \cdot 2^x$ **h)** $f(x) = 8^x$

c) $f(x) = 8 \cdot 2^x$ **f)** $f(x) = \frac{\sqrt{2}}{2} \cdot 2^x$ **i)** $f(x) = \left(\sqrt{2}\right)^x$

4. $f(x) = 2^{10} \cdot 2^x$ $\left[f(x) = \frac{1}{2^{10}} \cdot 2^x\right]$
Der Funktionswert wird ungefähr 1 000-mal kleiner (bzw. größer), denn $2^{10} = 1\,024 \approx 1\,000$.

5. Eigenschaften: Siehe Information auf Seite 55 des Schülerbandes.

6. $y = 5^x$

7. Der Graph zu $y = 3^x$ ist steiler als der Graph von $y = 2{,}5^x$. Beide steigen von links nach rechts an.
Der Graph zu $y = 0{,}3^x$ fällt von links nach rechts.
Das linke Bild gehört zu $y = 0{,}3^x$, das mittlere zu $y = 2{,}5^x$ und das rechte zu $y = 3^x$.
Es fehlt die Wertetabelle zu $y = 3^x$ (siehe rechts).

x	y
– 3	0,037
– 2	0,1111
– 1	0,3333
0	1
1	3
2	9
3	27

8. Dargestellt sind 3 Geraden, also Graphen linearer Funktionen, ebenso 3 Funktionsgleichungen linearer Funktionen. Zwei davon schneiden die y-Achse in einem gemeinsamen Punkt. Wegen der gegebenen Funktionsgleichungen muss das der Punkt (0 | 1) sein. Da h steiler ansteigt als f, kann man die Zuordnungen wie folgt angeben:
(3) und f (4) und h (6) und g
Außerdem sind 3 Exponentialfunktionen dargestellt: Wegen $1{,}8 < 2{,}7 < 3{,}4$ kann man hier die Zuordnungen wie folgt angeben:
(1) und j (2) und i (5) und k

9. 3; 0,25; 2,66; keine Lösung; 1; – 1,3

57

10. **a)** – **b)** 4 [32; 1 024; 1 048 576] (in cm^3)

11. **a)** Die Punkte P (0 | 1), Q (1 | 2,5) und R (2 | 6,25) liegen auf dem Graphen.
Diese Punkte liegen auch auf dem Graphen der Exponentialfunktion mit der Funktionsgleichung $y = 2{,}5^x$. Man erhält folgende Wertetabelle zu $y = 2{,}5^x$:

x	0	0,5	1	1,5	2	3
y	1	1,58	2,5	3,95	6,25	15,625

x	3,5	4	10	20	– 1
y	24,705	39,06	9 536,7	$9{,}09 \cdot 10^7$	0,4

b) Nach 5 Stunden ist die Kultur fast 100 m^2 groß.

57

12. Eigenschaften: Siehe Information auf Seite 55 des Schülerbandes.

13. a) 3; 0,1; 0; – 0,8; 0 und – 3 sind keine Funktionswerte.

b) (1) mit 0,25 multiplizieren

(2) mit 4 multiplizieren

(3) mit 0,5 multiplizieren

(4) mit 2 multiplizieren

(5) mit sich selbst multiplizieren

(6) Quadratwurzel ziehen

14. Dargestellt sind 3 Geraden, also Graphen linearer Funktionen, ebenso 3 Funktionsgleichungen linearer Funktionen. Zwei davon schneiden die y-Achse in einem gemeinsamen Punkt. Wegen der gegebenen Funktionsgleichungen muss das der Punkt $(0|1)$ sein. Da i steiler fällt als j, kann man die Zuordnungen wie folgt angeben:

c) und i e) und j f) und k

Außerdem sind 3 Exponentialfunktionen dargestellt: Wegen $\frac{1}{4} < 0{,}3 < 0{,}9$ kann man hier die Zuordnungen wie folgt angeben:

a) und g b) und h d) und f

15. $f(x) = 3^x$; $g(x) = \left(\frac{1}{3}\right)^x$

zu zeigen: $f(-x) = g(x)$

$f(-x) = 3^{-x} = \frac{1}{3^x} = \frac{1^x}{3^x} = \left(\frac{1}{3}\right)^x = g(x)$

16. $\left(\frac{3}{4}\right)^x$ und $\left(\frac{4}{3}\right)^x$; $1{,}2^x$ und $\left(\frac{5}{6}\right)^x$; $1{,}4^x$ und $\left(\frac{5}{7}\right)^x$

17. a) $b^2 = 25$
$b = 5$

b) $b^{-1} = 0{,}25$
$b = 4$

c) $b^{\frac{1}{2}} = \frac{1}{2}\sqrt{2}$
$b = \frac{1}{2}$

d) $b^{-3} = 0{,}125$
$b = 2$

e) $b^{-4} = 0{,}25$
$b = \sqrt{2}$

f) $b^{-1} = 6$
$b = \frac{1}{6}$

g) $b^3 = 0{,}343$
$b = 0{,}7$

h) $b^{-4} = 256$
$b = 0{,}25$

i) Wegen $b > 0$ ist $b^x > 0$ für alle $x \in \mathbb{R}$. Die Gleichung hat keine Lösung.

1.5.4 Eigenschaften von Exponentialfunktionen mit $y = a \cdot b^x$

58

Einstiegsaufgabe ohne Lösung

Siehe Information auf Seite 58/59 des Schülerbandes.

1. a bewirkt eine Streckung/Stauchung des Graphen in Richtung der y-Achse. Ist $a < 0$, so wird der Graph zusätzlich noch an der x-Achse gespiegelt.
Für die Basis b gilt: Ist $b > 1$, so ist der Graph streng monoton steigend. Je größer die Basis b ist, desto schneller wachsen die Funktionswerte. Ist $b < 1$, so ist der Graph streng monoton fallend. Der Graph von $f(x) = b^x$ entsteht aus Spiegelung von $\left(\frac{1}{b}\right)^x$ an der y-Achse.
Vgl. auch Information S. 58/59 des Schülerbandes.

59

2. a) Vervollständigung der Wertetabelle

x	−3	−2	−1	0	1	2	3
$f(x) = 2^x$	$\frac{1}{8}$	$\frac{1}{4}$	$\frac{1}{2}$	1	2	4	8
$g(x)$	$\frac{1}{16}$	$\frac{1}{8}$	$\frac{1}{4}$	$\frac{1}{2}$	1	2	4

b) Die Funktionswerte von g zu einer Stelle x stimmen mit den Funktionswerten von f für die Stelle $x - 1$ überein.

c)

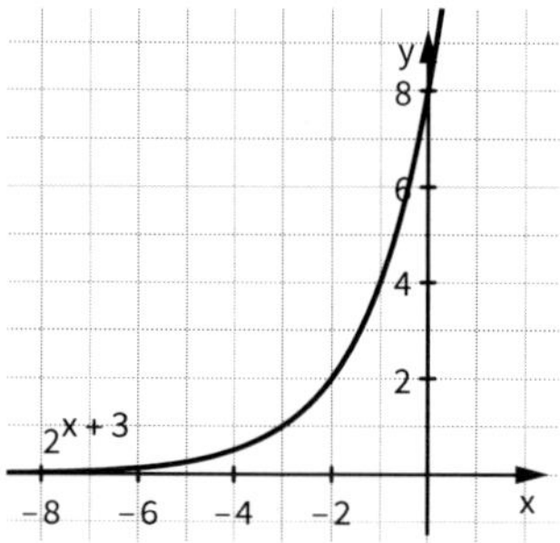

Verschiebung um 3 nach links

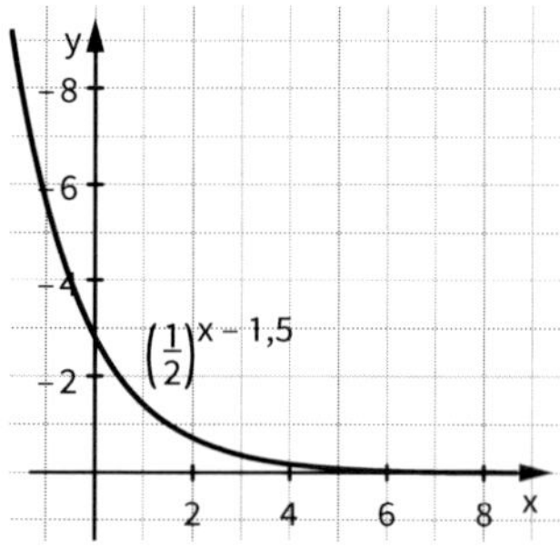

Spiegelung von $y = 2^x$ an der y-Achse und Verschiebung um 1,5 nach rechts

d) Statt den Graphen von f um 1 Einheit nach rechts zu verschieben, kann man ihn auch mit dem Faktor $\frac{1}{2}$ strecken, denn $2^{x-1} = 2^x \cdot 2^{-1} = 2^x \cdot \frac{1}{2}$

60

3. (1) g(x) geht aus f(x) durch Streckung mit dem Faktor 2 hervor: $g(x) = 2 \cdot f(x)$
Alle Eigenschaften übertragen sich, nur geht der Graph nicht durch P(0 | 1), sondern durch P(0 | 2).
Änderung der Funktionswerte um den Faktor $3^2 = 9$ bzw. $3^{\frac{1}{2}} = \sqrt{3} \approx 1{,}73$

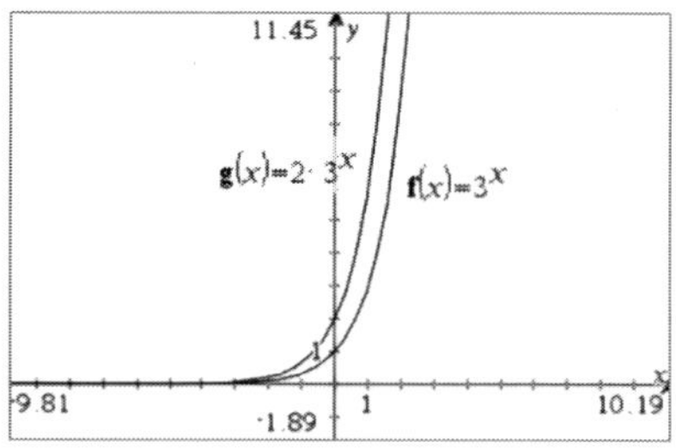

(2) g(x) geht durch Streckung von f(x) mit dem Faktor $\frac{1}{2}$ hervor, $g(x) = \frac{1}{2} \cdot f(x)$.
Alle Eigenschaften übertragen sich, nur geht der Graph nicht durch P(0 | 1), sondern durch $P\left(0 \middle| \frac{1}{2}\right)$.
Änderung der Funktionswerte um den Faktor $0{,}8^2 = 0{,}64$ bzw. $\sqrt{0{,}8} \approx 0{,}89$

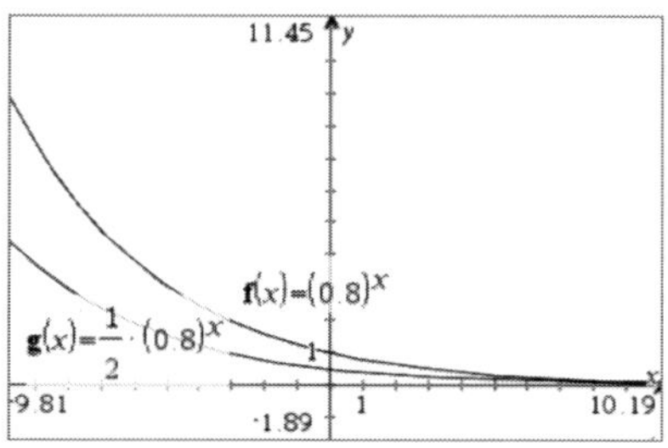

4. –

5. f und (5); g und (3); h und (2); i und (4); k und (1)

60

6. (1) Der Graph zu $y = -2^x$ entsteht durch Spiegelung des Graphen von f an der x-Achse.

(2) Der Graph zu $y = -0{,}3 \cdot 2^x$ entsteht durch Streckung des Graphen von f mit dem Faktor 0,3 und anschließender Spiegelung an der x-Achse.

(3) Streckung des Graphen mit dem Faktor 1,3, dann Spiegelung an der x-Achse.

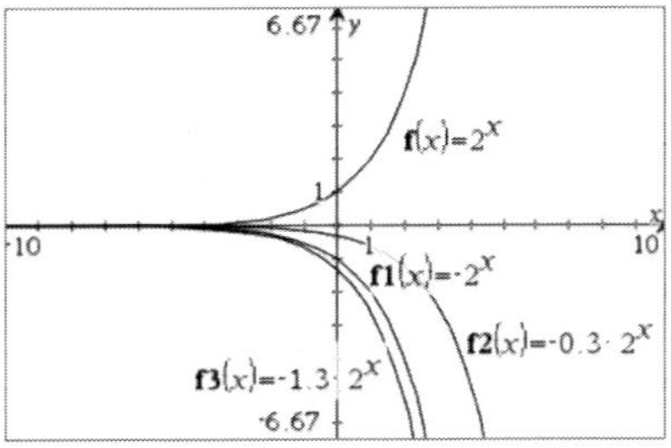

7. Eigenschaften der Graphen

(1) Der Graph fällt, liegt unterhalb der x-Achse, schmiegt sich dem negativen Teil der x-Achse an, geht durch $P\left(0 \middle| -\frac{1}{3}\right)$.
Der Graph von $y = 5^x$ wurde mit $\frac{1}{3}$ gestreckt und dann an der x-Achse gespiegelt.

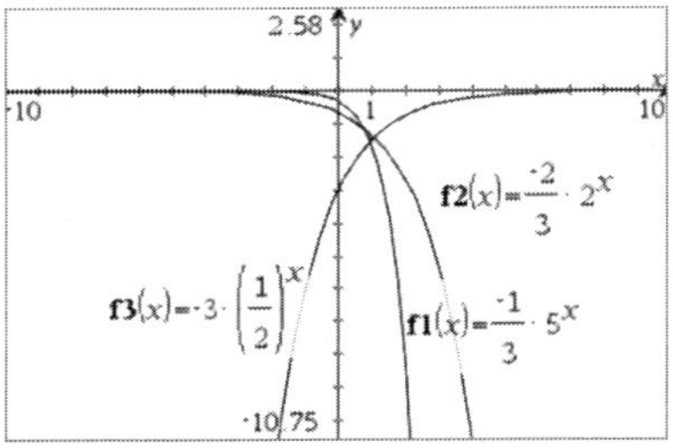

(2) Der Graph von $y = 2^x$ wurde mit $\frac{2}{3}$ gestreckt und dann an der x-Achse gespiegelt. Eigenschaften wie bei (1), geht durch $P\left(0 \middle| -\frac{2}{3}\right)$.

(3) Der Graph steigt monoton, liegt unterhalb der x-Achse und schmiegt sich dem positiven Teil der x-Achse an, geht durch $P(0|-3)$. Der Graph von $y = 2^x$ wurde an der y-Achse gespiegelt, mit dem Faktor 3 gestreckt und dann an der x-Achse gespiegelt.

Veränderung des Funktionswertes

(1) um den Faktor $5^2 = 25$; $5^{\frac{1}{2}} = \sqrt{5} \approx 2{,}24$; $5^{1,5} \approx 11{,}2$

(2) um den Faktor $2^2 = 4$; $2^{\frac{1}{2}} = \sqrt{2} \approx 1{,}4$; $2^{1,5} \approx 2{,}83$

(3) um den Faktor $\left(\frac{1}{2}\right)^2 = \frac{1}{4}$; $\left(\frac{1}{2}\right)^{\frac{1}{2}} \approx 0{,}7$; $\left(\frac{1}{2}\right)^{1,5} \approx 0{,}4$

8. $f(x) = 0{,}5 \cdot \left(5^{\frac{1}{4}}\right)^x \approx 0{,}5 \cdot 1{,}495^x$ $\quad$ $h(x) = -2 \cdot 0{,}5^x$

$g(x) = 2 \cdot 0{,}5^x$ $\quad$ $k(x) = -0{,}5 \cdot \left(5^{\frac{1}{4}}\right)^x \approx -0{,}5 \cdot 1{,}495^x$

61

9. **a)** $30 \cdot \left(\sqrt[3]{4}\right)^x$ $\quad$ **d)** $400 \cdot \left(0{,}88^2\right)^x$ $\quad$ **g)** $13{,}7 - \frac{5}{4} \cdot x$

b) $2 \cdot \left(\sqrt[5]{\frac{1}{3}}\right)^x$ $\quad$ **e)** $32 \cdot \left(\sqrt[3]{1{,}05}\right)^x$

c) $0{,}65 \cdot \left(1{,}5^{\frac{2}{5}}\right)^x$ $\quad$ **f)** $4 + 0{,}3 \cdot x$

61

10. a) $a = 2;\ b = 3;\ y = 2 \cdot 3^x$

b) $a = 1{,}5;\ b = 5;\ y = 1{,}5 \cdot 5^x$

c) $a = 0{,}32;\ b = 2{,}5;\ y = 0{,}32 \cdot 2{,}5^x$

d) $a \approx 1{,}65;\ b \approx 3{,}30;\ y = 1{,}65 \cdot 3{,}30^x$

e) $a = 10;\ b = 0{,}5;\ y = 10 \cdot 0{,}5^x$

f) $a = r;\ b = \left(\frac{t}{r}\right);\ y = r \cdot \left(\frac{t}{r}\right)^x$

g) $a = r;\ b = \left(\frac{1}{r}\right)^{\frac{1}{t}};\ y = r \cdot \left(\left(\frac{1}{r}\right)^{\frac{1}{t}}\right)^x$

h) $a = r;\ b = \left(\frac{t}{r}\right)^{\frac{1}{s}};\ y = r \cdot \left(\left(\frac{t}{r}\right)^{\frac{1}{s}}\right)^x$

11. $1 = a \cdot b^1$

$3 = a \cdot b^2 = a \cdot b \cdot b$

$3 = 1 \cdot b$

$b = 3$

$a = \frac{1}{3}$

$y = \frac{1}{3} \cdot 3^x = 3^{x-1}$

12. a) $f(x) = 3 \cdot x + (-2)$

$g(x) = 0{,}25 \cdot 4^x$

$h(x) = x^2$

b) $f(x) = -0{,}75 \cdot x + 3{,}5$

$g(x) = 8 \cdot 0{,}5^x$

$h(x) = 8 \cdot x^{-2}$

13. Der Graph entsteht durch Streckung um den Faktor $|a|$ in y-Richtung und anschließende Spiegelung an der x-Achse, wenn $a < 0$ ist.

14.

Anzahl der Wochen	5	10	20
Bakterienanzahl (mit Faktor 1,41)	111	621	19 293
Bakterienanzahl (mit Faktor 1,4095)	111	619	19 157

62

15. a) 31,6 %

b) 540; 935; 19 165

16. a) Quotiententest

$\frac{270}{180} = \frac{3}{2}$ $\qquad \frac{405}{270} = \frac{3}{2}$ $\qquad \frac{607{,}5}{405} = \frac{3}{2}$

b) $\frac{9}{15} = \frac{3}{5}$ $\qquad \frac{5{,}4}{9} = \frac{54}{90} = \frac{3}{5}$ $\qquad \frac{3{,}24}{5{,}4} = \frac{3}{5}$

Bei **a)** Quotient: 1,5. Da die x-Werte in 10er-Schritten angegeben sind, ergibt sich der Wachstumsfaktor zu $\sqrt[10]{1{,}5} \approx 1{,}04138$.

exponentielle Zunahme: $f(x) = 180 \cdot 1{,}04138^x$

b) exponentielle Abnahme: $f(x) = 15 \cdot 0{,}6^x$

17. a) Quotiententest

$\frac{1\,800}{3\,000} = 0{,}6$ $\qquad \frac{1\,080}{1\,800} = 0{,}6$ $\qquad \frac{648}{1\,080} = 0{,}6$ $\qquad \frac{389}{648} \approx 0{,}6$

b) $f(t) = 5\,000 \cdot 0{,}6^t$ $\qquad$ Alle Wertepaare erfüllen die Funktionsgleichung.

62

18. $\frac{1001}{1013,2} = 0,988$ (Abnahmefaktor pro 100 m)

$f(h) = 1013,2 \cdot 0,988^h$ (h in 100 m)

Überprüfung der Daten ergibt gute Übereinstimmung bei Werten bis ca. 5 000 m Höhe.

Höhe (in m)		Höhe (in m)		Höhe (in m)	
500	f(5) = 954	4 000	f(40) = 625	9 000	f(90) = 341
1 000	f(10) = 898	5 000	f(50) = 554	10 000	f(100) ≈ 303
2 000	f(20) = 796	6 000	f(60) = 491	12 000	f(120) = 238
3 000	f(30) = 705	7 000	f(70) = 435	16 000	f(160) = 147
		8 000	f(80) = 386	20 000	f(200) ≈ 91

In größeren Höhen gibt es größere Abweichungen.

63

19. Eigenschaften: Je größer x wird, desto steiler wird der Graph; Streckung um 2^c.
Je kleiner x wird, desto flacher wird der Graph; Streckung um 2^c.

20. Durch Verschiebung parallel zur y-Achse um 3 nach rechts.

21. **a)** Siehe Merksatz auf Seite 59 unten des Schülerbandes.
b) Siehe Merksatz auf Seite 59 oben des Schülerbandes.

22. $f(x) = 0,5^{x-2}$
$h(x) = 0,5^{x+2}$
$k(x) = 0,5^x - 2$

23. (1) und m(x) (4) und k(x)
(2) und g(x) (5) und f(x)
(3) und i(x) (6) und h(x)

24. Überprüfung des möglichen Streckfaktors 1,5 liefert andere y-Werte von g.
$g(x) = 0,3^x + 1,5$
Verschiebung um 1,5 Einheiten nach oben.

Noch fit ... in Trigonometrie?

64

1. a) $\sin(55°) = \frac{5{,}4\,\text{cm}}{x}$

$x = \frac{5{,}4\,\text{cm}}{\sin(55°)}$

$x \approx 6{,}6\,\text{cm}$

b) $\cos(26°) = \frac{11\,\text{cm}}{x}$

$x = \frac{11\,\text{cm}}{\cos(26°)}$

$x \approx 12{,}2\,\text{cm}$

c) $\tan(52°) = \frac{6{,}5\,\text{cm}}{x}$

$x = \frac{6{,}5\,\text{cm}}{\tan(52°)}$

$x \approx 5{,}1\,\text{cm}$

2. Höhe der Leiter an der Wand: $h = 3\,\text{m} \cdot \cos(31°) \approx 2{,}57\,\text{m}$
Entfernung der Leiter von der Wand: $e = 3\,\text{m} \cdot \sin(31°) \approx 1{,}55\,\text{m}$

3. a) Schieflage des Kirchturms:

$\tan(a) = \frac{2{,}47\,\text{m}}{27{,}37\,\text{m}} = 0{,}0902$, also $a = 5{,}2°$

Der Kirchturm weist eine größere Schieflage auf.

b) $x = \sin(5{,}2°) \cdot 11\,\text{m} \approx 0{,}997\,\text{m} \approx 1\,\text{m}$

Die linke untere Kante im Bild liegt 1 m höher als die rechte untere Kante.

4. $h_s = \sqrt{s^2 - \left(\frac{a}{2}\right)^2} \approx 12{,}5\,\text{m}$

$h = \sqrt{h_s^2 - \left(\frac{a}{2}\right)^2} \approx 7{,}5\,\text{m}$

$\sin(\alpha) = \frac{h}{s} = 0{,}4677$, also $\alpha \approx 27{,}9°$

$\sin(\beta) = \frac{h}{h_s} \approx 0{,}5991$, also $\beta \approx 36{,}8°$

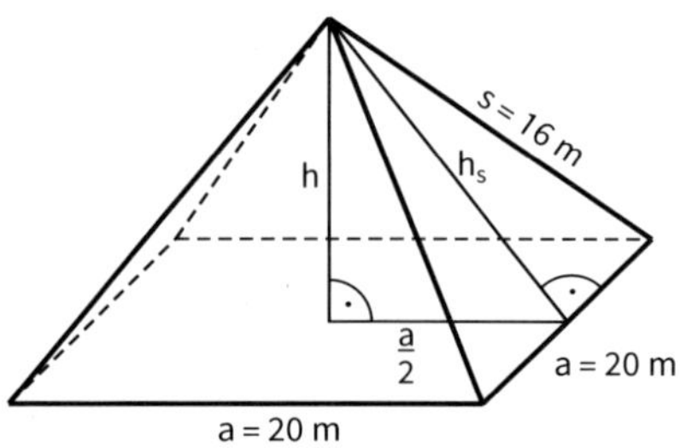

65

5.

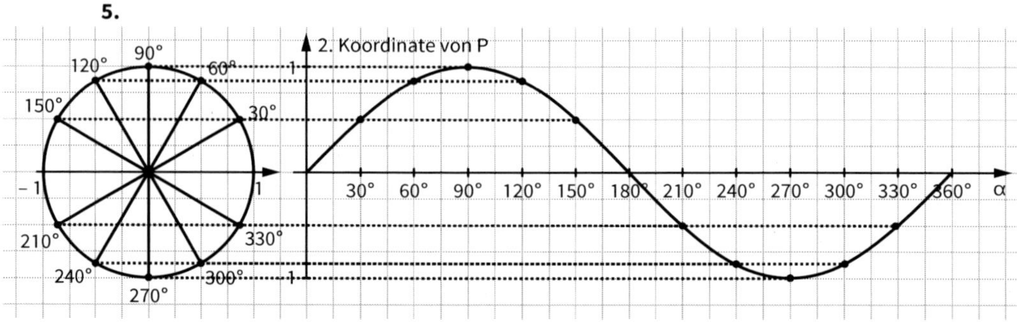

Der hier beschriebene Graph kann durch die Sinusfunktion beschrieben werden:
$f(x) = \sin(x)$

65

6.

α	0°	30°	45°	60°	90°	180°	270°	360°
$\sin(\alpha)$	0	$\frac{1}{2}$	$\frac{1}{2}\sqrt{2}$	$\frac{1}{2}\sqrt{3}$	1	0	−1	0
$\cos(\alpha)$	1	$\frac{1}{2}\sqrt{3}$	$\frac{1}{2}\sqrt{2}$	$\frac{1}{2}$	0	−1	0	1

7. **a)** −270°, 90°
b) −360°, −180°, 0°, 180°, 360°
c) −360°, 0°, 360°
d) −180°, 180°

8. **a)** $0° < \alpha < 180°$
b) $0° < \alpha < 90°$ oder $270° < \alpha \leq 360°$
c) $0° \leq \alpha \leq 90°$

9. Eigenschaften der Sinusfunktion:
- Punktsymmetrisch zum Ursprung, das heißt $\sin(-\alpha) = -\sin(\alpha)$
- Periodisch mit der Periodenlänge 360°
- $-1 \leq \sin(\alpha) \leq 1$

Eigenschaften der Kosinusfunktion:
- Symmetrisch zur y-Achse, das heißt $\cos(-\alpha) = \cos(\alpha)$
- Periodisch mit der Periodenlänge 360°
- $-1 \leq \cos(\alpha) \leq 1$
- $\cos(\alpha) = \sin(\alpha + 90°)$

1.6 Sinusfunktionen

1.6.1 Definition der Sinusfunktion und ihre Eigenschaften

66

Einstiegsaufgabe ohne Lösung

Umdrehungen	$\frac{1}{4}$	$\frac{1}{2}$	$\frac{3}{4}$	1	1,5
Zurückgelegter Weg x	$\frac{\pi}{2}$	π	$\frac{3}{2}\pi$	2π	3π

Für die Länge x des zurückgelegten Weges nach n Umdrehungen gilt also: $x(n) = 2\pi \cdot n$

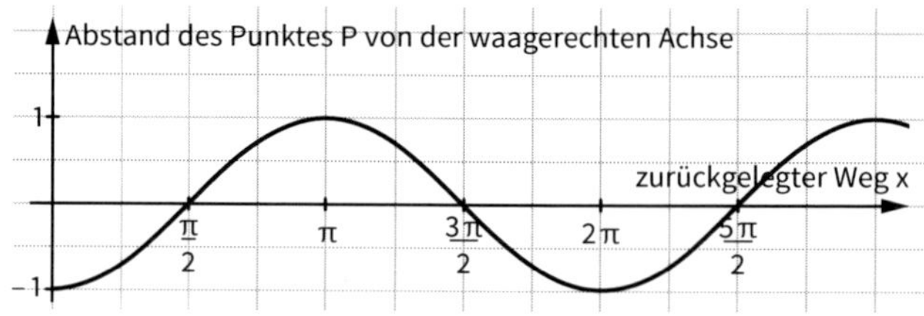

68

1. **a)** Wenn P ein Punkt auf dem Einheitskreis ist, kann man die Funktionswerte cos(x) als Abstand des Punktes P von der y-Achse deuten.

b) Graph der Kosinusfunktion: siehe Schülerband S. 68 unten

(1) Die Kosinusfunktion ist eine periodische Funktion mit der Periode 2π. Es gilt also $\cos(x + 2\pi) = \cos(x)$.

(2) Die Kosinusfunktion hat den Wertebereich $[-1; 1]$.

(3) Der Graph der Kosinusfunktion ist symmetrisch zur y-Achse. Für jedes Bogenmaß x gilt somit:
$\cos(-x) = \cos(x)$.

(4) Die Kosinusfunktion hat bei $\ldots, -\frac{3}{2}\pi, -\frac{1}{2}\pi, \frac{1}{2}\pi, \frac{3}{2}\pi, \frac{5}{2}\pi, \ldots$ Nullstellen.
Allgemein besitzt die Funktion Nullstellen bei allen ungeraden halbzahligen Vielfachen von π.

69

2.

α (Gradmaß)	180°	360°	36°	22,5°	18°	1°
x (Bogenmaß)	π	2π	$\frac{\pi}{5}$	$\frac{\pi}{8}$	$\frac{\pi}{10}$	$\frac{\pi}{180}$
x (Bogenmaß)	3,142	6,283	0,628	0,393	0,314	0,017

α (Gradmaß)	84°	$\frac{180°}{\pi} \approx 57{,}3°$	20°	3600°	270°
x (Bogenmaß)	$\frac{7\pi}{15}$	1	$\frac{\pi}{9}$	20π	$\frac{3}{2}\pi$
x (Bogenmaß)	1,466	1	0,349	62,832	4,712

3. **a)** π **b)** 12π **c)** $\frac{1}{3}\pi$ **d)** $\frac{3}{4}\pi$ **e)** $-\pi$ **f)** $\frac{\pi}{3}$

4. **a)** 2. Quadrant **b)** 3. Quadrant **c)** 4. Quadrant **d)** 1. Quadrant **e)** 1. Quadrant **f)** 4. Quadrant

69

5. Tobias hat seinen Rechner statt auf Bogenmaß (RAD) auf Gradmaß (DEG) eingestellt. Die korrekten Ergebnisse sind: $\sin(\pi) = 0$, $\sin\left(\frac{\pi}{2}\right) = 1$, $\sin(2\pi) = 0$.

6. a) Stimmt. (Grundlegende Eigenschaft (3), Schülerband S. 68)

b) Stimmt nicht, denn es gilt z. B.: $\sin\left(\frac{\pi}{2}\right) = 1$, aber $\sin\left(\frac{\pi}{2} + \pi\right) = \sin\left(\frac{3}{2}\pi\right) = -1$

c) Stimmt. (Grundlegende Eigenschaft (4), Schülerband S. 68)

d) Stimmt. Alle ungeraden halbzahligen Vielfachen von π (also $\ldots, -\frac{3}{2}\pi, -\frac{1}{2}\pi, \frac{1}{2}\pi, \frac{3}{2}\pi, \frac{5}{2}\pi, \ldots$) sind Symmetrieachsen. Denn es gilt z. B.: $\sin(x) = \cos\left(x - \frac{\pi}{2}\right)$ und die Kosinusfunktion ist achsensymmetrisch.

7. a) –

b) $\pi - 1{,}12 \approx 2{,}02$ und $2\pi + 1{,}12 \approx 7{,}40$. (Siehe auch die Werte am Graphen.) Carolin hat Recht, wegen der Periodizität und der Symmetrieeigenschaften (Einheitskreis!) der Sinusfunktion.

c) (1) $-\pi, 0, \pi, 2\pi$

(2) $-\frac{\pi}{2}, \frac{3}{2}\pi$

(3) $0{,}52$; $\pi + 0{,}52 \approx 3{,}66$; $\pi - 0{,}52 \approx 2{,}62$

(4) $-\pi + 0{,}85 \approx -2{,}29$; $-0{,}85$; $\pi + 0{,}85 \approx 3{,}99$; $5{,}43$

70

8. a) $g(x) = \sin(x)$, $f(x) = g(x) + 4 = \sin(x) + 4$, $h(x) = g(x) - 2 = \sin(x) - 2$; f ist eine um vier Einheiten nach oben [in Richtung der y-Achse] verschobene Sinusfunktion, h ist um zwei Einheiten nach unten verschoben.

b)

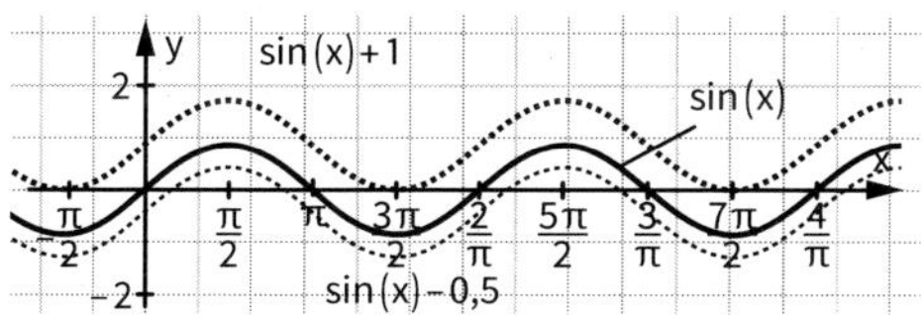

9. a) Bei Werten $|a| > 1$ wird der Graph in Richtung der y-Achse gestreckt, bei Werten $0 < |a| < 1$ wird der Graph in Richtung der y-Achse gestaucht. Bei einem negativen Wert für a wird der Graph zusätzlich an der x-Achse gespiegelt.

b) Wie in a) erwähnt, wird der Graph bei einem negativen Wert für a an der x-Achse gespiegelt. Dadurch ändern sich weder das Symmetrieverhalten noch die Lage der Nullstellen des Graphen.

c)

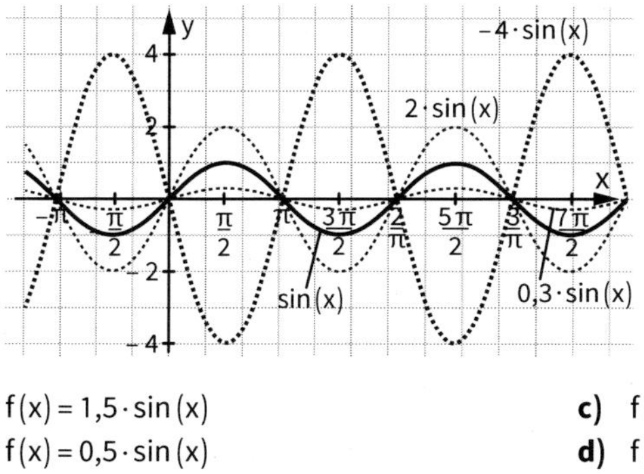

10. a) $f(x) = 1{,}5 \cdot \sin(x)$

b) $f(x) = 0{,}5 \cdot \sin(x)$

c) $f(x) \approx 0{,}75 \cdot \sin(x)$

d) $f(x) = -0{,}5 \cdot \sin(x)$

11. (1) (C), (2) (D), (3) (B), (4) (A)

1.6.2 Strecken und Verschieben des Graphen der Sinusfunktion in Richtung der x-Achse

71 **Einstiegsaufgabe ohne Lösung**

- $33\frac{1}{3}$ Umdrehungen pro Minute bedeutet, dass eine Umdrehung der Langspielplatte $T = \frac{60\,s}{33\frac{1}{3}} = \frac{9}{5}\,s = 1{,}8\,s$ dauert, d. h. die Periodenlänge der zugehörigen Sinusfunktion beträgt hier 1,8 anstelle von 2π.

  Wertetabelle für eine Periode:

Zeit x (in s)	0	0,45	0,9	1,35	1,8
y-Koordinate von P (in cm)	0	15	0	−15	0

  Der Graph der Funktion f entsteht aus dem Graphen der Sinusfunktion mit $y = \sin(x)$ durch zwei Streckungen:

  (1) Durch eine Streckung in Richtung der y-Achse mit dem Faktor 15.

  (2) Durch eine Streckung in Richtung der x-Achse, die die Periode von 2π auf 1,8 verkürzt. Den Streckfaktor b erhalten wir, da die Funktion f an der Stelle $x = 1{,}8$ denselben Funktionswert hat wie die Sinusfunktion mit $y = \sin(x)$ an der Stelle $x = 2\pi$.
  Somit gilt: $b \cdot 1{,}8 = 2\pi$ bzw. $b = \frac{2\pi}{1{,}8}$

  Die Funktion f wird durch $f(x) = 15 \cdot \sin\left(\frac{2\pi}{1{,}8} \cdot x\right)$ beschrieben.

- Wird die gleiche Platte mit der halben Geschwindigkeit abgespielt, so dauert eine Umdrehung genau doppelt so lang.
  Die Periodendauer beträgt nun 3,6 s.
  Ähnliche Überlegungen wie vorher führen auf die Funktion g mit $g(x) = 15 \cdot \sin\left(\frac{2\pi}{3{,}6} \cdot x\right)$.

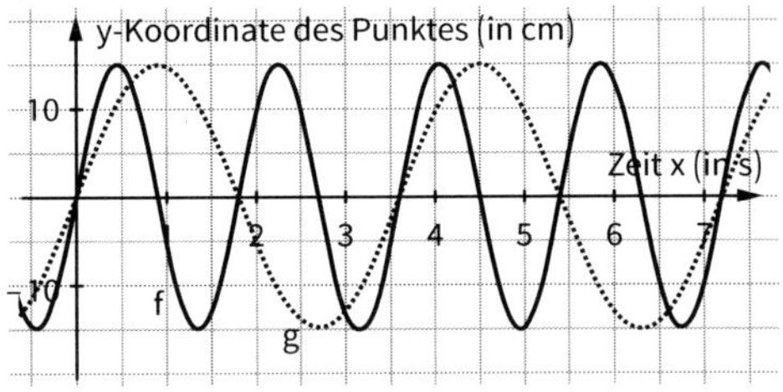

  Beide Graphen haben die Form einer Sinuskurve. Sie entstehen aus dem Graphen der Sinusfunktion mit $y = \sin(x)$ durch zwei Streckungen:

  (1) In Richtung der y-Achse mit dem Faktor 15.
  Beide Funktionen haben denselben Wertebereich $W = [-15; 15]$.

  (2) In Richtung der x-Achse mit dem Faktor $\frac{2\pi}{1{,}8}$ bei der Funktion f bzw. mit dem Faktor $\frac{2\pi}{3{,}6}$ bei der Funktion g. Dadurch unterscheiden sich die beiden Funktionen in der Periodenlänge.

- Allgemein gilt für Funktionen der Art $y = \sin(b \cdot x)$, dass die Graphen der Funktionen in Richtung der x-Achse gestreckt werden: Bei Werten $|b| > 1$ wird der Graph in Richtung der x-Achse gestaucht, d. h. die Periode wird kürzer $\left(\text{Periodenlänge } \frac{2\pi}{|b|}\right)$, bei Werten $0 < |b| < 1$ wird der Graph in Richtung der x-Achse gestreckt, d. h. die Periode wird länger. Bei einem negativen Wert für b wird der Graph zusätzlich an der y-Achse gespiegelt.

73

1. Bei $33\frac{1}{3}$ Umdrehungen pro Minute dauert eine Umdrehung 1,8 s.
Der Graph der Funktion f entsteht aus dem Graphen der Sinusfunktion mit $y = \sin(x)$ durch zwei Streckungen:
(1) Durch eine Streckung in Richtung der y-Achse mit dem Faktor 15.
(2) Durch eine Streckung in Richtung der x-Achse mit dem Streckfaktor $b = \frac{2\pi}{1{,}8}$.
Also: $f(x) = 15 \cdot \sin\left(\frac{2\pi}{1{,}8} \cdot x\right)$

Eine Viertelumdrehung dauert $\frac{1{,}8}{4}$ s.
Der Graph der Funktion f wird somit um $\frac{1{,}8}{4}$ in Richtung der x-Achse nach links verschoben.
Somit gilt:
$g(x) = 15 \cdot \sin\left(\frac{2\pi}{1{,}8} \cdot \left(x + \frac{1{,}8}{4}\right)\right)$
$\quad = 15 \cdot \sin\left(\frac{2\pi}{1{,}8} \cdot x + \frac{\pi}{2}\right)$

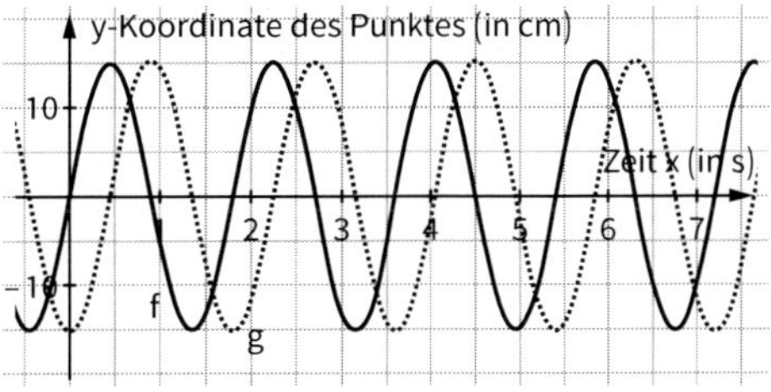

2. a) (1) Strecken parallel zur x-Achse mit $\frac{1}{2}$

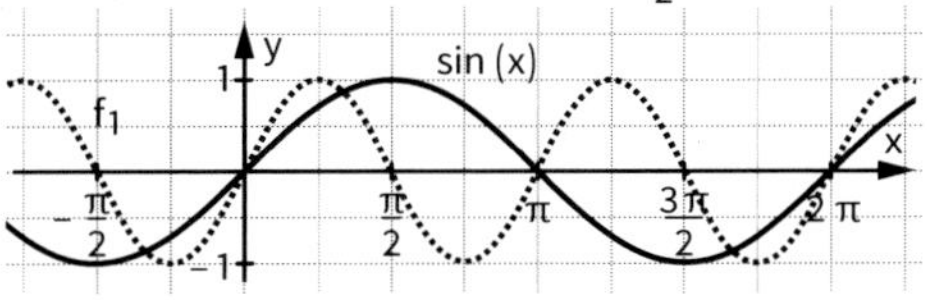

Funktionsterm: $f_1(x) = \sin(2x)$

(2) Verschieben um $\frac{\pi}{2}$ nach links

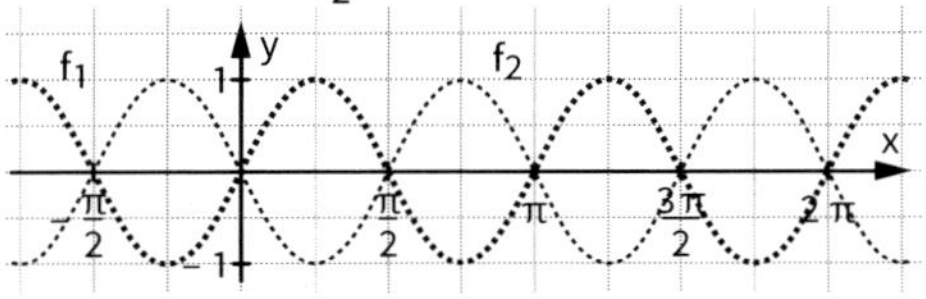

Funktionsterm: $f_2(x) = \sin\left(2\left(x + \frac{\pi}{2}\right)\right)$

b) (1) Verschieben um $\frac{\pi}{2}$ nach links

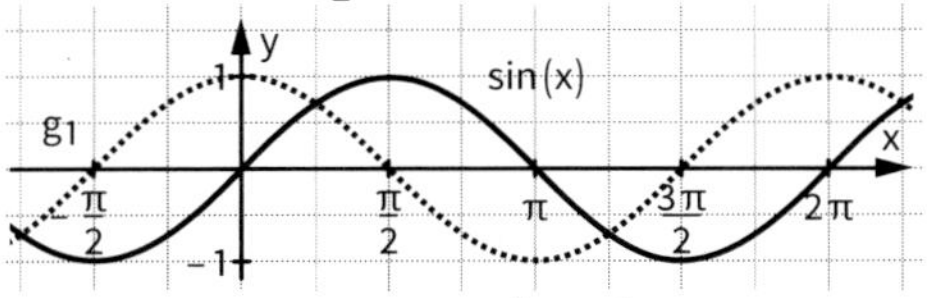

Funktionsterm: $g_1(x) = \sin\left(x + \frac{\pi}{2}\right)$

(2) Strecken parallel zur x-Achse mit $\frac{1}{2}$

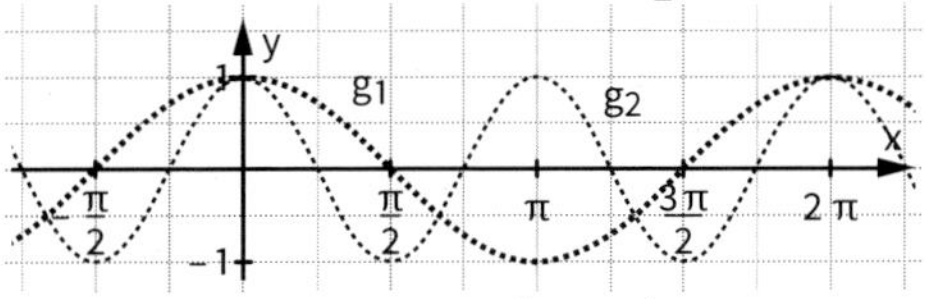

Funktionsterm: $g_2(x) = \sin\left(2x + \frac{\pi}{2}\right)$

73

c) Die auf beiden Wegen erhaltenen Graphen sind verschieden. Wird der Graph der Sinusfunktion zunächst verschoben und dann der verschobene Graph gestreckt, so wird auch der Betrag der Verschiebung mit gestreckt. Er unterscheidet sich von dem bei dem umgekehrten Vorgehen: erst Strecken, dann Verschieben.
Folgerung: Die Reihenfolge von Verschieben und Strecken parallel zur x-Achse kann nicht ohne Weiteres vertauscht werden.

3. Alle vier Funktionen sind punktsymmetrisch zum Ursprung und haben den Wertebereich $[-1; 1]$

a) Periode: $\frac{2\pi}{4} = \frac{\pi}{2}$, Nullstellen bei $k \cdot \frac{\pi}{4}$ für alle ganzzahligen k.

b) Periode: $\frac{2\pi}{0,8} = 2,5\,\pi$, Nullstellen bei $1,25\,\pi k$ für alle ganzzahligen k.

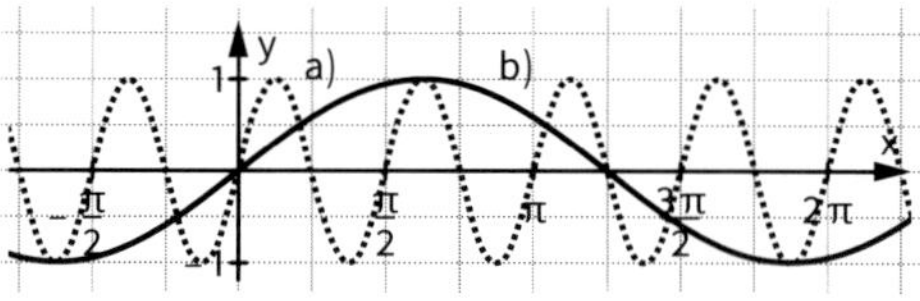

3. c) Periode: $\frac{2\pi}{|-0,5|} = 4\,\pi$, Nullstellen bei $2\pi k$ für alle ganzzahligen k.

d) Periode: $\frac{2\pi}{|-\pi|} = 2$, Nullstellen bei k für alle ganzzahligen k [oder: bei allen ganzen Zahlen].

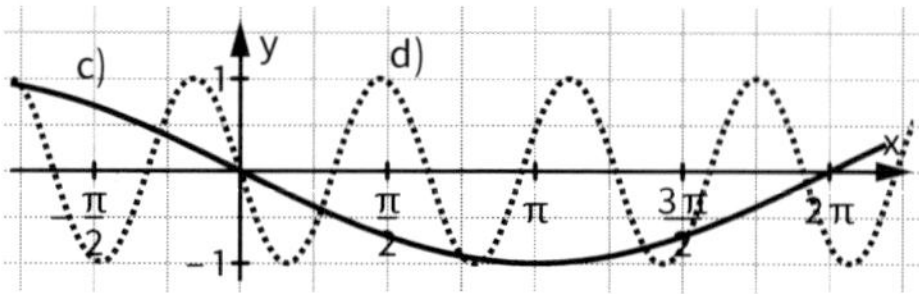

74

4. a) $\sin(4x)$, Periodenlänge $\frac{\pi}{2}$, also nur ein Viertel der Sinusfunktion, daher $y = \sin(4x)$

b) $\sin\left(\frac{2\pi}{9}\right)$ Periodenlänge 9, also $y = \sin\left(\frac{2\pi}{9}\right)$

5. (1) $y = \sin\left(\frac{1}{3} \cdot \frac{\pi}{2}\right) = \sin\left(\frac{\pi}{6}\right) = \frac{1}{2}$

(2) Aus $\sin\left(\frac{1}{3}x\right) = -\frac{1}{2}$ folgt $x = 3\sin^{-1}\left(-\frac{1}{2}\right)$. Im Gegensatz zu (1) ist die Umkehrung nicht eindeutig im angegebenen Definitionsbereich, d. h. es gibt zwei Lösungen $x_1 = -\frac{\pi}{2}$ und $x_2 = -\frac{5\pi}{2}$.

6. a) Die Periode beträgt mit $\frac{\pi}{2}$ nur ein Viertel der Sinusfunktion, daher $y = \sin(4x)$.

b) Aus $\sin\left(b \cdot \frac{\pi}{12}\right) = \frac{1}{2}\sqrt{2}$ folgt $b = \frac{12}{\pi} \cdot \sin^{-1}\left(\frac{1}{2}\sqrt{2}\right) = 3$. Die Umkehrung ist allerdings nicht eindeutig. Weitere Werte sind z. B. $b = 9$, $b = -15$ oder $b = -21$.
Allgemeine Lösungen sind $b_1 = 24 \cdot k + 3$ und $b_2 = 24 \cdot k + 9$ für alle ganzzahligen k.

7. (1) Um $\frac{\pi}{2}$ nach links verschoben.

(2) Um $\frac{\pi}{4}$ nach links verschoben.

(3) Um $\frac{\pi}{2}$ nach rechts verschoben.

(4) Um $\frac{\pi}{4}$ nach rechts verschoben.

8. a) Eine Nullstelle liegt bei $x = -\frac{\pi}{4}$, also ist $\sin\left(x + \frac{\pi}{4}\right)$ ein möglicher Funktionsterm.

b) Eine Nullstelle des Graphen liegt bei $x = \frac{\pi}{4}$, also ist $\sin\left(x - \frac{\pi}{4}\right)$ ein möglicher Funktionsterm.

74

c) Eine Nullstelle des Graphen liegt bei $x = -1$, also ist $\sin(x+1)$ ein möglicher Funktionsterm.

d) Eine Nullstelle liegt bei $x = 2$, also ist $\sin(x-2)$ ein möglicher Funktionsterm.

9. a)

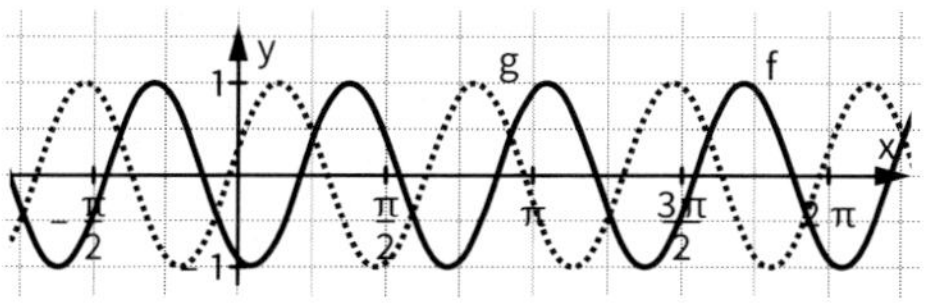

b)

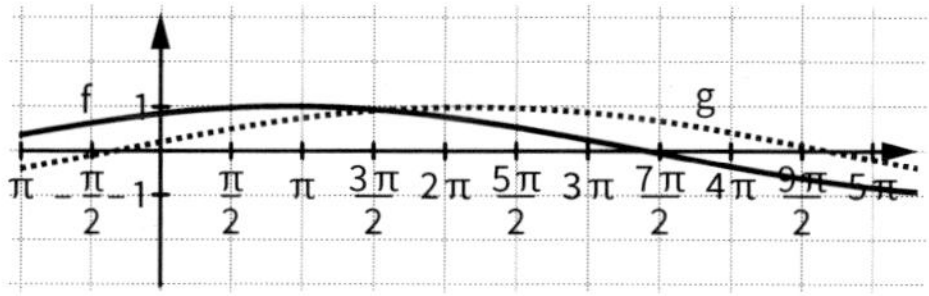

10. Marcs Zeichnung ist falsch. Der Graph gehört zur Funktion $y = \sin(0{,}6x - 1{,}2)$. Die Nullstelle ist bei $x = 2$, am Term ist das erkennbar durch die Umformung $\sin(0{,}6x - 1{,}2) = \sin\left(0{,}6(x-2)\right)$.

1.6.3 Allgemeine Sinusfunktion

75

Einstiegsaufgabe ohne Lösung

a: Streckfaktor in Richtung der y-Achse, bei $|a| < 1$ Stauchung, bei $a < 0$ zusätzlich Spiegelung an x-Achse

b: Streckung in Richtung der x-Achse mit dem Faktor $\frac{1}{b}$, bei $b < 0$ zusätzlich Spiegelung an y-Achse

c: Verschiebung in Richtung der x-Achse, für $c > 0$ nach links, für $c < 0$ nach rechts

d: Verschiebung in Richtung der y-Achse, für $d > 0$ nach oben, für $d < 0$ nach unten

76

1. a) $3 \cdot \sin\left(\frac{1}{2}(x - \pi)\right) + 4$

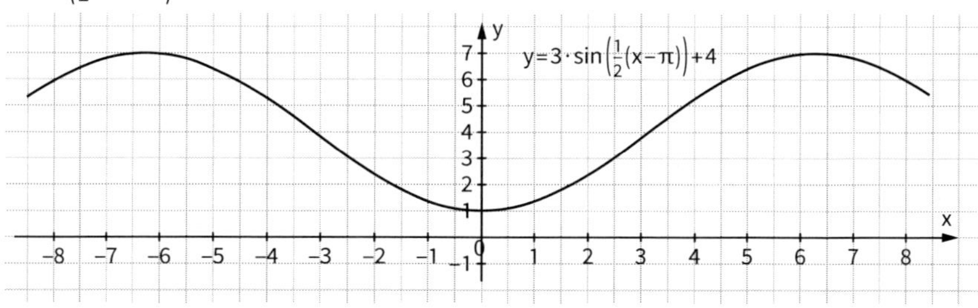

b) $-2 \cdot \sin\left(3\left(x + \frac{\pi}{2}\right)\right) - 1{,}5$

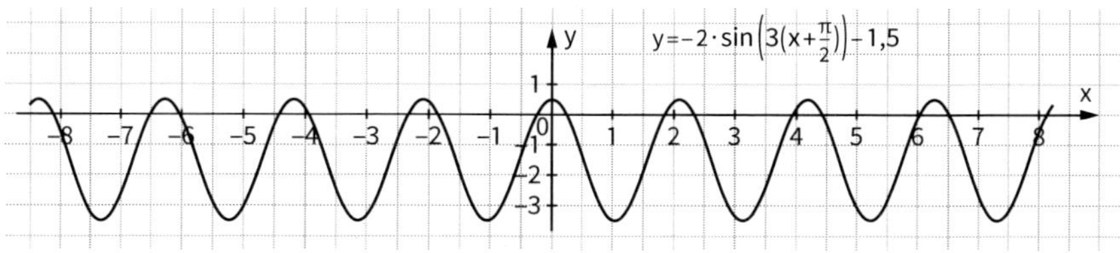

76 **c)** $-2 \cdot \sin\left(-1\,(x-2)\right)+1$

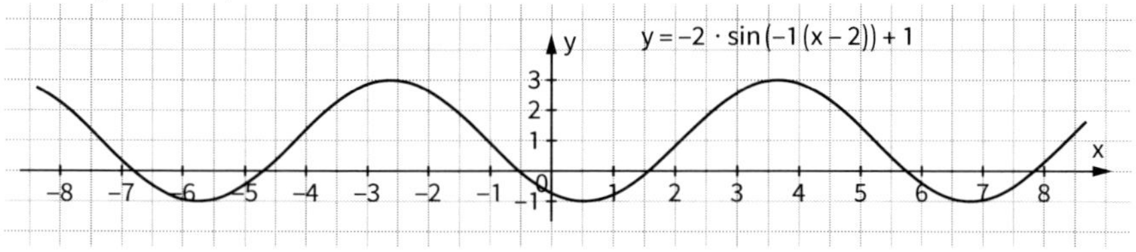

2. **a)** Strecken mit dem Faktor 2 in Richtung der y-Achse;
strecken mit dem Faktor $\frac{1}{2}$ in Richtung der x-Achse;
verschieben um $\frac{\pi}{4}$ nach links.

b) Strecken mit dem Faktor 3 in Richtung der y-Achse;
strecken mit dem Faktor 2 in Richtung der x-Achse;
verschieben um π nach rechts;
verschieben um 1 nach oben.

2. **c)** Strecken mit dem Faktor $\frac{1}{2}$ in Richtung der y-Achse;
strecken mit dem Faktor $\frac{1}{3}$ in Richtung der x-Achse;
verschieben um 1 nach rechts.

d) Strecken mit dem Faktor −2 in Richtung der y-Achse;
strecken mit $\frac{2}{\pi}$ in Richtung der x-Achse;
verschieben um 2 nach links;
verschieben um 2 nach unten.

e) Verschieben um $\frac{\pi}{4}$ nach links,
anschließend strecken mit dem Faktor $\frac{1}{2}$ in Richtung der x-Achse

f) Strecken mit dem Faktor $\frac{1}{2}$ in Richtung der x-Achse,
verschieben um $\frac{\pi}{8}$ nach links (identisch mit e)!)

3. Beispiel: $\sin(2x-2) \neq \sin(2x-4) = \sin\left(2(x-2)\right)$

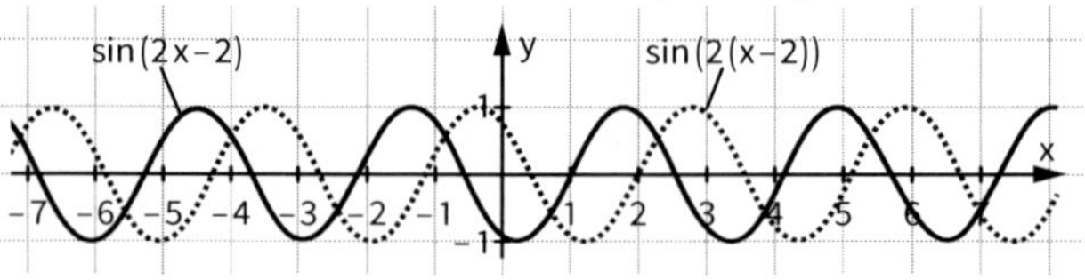

4. Beide Graphen sind falsch. Beim ersten Graphen hat Lukas statt $2 \cdot \sin\left(2x+\frac{\pi}{2}\right)$ den Graphen von $2 \cdot \sin\left(2\left(x+\frac{\pi}{2}\right)\right)$ gezeichnet: Es fehlen also Klammern bzw. er hat in der falschen Reihenfolge transformiert.
Beim zweiten Graphen hat Lukas übersehen, dass Streckungen in Richtung der x-Achse reziprok erfolgen, d. h. statt $1{,}5 \cdot \sin\left(\frac{1}{2}\left(x-\frac{\pi}{2}\right)\right)$ wurde $1{,}5 \cdot \sin\left(2\left(x-\frac{\pi}{2}\right)\right)$ gezeichnet.

77 **5.** **a)** zum Beispiel: $y = 2 \cdot \sin\left(\frac{2}{5}x-\frac{9}{10}\pi\right)+2$

b) $y = 3 \cdot \sin\left(\frac{1}{4}x+\frac{\pi}{2}\right)$

c) $y = 1{,}5 \cdot \sin\left(\frac{1}{2}(x-2)\right)$

77 **6. a)** Man liest zunächst die beiden extremalen Funktionswerte y_{max} und y_{min} ab. Da die Verschiebung d in Richtung der y-Achse genau dazwischen liegt, bestimmt man d über das arithmetische Mittel: $d = \frac{y_{max} + y_{min}}{2}$. Gleichzeitig kann man damit bereits die Amplitude a als Abstand der beiden y-Werte bestimmen: $a = \frac{y_{max} - y_{min}}{2}$.
Sucht man dann das in der Abbildung im Schülerband beschriebene k, so ist dadurch die Verschiebung in Richtung der x-Achse – bis auf die Periode eindeutig – festgelegt und es folgt $c = -k$. Schließlich entnimmt man die Streckung in Richtung der x-Achse als horizontalen Abstand p von z. B. zwei benachbarten Minima und somit ergibt sich $b = \frac{2\pi}{p}$.

6. b) Bei (2) und (5) kann k nicht unmittelbar am Graphen abgelesen werden, da es außerhalb des gezeichneten Bereichs liegt.

(1) $y = 2 \cdot \sin\left(2\left(x - \frac{\pi}{2}\right)\right) + 1$, aber auch: $-2\sin(2x) + 1$

(2) $y = \frac{1}{2} \cdot \sin\left(\frac{\pi}{5}(x - 7{,}5)\right) - 1$, aber auch: $\frac{1}{2}\sin\left(\frac{5}{8}x + \frac{\pi}{2}\right) - 1$

(3) $y = \frac{3}{2} \cdot \sin\left(\frac{\pi}{8}\left(x - \frac{1}{2}\right)\right)$

(4) $y = \sin(\pi(x - 1))$, aber auch: $-\sin(\pi x)$

(5) $y = \sin\left(\frac{\pi}{5}(x - 8)\right) - 1$, aber auch: $\sin\left(\frac{\pi}{5}(x + 2)\right) - 1$ oder $-\sin\left(\frac{\pi}{5}(x - 3)\right) - 1$

(6) $y = \frac{1}{2} \cdot \sin\left(\frac{\pi}{2}(x - 3)\right) - 1$, aber auch: $\frac{1}{2}\sin\left(\frac{\pi}{2}(x + 1)\right) - 1$

Blickpunkt: Funktionsgraphen verschieben und strecken

78 **1. a)** $g(x) = \sin(x) + 3$
b) $g(x) = (x + 2)^4 + 1$
c) $g(x) = (x + 1)^3 + 2$

2. a) $g(x) = 2 \cdot (3^x + 2) = 2 \cdot 3^x + 4$
b) $g(x) = (0{,}5x)^3 - 2 \cdot (0{,}5x) = 0{,}125x^3 - x$
c) $g(x) = (2 \cdot (x + 1))^4 - 3 = (2x + 2)^4 - 3$

3. a)
- Spiegeln an der x-Achse: Multiplikation mit −1:
  $-x^2$
- Verschieben in Richtung der x-Achse um 2 nach rechts:
  $-(x - 2)^2$
- Verschieben um 3 nach oben in Richtung der y-Achse:
  $-(x - 2)^2 + 3$
- Stauchen mit dem Faktor 0,5:
  $-0{,}5(x - 2)^2 + 3$

b) $g(x) = -2 \cdot (x + 3)^4$

1.6.4 Modellieren mit allgemeinen Sinusfunktionen

80

Einstiegsaufgabe ohne Lösung

Wir rechnen mit 360 Tagen im Jahr.

- $y \approx 4{,}2 \cdot \sin\left(\frac{2\pi}{360}(x - 80)\right) + 12$
- $x \approx 190$; Sonnenscheindauer 15,947 h, also fast 16 h.

82

1. 1. Möglichkeit: $h_{max} = 230\,h$ $\quad y = 90 \cdot \sin\left(\frac{2\pi}{12}(x - 3)\right) + 140$

2. Möglichkeit: Mittlung Juni/Juli ergibt $h_{max} = 220\,h$

$y = 85 \cdot \sin\left(\frac{2\pi}{12}(x - 3)\right) + 135$

2. a)

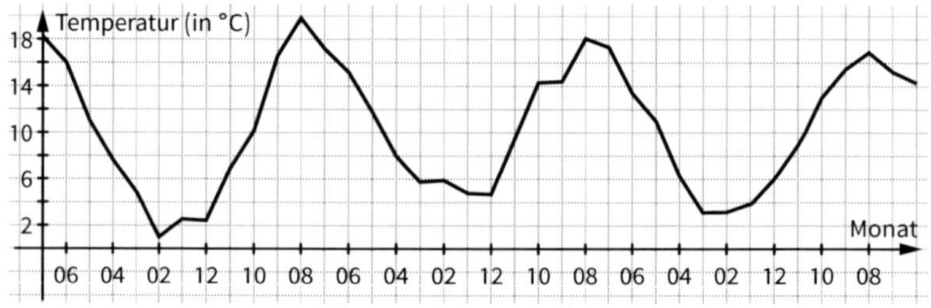

b) Verschiebung des Nullpunktes der Temperatur auf + 10,5 °C.

Mittelwert $\vartheta_{max} = 19{,}8°$ $\quad \vartheta_{min} = 0{,}8°$

$a = 9{,}5$ ergibt eine Verschiebung in Richtung der y-Achse um 10,3.

$y = 9{,}5 \cdot \cos\left(\frac{2\pi}{12}(x)\right) + 10{,}3$

Wobei x den Monat angibt.

3. Athen: $\quad y = 9 \cdot \sin\left(\frac{2\pi}{12}(x - 5)\right) + 19$

Moskau: $\quad y = 14 \cdot \sin\left(\frac{2\pi}{12}(x - 5)\right) + 4$

Jakutsk: $\quad y = 32 \cdot \sin\left(\frac{2\pi}{12}(x - 4)\right) - 12$

4. $y = 4 \cdot \cos(\pi t)$ $\quad y = 4 \cdot \sin\left(\pi t + \frac{\pi}{2}\right)$

5. Grundlagen: Minimum 360 min, Maximum 1 043 min

$a > \frac{1043 - 360}{2} = 341{,}5$

Zwischen Minimum und Maximum liegen 14 Tage, also erhält man die Periodendauer 28 Tage.

(Das Maximum wurde aus dem Bereich der höchsten Werte gewählt.)

$y = 341{,}5 \cdot \sin\left(\frac{\pi}{14}(x - 17)\right) + 701{,}5$

2 Differenzialrechnung

2.1 Durchschnittliche Änderungsrate und Sekantensteigung

90 **Einstiegsaufgabe ohne Lösung**

- Da es zwischen den Zeitpunkten der Messungen auch Wasserstände gibt, haben wir die einzelnen Punkte miteinander verbunden, obwohl wir die genauen Wasserstände nicht kennen.

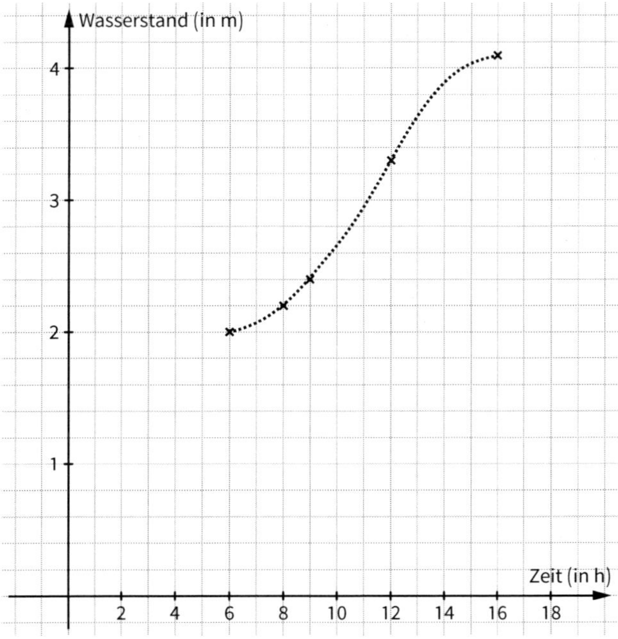

- Der Radiosprecher sagte, dass der Wasserstand nicht mehr so **schnell** steigt. Um die Durchschnittsgeschwindigkeiten zu bestimmen, mit denen das Wasser in den jeweiligen Zeitspannen zwischen den einzelnen Messungen gestiegen ist, bestimmen wir die jeweilige Wasserstandsänderung und dividieren diese durch die Länge der zugehörigen Zeitspanne.

	6 bis 8 Uhr	8 bis 9 Uhr	9 bis 12 Uhr	12 bis 16 Uhr
Zeitspanne	2 h	1 h	3 h	4 h
Wasserstandsänderung	0,2 m	0,2 m	0,9 m	0,8 m
Durchschnittsgeschwindigkeit mit der das Wasser gestiegen ist	$\frac{0{,}2\text{ m}}{2\text{ h}} = 0{,}1\,\frac{\text{m}}{\text{h}}$	$\frac{0{,}2\text{ m}}{1\text{ h}} = 0{,}2\,\frac{\text{m}}{\text{h}}$	$\frac{0{,}9\text{ m}}{3\text{ h}} = 0{,}3\,\frac{\text{m}}{\text{h}}$	$\frac{0{,}8\text{ m}}{4\text{ h}} = 0{,}2\,\frac{\text{m}}{\text{h}}$

90 Die größte Durchschnittsgeschwindigkeit von $0{,}3\,\frac{\text{m}}{\text{h}}$, mit der das Wasser stieg, lag in der Zeitspanne von 9 bis 12 Uhr. Danach, von 12 bis 16 Uhr, betrug die Durchschnittsgeschwindigkeit $0{,}2\,\frac{\text{m}}{\text{h}}$ und war somit geringer als am Vormittag.

92

1.

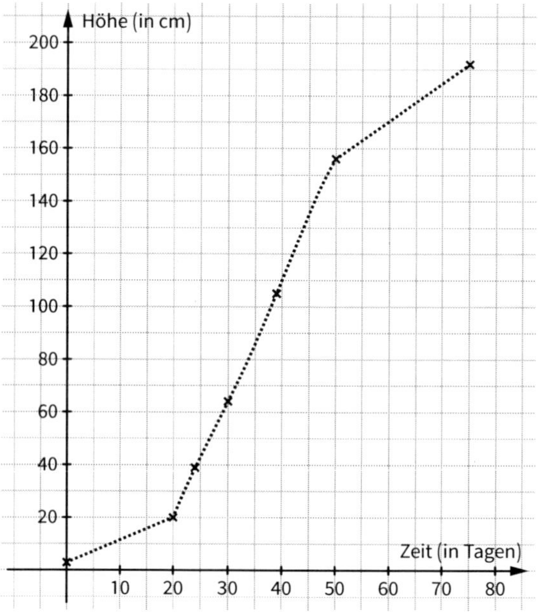

Zeitspanne	0 bis 20 Tage	20 bis 24 Tage	24 bis 30 Tage	30 bis 39 Tage	39 bis 50 Tage	50 bis 75 Tage
Höhenänderung	18 cm	19 cm	25 cm	41 cm	51 cm	36 cm
Durchschnittliche Wachstumsgeschwindigkeit	$\frac{18\text{ cm}}{20\text{ Tage}} = 0{,}9\,\frac{\text{cm}}{\text{Tag}}$	$\frac{19\text{ cm}}{4\text{ Tage}} = 4{,}75\,\frac{\text{cm}}{\text{Tag}}$	$\frac{25\text{ cm}}{6\text{ Tage}} \approx 4{,}17\,\frac{\text{cm}}{\text{Tag}}$	$\frac{41\text{ cm}}{9\text{ Tage}} \approx 4{,}56\,\frac{\text{cm}}{\text{Tag}}$	$\frac{51\text{ cm}}{11\text{ Tage}} \approx 4{,}64\,\frac{\text{cm}}{\text{Tag}}$	$\frac{36\text{ cm}}{25\text{ Tage}} = 1{,}44\,\frac{\text{cm}}{\text{Tag}}$

Die durchschnittliche Wachstumsgeschwindigkeit, also die durchschnittliche Änderungsrate, war vom 20. bis zum 24. Tag mit $4{,}75\,\frac{\text{cm}}{\text{Tag}}$ am größten.

2. a)

Zeitspanne	1950 – 1970	1970 – 1985	1985 – 2000	2000 – 2009
Durchschnittliche Änderungsrate (in Einwohner pro Jahr)	$\frac{72\,406 - 69\,301}{20} = 155{,}25$	$\frac{70\,115 - 72\,406}{15} \approx -152{,}73$	$\frac{70\,087 - 70\,115}{15} \approx -1{,}87$	$\frac{72\,554 - 70\,087}{9} \approx 274{,}11$

Zwischen 2000 und 2009 hat sich die Einwohnerzahl am stärksten verändert. Die durchschnittliche Änderungsrate betrug etwa 274 Einwohner pro Jahr.

b) –

92

3. a) Die Zeitintervalle sind alle gleich lang und zwar jeweils 5 min.
Der Tankinhalt erhöht sich in jedem Zeitintervall um 450 ℓ. Somit ist die durchschnittliche Änderungsrate stets $\frac{450\,\ell}{5\text{ min}} = 90\,\frac{\ell}{\text{min}}$. Das bedeutet, dass pro Minute 90 ℓ Heizöl in den Tank fließen.
Man kann auch sagen, die Füllgeschwindigkeit beträgt $90\,\frac{\ell}{\text{min}}$. Da die durchschnittliche Änderungsrate stets gleich ist, liegen alle Punkte auf der Geraden mit $y = 90x + 1\,200$.

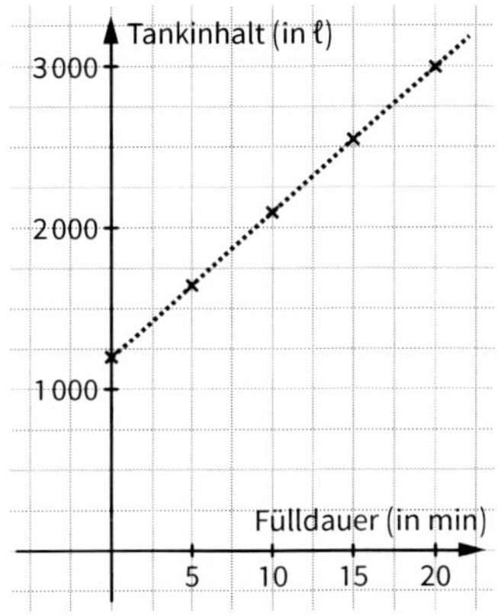

b)

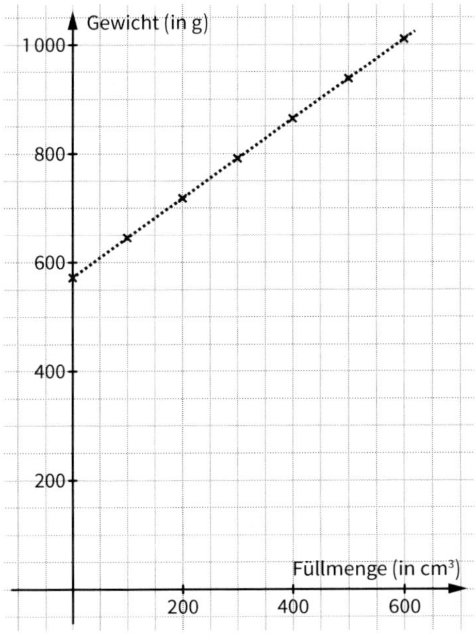

Die Intervalle sind gleich lang und zwar jeweils 100 cm³. Das Gewicht erhöht sich in jedem Intervall um 73 g. Somit ist die durchschnittliche Änderungsrate stets $\frac{73\text{ g}}{100\text{ cm}^3} = 0{,}73\,\frac{\text{g}}{\text{cm}^3}$.
Das bedeutet, dass das Gewicht pro 1 cm³ Öl um 0,73 g zunimmt.
Da die durchschnittliche Änderungsrate stets gleich ist, liegen alle Punkte auf der Geraden mit $y = 0{,}73x + 572$.

92

4. **a)** Wir lesen die Funktionswerte zu den jeweiligen Uhrzeiten ungefähr am Graphen ab und bestimmen daraus die durchschnittliche Änderungsrate für das jeweilige Intervall.

(1) 0 Uhr: 7,6 °C
5 Uhr: 6,2 °C
$\frac{6{,}2\,°C - 7{,}6\,°C}{5\,h} = -0{,}28\,\frac{°C}{h}$

(2) 6 Uhr: 6,2 °C
9 Uhr: 7,25 °C
$\frac{7{,}25\,°C - 6{,}2\,°C}{3\,h} = 0{,}35\,\frac{°C}{h}$

(3) 10 Uhr: 8 °C
12 Uhr: 9,75 °C
$\frac{9{,}75\,°C - 8\,°C}{2\,h} = 0{,}875\,\frac{°C}{h}$

(4) 14 Uhr: 11,3 °C
24 Uhr: 8 °C
$\frac{8\,°C - 11{,}3\,°C}{10\,h} = -0{,}33\,\frac{°C}{h}$

(5) 15 Uhr: 12 °C
18 Uhr: 12 °C
$\frac{12\,°C - 12\,°C}{3\,h} = 0\,\frac{°C}{h}$

(6) 18 Uhr: 12 °C
20 Uhr: 10,75 °C
$\frac{10{,}75\,°C - 12\,°C}{2\,h} = -0{,}625\,\frac{°C}{h}$

b) (1) Die Temperaturen steigen zwischen 6 und 17 Uhr. Der größte Temperaturanstieg liegt etwa zwischen 11 und 12 Uhr. Er beträgt ungefähr $\frac{9{,}75\,°C - 8{,}75\,°C}{1\,h} = 1\,\frac{°C}{h}$.

(2) Die Temperaturen fallen zwischen 0 und 6 Uhr und zwischen 17 und 24 Uhr. Der größte Temperaturabfall liegt etwa zwischen 22 und 23 Uhr und beträgt $\frac{8{,}6\,°C - 9{,}4\,°C}{1\,h} = -0{,}8\,\frac{°C}{h}$.

5. Für die Steigung m einer Sekante durch die Punkte $P(a\,|\,f(a))$ und $Q(b\,|\,f(b))$ auf dem Graphen einer Funktion gilt:

$m = \frac{f(b) - f(a)}{b - a}$.

Eine Gerade durch den Koordinatenursprung mit der Steigung m hat die Gleichung $y = m \cdot x$. Eine Gerade mit der Steigung m durch einen Punkt $P(a\,|\,f(a))$ hat die Gleichung $y = m \cdot (x - a) + f(a)$.

a) $P(1\,|\,1)$; $Q(5\,|\,25)$

$m = \frac{25 - 1}{5 - 1} = \frac{24}{4} = 6$

Die Gleichung der Sekante erhält man aus der Geraden mit der Steigung 6 durch $P(1\,|\,1)$:

$y = 6 \cdot (x - 1) + 1 = 6x - 5$

Hinweis: Statt die Gerade mit der Steigung 6 durch den Punkt P zu legen, kann man auch den Punkt Q nehmen und erhält dann:

$y = 6\,(x - 5) + 25 = 6x - 5$

b) $P(0\,|\,1)$; $Q(4\,|\,16)$; $m = \frac{16 - 1}{4 - 0} = \frac{15}{4} = 3{,}75$

Gleichung der Sekante:

$y = 3{,}75\,(x - 0) + 1 = 3{,}75\,x + 1$

c) $P(-2\,|\,-8)$; $Q(2\,|\,8)$; $m = \frac{8 - (-8)}{2 - (-2)} = \frac{16}{4} = 4$

Gleichung der Sekante:

$y = 4\,(x + 2) - 8 = 4x$

92

5. d) $P(3|79)$; $Q(-3|79)$

Der Graph ist achsensymmetrisch zur y-Achse. Die Sekante durch $P(3|79)$ und $Q(-3|79)$ verläuft deshalb parallel zur x-Achse und hat die Gleichung $y = 79$. Dies bestätigt auch die Rechnung: $m = \frac{79 - 79}{(-3) - 3} = 0$

Gleichung der Sekante: $y = 0 \cdot (x - 3) + 79 = 79$

93

6.

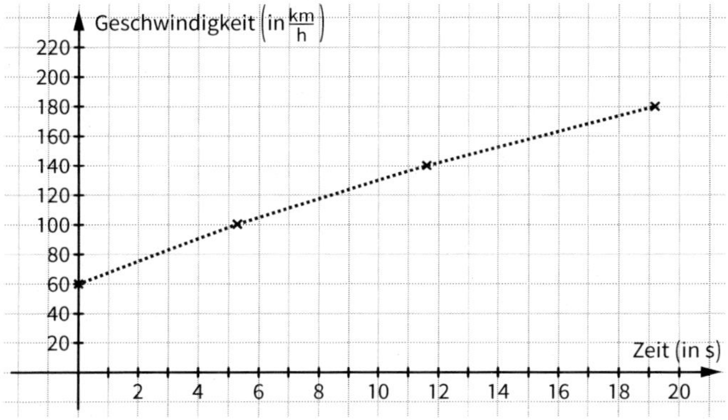

1: $\frac{100\,\frac{km}{h} - 60\,\frac{km}{h}}{5{,}3\,s} \approx 7{,}55\,\frac{\frac{km}{h}}{s}$

2: $\frac{140\,\frac{km}{h} - 100\,\frac{km}{h}}{6{,}3\,s} = 6{,}35\,\frac{\frac{km}{h}}{s}$

3: $\frac{180\,\frac{km}{h} - 140\,\frac{km}{h}}{7{,}6\,s} \approx 5{,}26\,\frac{\frac{km}{h}}{s}$

Die durchschnittliche Änderungsrate gibt die durchschnittliche Beschleunigung zwischen den angegebenen Zeitpunkten an.

7. a) Durchschnittsgeschwindigkeit für die gesamte Strecke $\frac{69{,}73\,km}{\frac{40}{60}\,h} \approx 104{,}6\,\frac{km}{h}$

b) Abschnitt 1 – 2: $\frac{2{,}53\,km - 0\,km}{\frac{2}{60}\,h - 0\,h} \approx 75{,}9\,\frac{km}{h}$

Abschnitt 2 – 3: $\frac{13{,}44\,km - 2{,}53\,km}{\frac{7}{60}\,h - \frac{2}{60}\,h} \approx 130{,}9\,\frac{km}{h}$

Abschnitt 3 – 4: $\frac{50{,}07\,km - 13{,}44\,km}{\frac{26}{60}\,h - \frac{7}{60}\,h} \approx 115{,}7\,\frac{km}{h}$

Abschnitt 4 – 5: $\frac{62{,}20\,km - 50{,}07\,km}{\frac{32}{60}\,h - \frac{26}{60}\,h} = 121{,}3\,\frac{km}{h}$

Abschnitt 5 – 6: $\frac{62{,}55 - 62{,}20\,km}{\frac{33}{60}\,h - \frac{32}{60}\,h} = 21\,\frac{km}{h}$

Abschnitt 6 – 7: $\frac{69{,}73\,km - 62{,}55\,km}{\frac{40}{60}\,h - \frac{33}{60}\,h} \approx 61{,}5\,\frac{km}{h}$

Größte durchschnittliche Geschwindigkeit im Abschnitt 2 – 3 mit $130{,}9\,\frac{km}{h}$

Kleinste durchschnittliche Geschwindigkeit im Abschnitt 5 – 6 mit $21\,\frac{km}{h}$

93

7. b) *Fortsetzung*

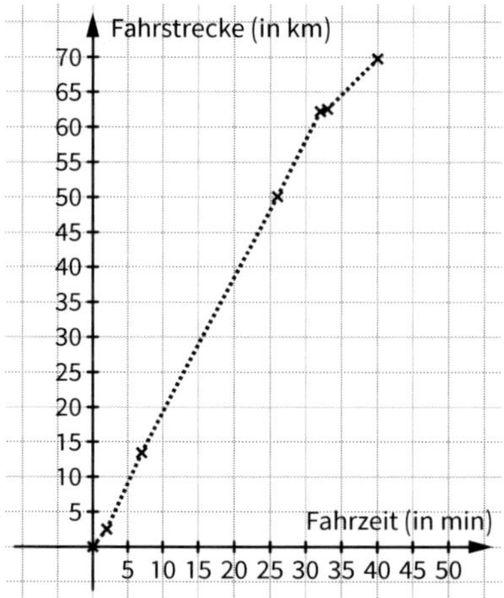

c) Die durchschnittliche Änderungsrate entspricht hier der Durchschnittsgeschwindigkeit auf den einzelnen Abschnitten.

8. Grün: „Mitgliederzahlen wachsen immer schneller."
Die positiven Änderungsraten werden immer größer.
Rot: „Beitragserhöhungen werden geringer."
Die positiven Änderungsraten werden immer kleiner.
Blau: „Durchschnittsalter sinkt immer langsamer."
Die negativen Änderungsraten werden immer größer.
Gelb: „Schuldenberg schmilzt mit steigendem Tempo."
Die negativen Änderungsraten werden immer kleiner.

94

9. a) Es liegt ein exponentielles Wachstum vor.
$f(t) = 3^t$, t in Wochen, f(t) in cm^2

t in Wochen	0	1	2	3	4
f(t) in cm^3	1	3	9	27	81

b)

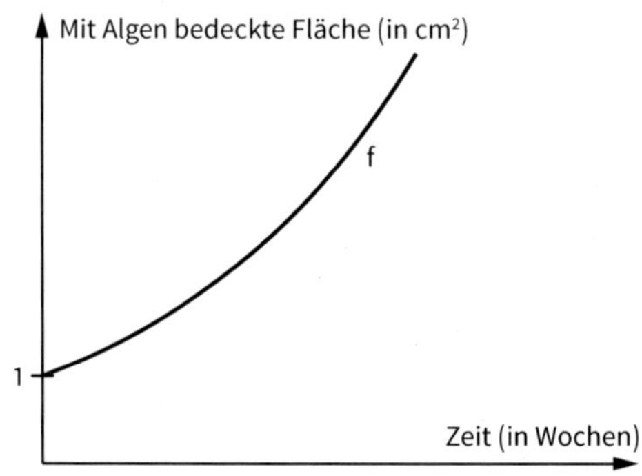

94

9. b) *Fortsetzung*

0. bis 4. Woche:

$\frac{3^4 - 3^0}{4 - 0} = 20 \left(\text{in } \frac{\text{cm}^2}{\text{Woche}}\right)$

4. bis 8. Woche:

$\frac{3^8 - 3^4}{8 - 4} = 1\,620 \left(\text{in } \frac{\text{cm}^2}{\text{Woche}}\right)$

8. bis 12. Woche:

$\frac{3^{12} - 3^8}{12 - 8} = 131\,220 \left(\text{in } \frac{\text{cm}^2}{\text{Woche}}\right)$

12. bis 16. Woche:

$\frac{3^{16} - 3^{12}}{16 - 12} = 10\,628\,820 \left(\text{in } \frac{\text{cm}^2}{\text{Woche}}\right)$

16. bis 20. Woche:

$\frac{3^{20} - 3^{16}}{20 - 16} = 860\,934\,420 \left(\text{in } \frac{\text{cm}^2}{\text{Woche}}\right)$

c)

Zeitintervall	Mit Algen bedeckte Fläche zu Beginn des Zeitintervalls	Durchschnittliche Änderungsrate für das Zeitintervall
0. bis 4. Woche	$f(0) = 1$	$20 = 1 \cdot 20$
4. bis 8. Woche	$f(4) = 3^4 = 81$	$1\,620 = 81 \cdot 20$
8. bis 12. Woche	$f(8) = 3^8 = 6\,561$	$131\,220 = 6\,561 \cdot 20$
12. bis 16. Woche	$f(12) = 3^{12} = 531\,441$	$10\,628\,820 = 3^{12} \cdot 20$

Vermutung:

Für die durchschnittliche Änderungsrate in einem Intervall [t; t + 4] gilt:

$$\frac{f(t+4) - f(t)}{4} = 20 \cdot f(t)$$

Beweis:

$$\frac{f(t+4) - f(t)}{4} = \frac{3^{t+4} - 3^t}{4} = \frac{(3^4 - 1) \cdot 3^t}{4} = \frac{81 - 1}{4} \cdot 3^t$$
$$= 20 \cdot 3^t$$
$$= 20 \cdot f(t)$$

10. a) Die durchschnittliche Änderungsrate gibt die durchschnittliche Sonnenscheindauer pro Tag für ein bestimmtes Zeitintervall an. Eine positive Änderungsrate bedeutet, dass die Sonnenscheindauer zunimmt und eine negative Änderungsrate bedeutet, dass sie abnimmt.

b) **Erste Hälfte:** [0; 180]

$$\frac{\left(4{,}2 \cdot \sin\left(\frac{2\pi}{360} \cdot 90\right) + 12\right) - \left(4{,}2 \cdot \sin\left(\frac{2\pi}{360} \cdot (-90)\right) + 12\right)}{180} = \frac{16{,}2 - 7{,}8}{180} \approx 0{,}047 \left(\text{in } \frac{\text{Stunden}}{\text{Tag}}\right)$$

In der ersten Hälfte des Jahres nimmt die Sonnenscheindauer durchschnittlich um 0,047 Stunden pro Tag zu. Man kann sagen: „Die Tage werden länger."

Zweite Hälfte: [180; 360]

$$\frac{\left(4{,}2 \cdot \sin\left(\frac{2\pi}{360} \cdot 270\right) + 12\right) - \left(4{,}2 \cdot \sin\left(\frac{2\pi}{360} \cdot 90\right) + 12\right)}{180} = \frac{7{,}8 - 16{,}2}{180} \approx -0{,}047 \left(\text{in } \frac{\text{Stunden}}{\text{Tag}}\right)$$

In der zweiten Hälfte des Jahres nimmt die Sonnenscheindauer durchschnittlich um 0,047 Stunden pro Tag ab. Man kann sagen: „Die Tage werden kürzer."

94

11. *Mögliche Beispiele*: $f(x) = 3x - 2$, $g(x) = -5x + 1$

Differenzenquotienten über einem Intervall [a; b]:

$$\frac{f(b)-f(a)}{b-a} = \frac{3b-2-(3a-2)}{b-a} = \frac{3b-3a}{b-a} = 3$$

$$\frac{g(b)-g(a)}{b-a} = \frac{-5b+1-(-5a+1)}{b-a} = \frac{-5b+5a}{b-a} = \frac{(-5)(b-a)}{b-a} = -5$$

Allgemein für $f(x) = m \cdot x + c$:

$$\frac{f(b)-f(a)}{b-a} = \frac{m \cdot b + c - (m \cdot a + c)}{b-a} = \frac{mb - ma}{b-a} = m$$

12. a) $f(0) = a \cdot b^0 = a = 10\,000$, also $a = 10\,000$

$f(1) = a \cdot b^1 = a \cdot b = 10\,000 \cdot b = 15\,000$, also $b = 1{,}5$

somit gilt: $f(t) = 10\,000 \cdot 1{,}5^t$

b) 5 Wochen: $f(5) \approx 75\,938$ Tiere

10 Wochen: $f(10) \approx 576\,650$ Tiere

15 Wochen: $f(15) \approx 4\,378\,939$ Tiere

c) 0. bis 5. Woche: $\frac{f(5)-f(0)}{5-0} \approx 13\,188\,\frac{\text{Tiere}}{\text{Tag}}$

0. bis 10. Woche: $\frac{f(10)-f(0)}{10-0} \approx 56\,665\,\frac{\text{Tiere}}{\text{Tag}}$

0. bis 15. Woche: $\frac{f(15)-f(0)}{15-0} \approx 291\,263\,\frac{\text{Tiere}}{\text{Tag}}$

2.2 Ableitung einer Funktion an einer Stelle

2.2.1 Steigung eines Funktionsgraphen in einem Punkt

95

Einstiegsaufgabe ohne Lösung

- Mittlere Steigung im Intervall [0; 800]; $\frac{800-900}{800-0} = -\frac{100}{800} = -0{,}125$

  Mittlere Steigung im Intervall [800; 1 500]: $\frac{400-800}{1\,500-800} = -\frac{400}{700} \approx -0{,}571$

  Mittlere Steigung im Intervall [1 500; 2 600]: $\frac{200-400}{2\,600-1\,500} = -\frac{200}{1\,100} \approx -0{,}182$
- Der Graph verläuft im Intervall [0; 800] wie eine Gerade, also mit konstanter Steigung. Im Intervall [800; 2 600] ist der Graph gekrümmt. Die Steigung ändert sich ständig. Man kann sagen, die Steigung ändert sich von Stelle zu Stelle oder auch sie ändert sich in jedem Punkt.
- Wir bestimmen die Steigung an den angegebenen Stellen, indem wir ungefähr die Steigung der Tangente an den Graphen an dieser Stelle bestimmen.

  An der Stelle 950 ist die Tangente bereits eingezeichnet. Wir suchen ein geeignetes Steigungsdreieck, bzw. zwei geeignete Punkte auf der Tangente, wie z. B. P(700 | 900) und Q(1 100 | 700).

  Steigung an der Stelle 950:

  $\frac{700-900}{1100-700} = -\frac{200}{400} = -\frac{1}{2}$

95

Fortsetzung
Steigung an der Stelle 2 000:
P(1 600 | 210) und Q(2 400 | 480) $\frac{480-210}{2400-1600} = \frac{270}{800} \approx 0{,}338$

Steigung an der Stelle 2 100:
Die Tangente verläuft parallel zur x-Achse und hat somit die Steigung null.

- Man könnte die Steigung eines gekrümmten Graphen an einer Stelle als Steigung der Tangente an den Graphen an dieser Stelle ermitteln. Dazu muss man näherungsweise die Tangente an dieser Stelle einzeichnen und dann die Steigung der Tangente aus einem geeigneten Steigungsdreieck bestimmen.

97

1. Gerlikon: positiv
Ober-Schneit: negativ
Stegen: positiv
Hagenbuch: null
Gündlikon: negativ
Gachnang: negativ

2. (1) Steigung in A < Steigung in B
(2) Steigung in C = Steigung in D
(3) Steigung in E < Steigung in F

98

3. **a)**
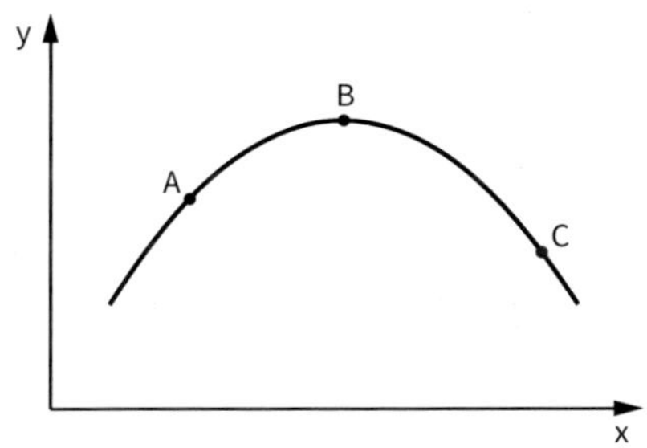

b)
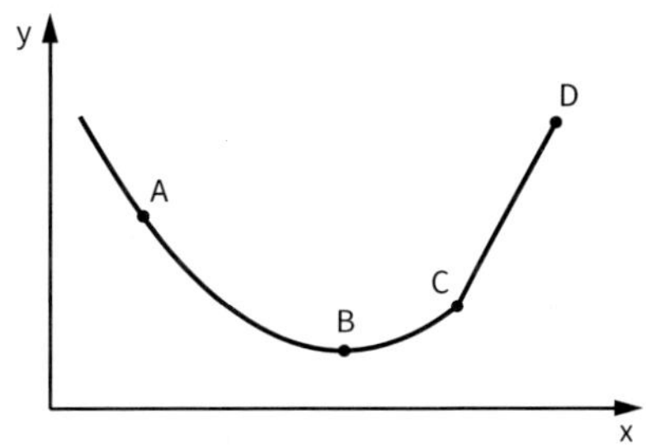

c)
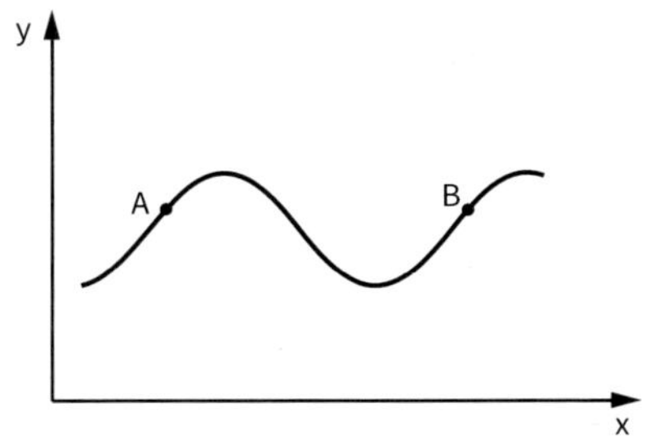

d)
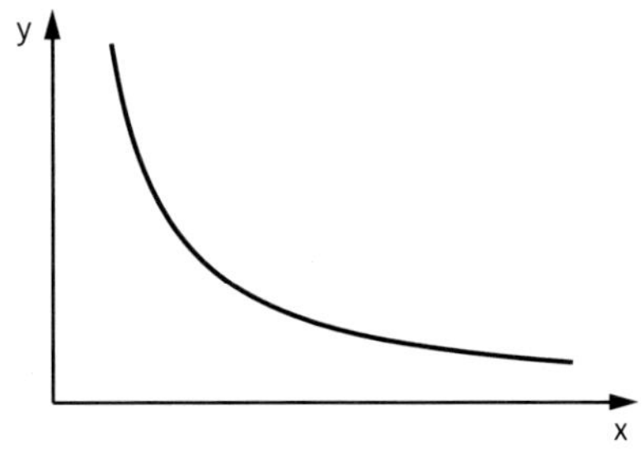

e)
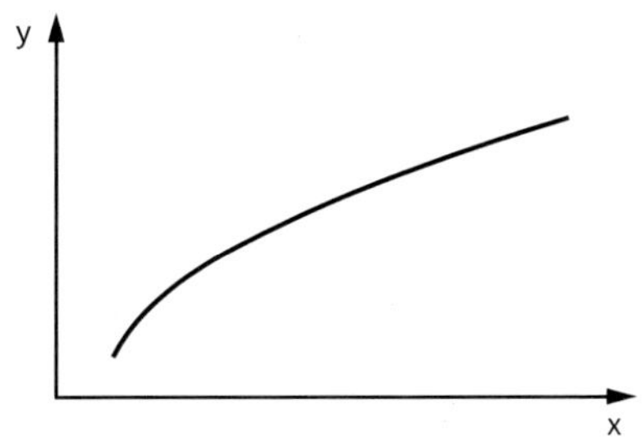

98

4. **a)** $\frac{2}{1} = 2$ **b)** $\frac{150}{200} = \frac{3}{4}$ **c)** $\frac{-10}{20} = -\frac{1}{2}$ **d)** $\frac{-500}{750} = -\frac{2}{3}$

5. Im roten Steigungsdreieck zählen wir 6 Kästchen nach unten. Die Einheit auf der y-Achse beträgt 2 Kästchen. Also muss im Zähler des Differenzenquotienten $-\frac{6}{2} = -3$ stehen.
Wir zählen 9 Kästchen nach rechts. Die Einheit auf der x-Achse beträgt 4 Kästchen. Also muss im Nenner des Differenzenquotienten $\frac{9}{4} = 2{,}25$ stehen.
Somit hat Jana die Steigung richtig berechnet. Lara hat nur die Anzahl der Kästchen dividiert und dabei nicht berücksichtigt, dass die beiden Achsen verschiedene Einheiten haben.
Timo hat zwar die unterschiedlichen Einheiten berücksichtigt, aber er hat Zähler und Nenner des Differenzenquotienten vertauscht und nicht beachtet, dass die Steigung negativ ist.

6. **(1)** $f'(3) = -2$ $f'(1) = 2$
(2) $f'(1) = 3$ $f'(-1) = -1$
(3) $f'(-1) = 3{,}6$ $f'(2) = -1{,}8$ $f'(0{,}25) = 0{,}0375$

7. $f(x) = x^2$, $P(2{,}5\,|\,6{,}25)$
$m = 5$, $y = 5x - 6{,}25$
Die Steigung für andere Punkte bestimmt man analog.

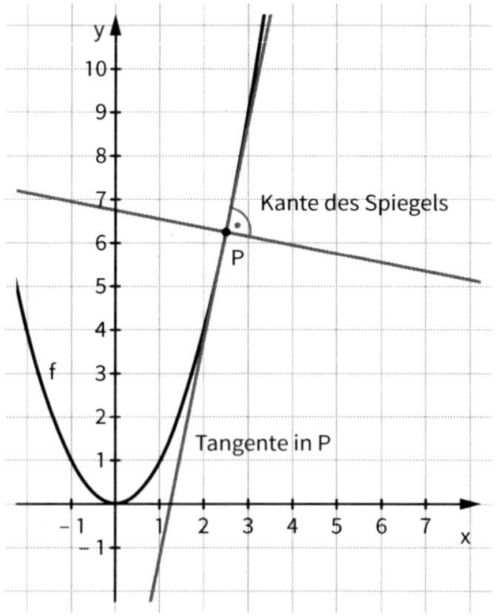

2.2.2 Lokale Änderungsrate

99 **Einstiegsaufgabe ohne Lösung**

- In den ersten 8 Minuten des Fluges nimmt die Flughöhe schnell zu.
  Bis zur 17. Minute nimmt die Flughöhe dann langsamer zu, danach wieder schneller. Zwischen der 24. und 40. Minute nimmt die Flughöhe 3-mal ab und 3-mal zu.
  Die größte Flughöhe von 2 500 m wird nach 30 Minuten erreicht. Nach der 40. Minute nimmt die Flughöhe ständig ab.
  Nach 60 Minuten ist der Segelflieger gelandet.
- Durchschnittliche Steiggeschwindigkeit im Intervall [0; 10]:
  $\frac{1\,550\text{ m} - 0\text{ m}}{10\text{ min} - 0\text{ min}} = 155\,\frac{\text{m}}{\text{min}} = \frac{155\text{ m}}{60\text{ s}} \approx 2{,}58\,\frac{\text{m}}{\text{s}}$
  Durchschnittliche Sinkgeschwindigkeit im Intervall [40; 60]:
  $\frac{0\text{ m} - 2\,100\text{ m}}{60\text{ min} - 40\text{ min}} = -105\,\frac{\text{m}}{\text{min}} = -\frac{105\text{ m}}{60\text{ s}} = -1{,}75\,\frac{\text{m}}{\text{s}}$
- Wir können an der Stelle 20 näherungsweise eine Tangente einzeichnen und deren Steigung bestimmen. Das ist aber nur sehr ungenau möglich. Wir wählen deshalb zwei Punkte auf dem Graphen, den Punkt P(20 | 1 800) und einen zweiten Punkt möglichst nah bei P, z. B. Q(21 | 1 900).
  Die momentane Steiggeschwindigkeit 20 Minuten nach dem Start beträgt ungefähr
  $\frac{1\,900\text{ m} - 1\,800\text{ m}}{21\text{ min} - 20\text{ min}} = 100\,\frac{\text{m}}{\text{min}} \approx 1{,}7\,\frac{\text{m}}{\text{s}}$.

101 **1. a)** Auf einer Fahrtstrecke von 5 km wurden insgesamt 0,20 ℓ Benzin benötigt, das entspricht einem Verbrauch von $\frac{0{,}2\,\ell}{5\,\text{km}} = \frac{0{,}04\,\ell}{1\,\text{km}} = \frac{4\,\ell}{100\,\text{km}}$.

b) Bei gleichbleibendem Verbrauch auf der Strecke müsste der Graph gleichmäßig ansteigen, also auf einer Geraden liegen: $y = 0{,}04\,x$.
Teilstrecken mit anderem Benzinverbrauch sind z. B. die folgenden: Auf der ersten Strecke von 0 bis 1 km verläuft der Graph steiler als die eingezeichnete Gerade. Dort ergibt sich ein höherer Benzinverbrauch: $\frac{0{,}075\,\ell}{1\,\text{km}} = \frac{7{,}5\,\ell}{100\,\text{km}}$

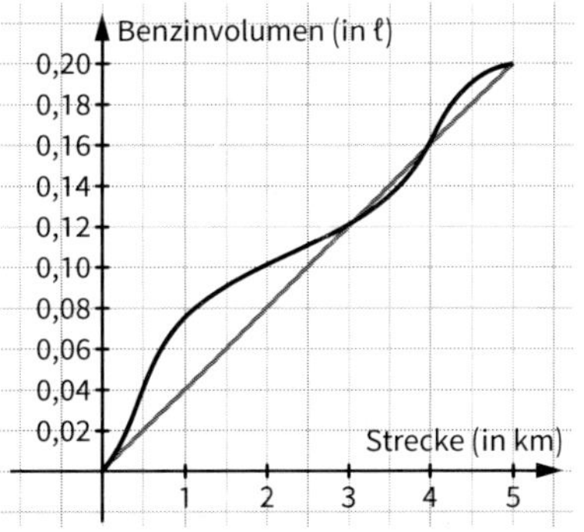

Z. B. auf der Strecke zwischen 1 km und 2 km verläuft der Graph flacher als die eingezeichnete Gerade. Hier ist der Verbrauch niedriger als der Durchschnittsverbrauch: $\frac{0{,}105\,\ell - 0{,}075\,\ell}{2\,\text{km} - 1\,\text{km}} = \frac{0{,}03\,\ell}{1\,\text{km}} = \frac{3\,\ell}{100\,\text{km}}$

c) Man kann an der Stelle 1 näherungsweise eine Tangente einzeichnen und deren Steigung bestimmen. Dieses Verfahren ist aber sehr ungenau. Man kann auch einen Punkt P(1 | 0,075) und einen zweiten Punkt möglichst nah bei P wählen, z. B. Q(1,1 | 0,079) und die Steigung der Sekante durch P und Q als Näherung für die Steigung der Tangente durch P verwenden.

$m = \frac{0{,}079\,\ell - 0{,}075\,\ell}{1{,}1\,\text{km} - 1{,}0\,\text{km}} = \frac{0{,}004\,\ell}{0{,}1\,\text{km}} = \frac{4\,\ell}{100\,\text{km}}$

Der momentane Benzinverbrauch 1 km nach dem Start beträgt etwa $\frac{4\,\ell}{100\,\text{km}}$.

102

2. a) Man kann als Wasserstand zu Beginn der Messung 510 cm ablesen.

Tag	mittlere Änderungsrate (in $\frac{cm}{Tag}$)	Tag	mittlere Änderungsrate (in $\frac{cm}{Tag}$)	Tag	mittlere Änderungsrate (in $\frac{cm}{Tag}$)
1	17	9	−52	17	−27
2	63	10	−48	18	−22
3	82	11	−25	19	−18
4	45	12	−20	20	−12
5	6	13	−12	21	29
6	−5	14	9	22	32
7	−15	15	−1	23	−13
8	−38	16	−28		

b) Die momentane Änderung ist zu dem Zeitpunkt am größten, an dem der Graph am stärksten steigt. Dies ist am 3. Tag der Fall. Da der Graph am 3. Tag fast linear verläuft, beträgt die momentane Änderungsrate den ganzen Tag etwa 82 $\frac{cm}{Tag}$.

c) Der Wasserstand fällt am stärksten an der Stelle, an der der Graph am stärksten fällt. Dies ist am 9. Tag der Fall.
Da der Graph am 9. Tag fast linear verläuft, beträgt die momentane Änderungsrate den ganzen Tag etwa −52 $\frac{cm}{Tag}$.

3. Die Steigung der grünen Sekante ist gleich der Durchschnittsgeschwindigkeit im Zeitintervall [0; 5]. Die Momentangeschwindigkeit zu einem Zeitpunkt ist gleich der Steigung des blauen Graphen zu diesem Zeitpunkt.
Auch wenn der blaue Graph in den Intervallen [0; 2] und [4; 5] unterhalb der Sekante verläuft, so ist doch seine Steigung z. B. an den Stellen 1,5; 1,7; 1,8; 1,9 sowie 4,7; 4,8; 4,9 größer als die Steigung der Sekante.
Dies erkennt man auch gut, wenn man sich an diesen Stellen die Tangente an den Graphen denkt. Die Tangenten verlaufen an diesen Stellen nämlich steiler als die Sekante.

4. „Der Anstieg der Inflationsrate verringert sich."
Das kann als gute Nachricht aufgefasst werden, da die Preise nun langsamer steigen.
„Die Zuwachsraten sinken."
Hier muss man wissen, worauf sich die Zuwachsraten beziehen. Geht es z. B. um Wohnungseinbrüche oder Drogenkonsum, so kann man das als gute Nachricht werten. Es ist zwar noch eine Zunahme da, sie fällt im Vergleich jedoch geringer aus als zuvor.
Geht es aber z. B. um das Wirtschaftswachstum, so handelt es sich eher um eine schlechte Nachricht.
„Der Aufschwung erlahmt."
Das Wort Aufschwung beinhaltet etwas Positives. So gesehen, ist es eher eine schlechte Nachricht, wenn z. B. der Aufschwung der Wirtschaft erlahmt.
„Die Talfahrt ist gebremst."
Ist von der Formulierung her eine gute Nachricht, da etwas Negatives (Talfahrt) nicht mehr so schnell voran geht, wie zuvor.

102

5. **a)**

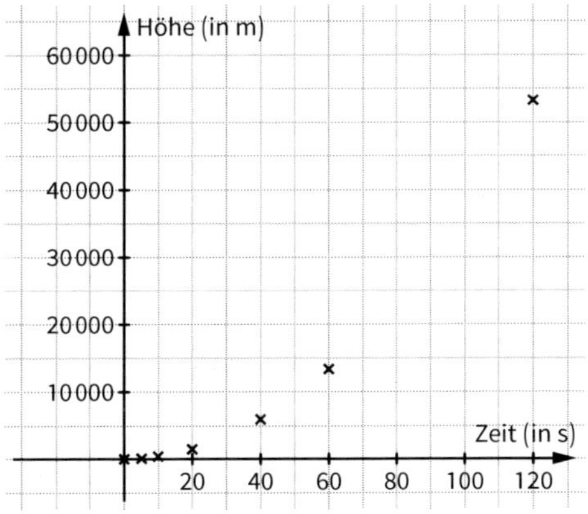

Das Shuttle steigt zunächst langsam, dann immer schneller.

b) Die Änderungsraten sind Höhenänderungen pro Zeitspanne, also Steiggeschwindigkeiten. Hinweis: $1\frac{m}{s} = 3{,}6\,\frac{km}{h}$

$66{,}6\,\frac{km}{h}$; $199{,}8\,\frac{km}{h}$; $399{,}6\,\frac{km}{h}$; $799{,}2\,\frac{km}{h}$; $1\,332\,\frac{km}{h}$; $2\,397{,}6\,\frac{km}{h}$

c) Durchschnitt: $\frac{53\,280\text{ m}}{120\text{ s}} = 444\,\frac{m}{s} = 1\,598{,}4\,\frac{km}{h}$

Durchschnitt der Durchschnittsgeschwindigkeiten: $865{,}8\,\frac{km}{h}$

Die Zahlen sind verschieden (sogar sehr deutlich, was an den unterschiedlich großen Intervallen liegt); die Behauptung ist also falsch!

103

6.
- Volumen zum Zeitpunkt t: V(t)
- Durchschnittliche Ausflussgeschwindigkeit (mittlere Änderungsrate) in einem Zeitintervall $[t_1; t_2]$: $\frac{V(t_2) - V(t_1)}{t_2 - t_1}$
- Momentane Ausflussgeschwindigkeit (momentane Änderungsrate) zu einem Zeitpunkt t_0: $V'(t_0)$

Möglicher Graph:

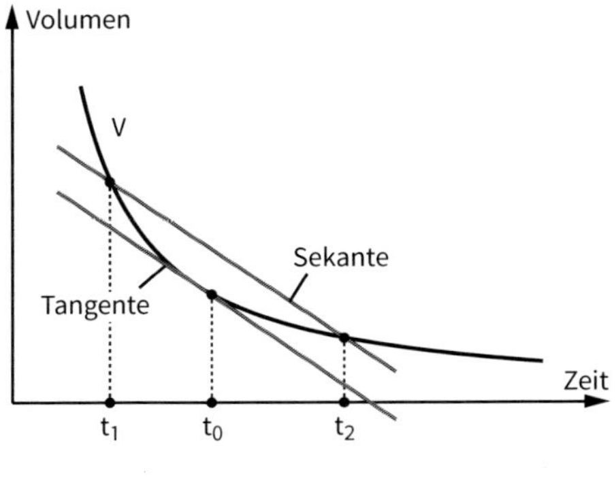

- Durchschnittliche Ausflussgeschwindigkeit im Intervall $[t_1; t_2]$ = Steigung der Sekante
- Momentane Ausflussgeschwindigkeit zum Zeitpunkt t_0 = Steigung der Tangente

7.

$p(1\,130) - p(700)$	Änderung des Luftdrucks bei der Wanderung von 700 m auf 1 130 m.
$\frac{p(1\,130) - p(700)}{1\,130 - 700}$	Mittlere Änderungsrate des Luftdrucks bei der Wanderung von 700 m auf 1 130 m.
$p'(1\,130)$	Momentane Änderungsrate des Luftdrucks in 1 130 m Höhe.

103

8. Im Beispiel wird die Ableitung der Funktion f mit $f(x) = 2x^3$ an der Stelle 5 näherungsweise als Steigung einer Sekante durch den Punkt $P(5 \mid f(5))$ und einen zweiten Punkt $Q(5{,}001 \mid f(5{,}001))$ auf dem Graphen von f berechnet. Dabei wurde der Punkt Q so gewählt, dass er möglichst nah bei P liegt.

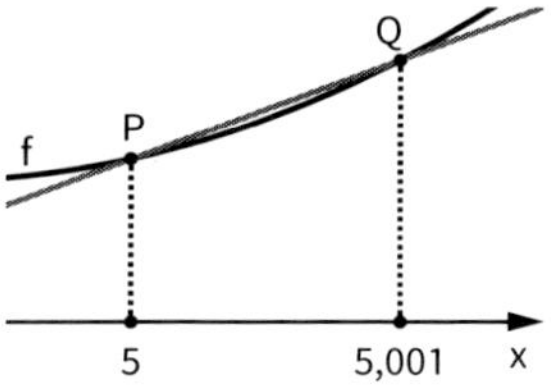

a) $f'(3) \approx \frac{3{,}001^4 - 3^4}{3{,}001 - 3} = \frac{3{,}001^4 - 3^4}{0{,}001} \approx 108$

b) $f'(1) \approx \frac{2 \cdot (1{,}001)^3 - 2 \cdot 1^3}{0{,}001} \approx 6$

c) $f'(0) \approx \frac{(0{,}001^3 - 0{,}001) - (0^3 - 0)}{0{,}001} = 0{,}001^2 - 1 \approx -1$

9. a) Nach dem Befehl „Numerische Ableitung in einem Punkt“ wurde der Funktionsterm 3^x und die Stelle 2 bzw. 0,5 eingegeben.
Berechnet wurde dann $f'(2)$ bzw. $f'(0{,}5)$ für $f(x) = 3^x$.

b) $f(x) = x^4$; $f'(3) \approx 108$
$f(x) = 2x^3$; $f'(1) \approx 6$
$f(x) = x^3 - x$; $f'(0) \approx -1$

c)

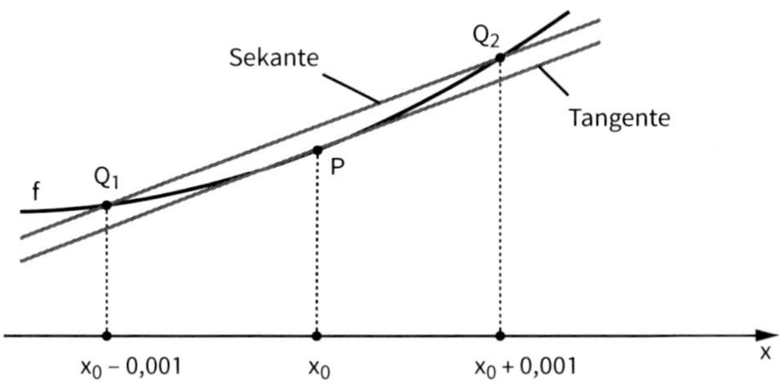

Die Ableitung an der Stelle x_0, also die Steigung der Tangente an dem Graphen von f an der Stelle x_0, wird näherungsweise als Steigung der eingezeichneten Sekante berechnet.
Die Sekante verläuft durch die Punkte $Q_1(x_0 - 0{,}001 \mid f(x_0 - 0{,}001))$ und $Q_2(x_0 + 0{,}001 \mid f(x_0 + 0{,}001))$. Beide Punkte liegen sehr nah am Punkt P, Q_1 liegt links von P und Q_2 liegt rechts von P.
Die Näherung wird umso besser, je näher Q_1 und Q_2 bei P liegen.
Man kann kaum noch einen Unterschied zwischen der Sekante durch Q_1 und Q_2 und der Tangente durch P erkennen.
Vorschlag für eine noch bessere Näherung:

$$f'(x_0) \approx \frac{f(x_0 + 0{,}000001) - f(x_0 - 0{,}000001)}{0{,}000002}$$

103

10. a) Ansatz: $f(t) = a \cdot b^t$ mit t in Tagen und f(t) in mg.

Offenbar gilt $f(t+2) = \frac{2}{3} f(t)$, also $\frac{f(t+2)}{f(t)} = \frac{2}{3}$.

Es liegt also ein exponentielles Wachstum vor und es gilt:

$f(0) = a \cdot b^0 = 100$; also $a = 100$

sowie $f(2) = 100 \cdot b^2 = 100 \cdot \frac{2}{3}$; also $b^2 = \frac{2}{3}$, $b = \sqrt{\frac{2}{3}}$

Somit ergibt sich:

$$f(t) = 100 \cdot \left(\sqrt{\frac{2}{3}}\right)^t = 100 \cdot \left(\left(\frac{2}{3}\right)^{\frac{1}{2}}\right)^t = 100 \cdot \left(\frac{2}{3}\right)^{\frac{t}{2}}$$

b)

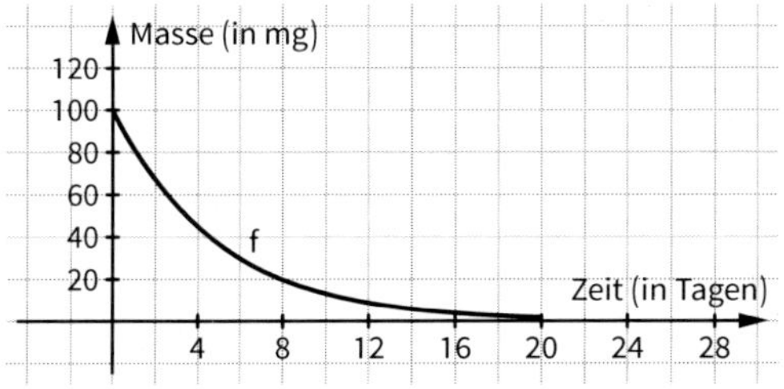

c) $f(t_0) = 50 = 100 \cdot \left(\frac{2}{3}\right)^{\frac{t_0}{2}}$, also wenn $\left(\frac{2}{3}\right)^{\frac{t_0}{2}} = 0{,}5$

$$\left(\frac{2}{3}\right)^{t_0} = (0{,}5)^2$$

$$\left(\frac{2}{3}\right)^{t_0} = 0{,}25$$

Man kann t_0 mit dem Logarithmusbefehl bestimmen: $\log_{\frac{2}{3}}(0{,}25) \approx 3{,}42$

Man kann auch mit der Wertetabelle von f arbeiten.

Oder man bestimmt mithilfe eines GTR die Schnittstelle der Graphen zu $y = f(t)$ und $y = 50$.

Nach 3,42 Tagen sind nur noch 50 mg der radioaktiven Substanz vorhanden.

3,42 Tage ≈ 3 Tage und 10 Stunden.

d) Zeitpunkt: 3,42 Tage

Es gibt verschiedene Möglichkeiten, die momentane Zerfallsgeschwindigkeit zu bestimmen:

- Mithilfe eines GTR (s. Aufgabe 9, S. 103):
  $f'(3{,}42) \approx -10{,}1346$
- Mithilfe einer Näherungsformel wie im Beispiel von Aufgabe 8, S. 103:

$$f'(3{,}42) \approx \frac{100 \cdot \left(\frac{2}{3}\right)^{\frac{3{,}421}{2}} - 100 \cdot \left(\frac{2}{3}\right)^{\frac{3{,}42}{2}}}{0{,}001}$$

$$f'(3{,}42) \approx \frac{49{,}98 - 49{,}99}{0{,}001} \approx -10$$

- Mithilfe der Näherungsformel aus Aufgabe 9 c) von S. 103:

$$f'(3{,}42) \approx \frac{100 \cdot \left(\frac{2}{3}\right)^{\frac{3{,}421}{2}} - 100 \cdot \left(\frac{2}{3}\right)^{\frac{3{,}419}{2}}}{0{,}002}$$

$$f'(3{,}42) \approx \frac{49{,}98 - 50}{0{,}002} \approx -10$$

2.3 Graph der Ableitungsfunktion

104 **Einstiegsaufgabe ohne Lösung**

- Wir wählen weitere Punkte auf dem Graphen aus, zeichnen näherungsweise Tangenten ein und bestimmen ungefähr deren Steigung:

Punkt	A	B	C	D	E	F	G	H	I	J
Steigung	$\frac{-3{,}2 \text{ Kästchen}}{5 \text{ Kästchen}} = \frac{-32\text{ m}}{1000\text{ m}} = -0{,}032$	0	0,044	0	0,01	0,038	0,05	0	−0,05	−0,05

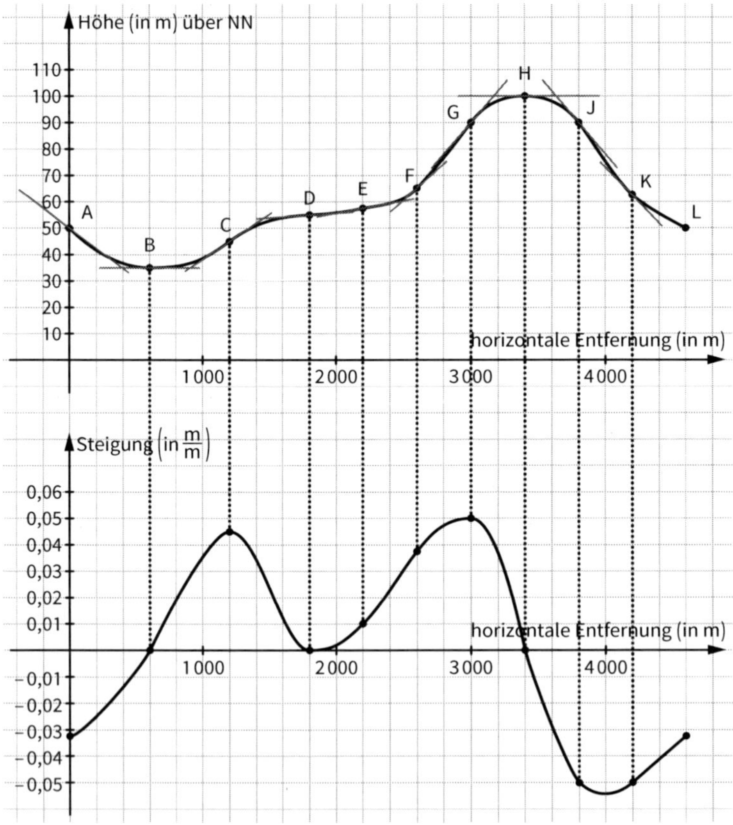

- Horizontale Entfernung → Steigung; Jeder Stelle x wird die Steigung des Graphen an dieser Stelle zugeordnet, also $x \to f'(x)$.
- – Beim Forellenbach liegt ein Tiefpunkt. Der höchste Punkt ist der Aussichtspunkt auf dem Steilufer. In beiden Punkten verläuft die Tangente waagerecht, also parallel zur x-Achse. Der Graph hat dort die Steigung null, also hat f′ dort Nullstellen.
  – Aber auch beim Hochsitz ist die Steigung null, auch dort gibt es eine waagerechte Tangente.
- Die Steigung des Graphen ist etwa bei 3 000 m am größten und etwa bei 4 000 am kleinsten. An diesen Stellen durchsetzt die Tangente den Graphen.

107 **1.**

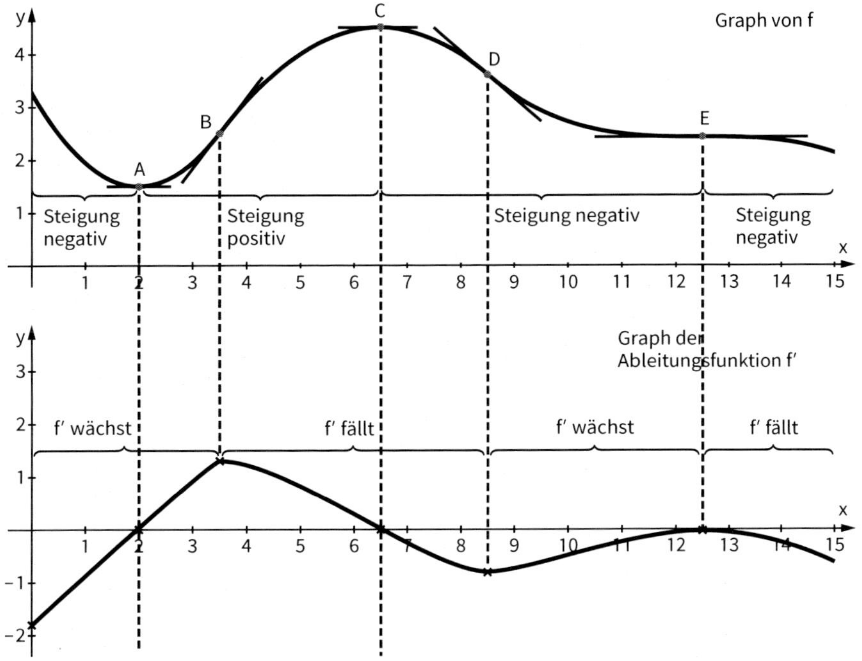

- An den Stellen, an denen der Graph von f eine waagerechte Tangente hat, liegen die Nullstellen von f′. Dies ist an den Stellen der Fall, an denen ein Hochpunkt, ein Tiefpunkt oder ein Sattelpunkt des Graphen von f liegt.
- – Dort, wo die Funktionswerte von f wachsen, steigt der Graph von f und f′ ist dort positiv.
  – Dort, wo die Funktionswerte von f fallen, fällt der Graph von f und f′ ist dort negativ.
- Die Hoch- und die Tiefpunkte auf dem Graphen von f′ liegen an den Stellen, an denen die Steigung des Graphen von f maximal bzw. minimal wird.
  Die Tangente durchsetzt dort den Graphen von f.

108

2. An den Stellen, an denen ein Hochpunkt oder ein Tiefpunkt von f liegt, liegen die Nullstellen von f′. An den Stellen, an denen die Steigung des Graphen von f maximal bzw. minimal ist, liegen die Hoch- bzw. die Tiefpunkte des Graphen von f′.

a)

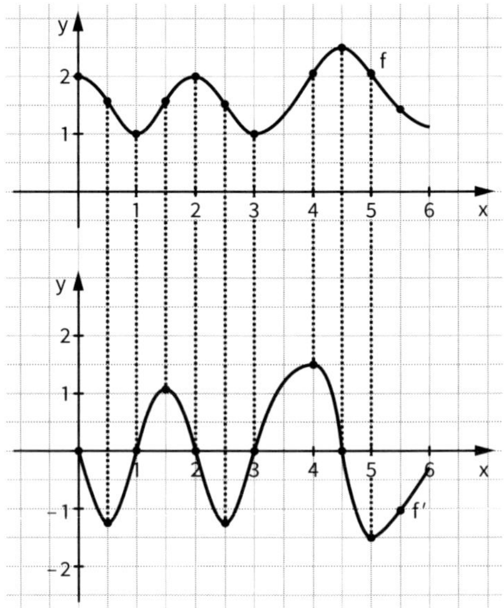

b)

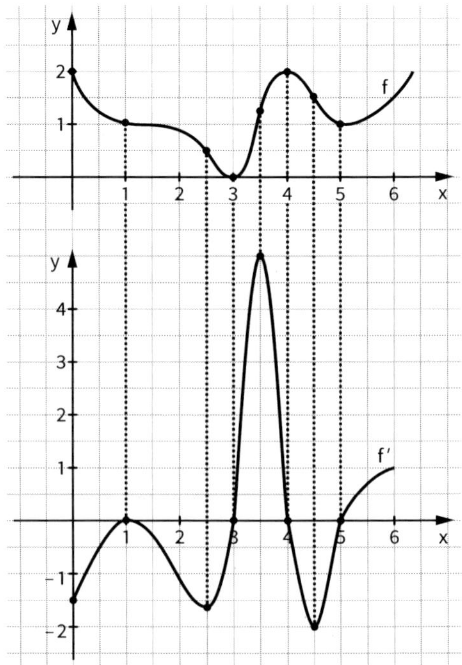

108

2. c)

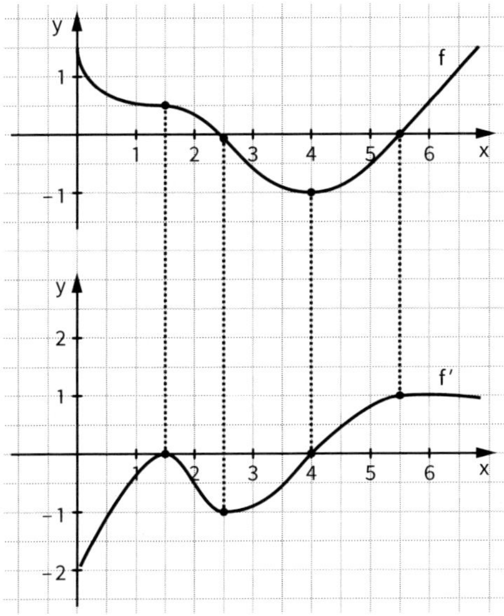

d)

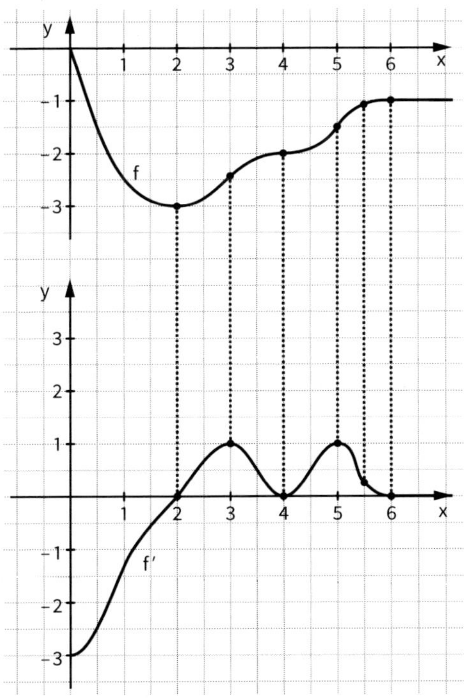

3. –

108

4. a)
- Hochpunkt ungefähr an der Stelle −3,7, denn die Ableitung fällt dort und −3,7 ist Nullstelle von f′.
- Wendepunkt bei −3, denn die Ableitung ist dort minimal.
- Sattelpunkt bei −1, denn die Ableitung ist dort maximal und hat den Wert 0.
- Wendepunkt bei 0, denn die Ableitung ist dort minimal.
- Tiefpunkt bei 0,5, denn die Ableitung steigt dort und 0,5 ist Nullstelle von f′.
- Wendepunkt bei 2, denn die Ableitung ist dort maximal.
- Hochpunkt ungefähr an der Stelle 2,7, denn die Ableitung fällt dort und 2,7 ist Nullstelle von f′.

b)
- Tiefpunkt bei −3, denn die Ableitung steigt dort und −3 ist Nullstelle von f′.
- Wendepunkt bei −2, denn die Ableitung ist dort maximal.
- Hochpunkt bei 0, denn die Ableitung fällt dort und 0 ist Nullstelle von f′.
- Wendepunkt ungefähr bei 0,7, denn die Ableitung ist dort minimal.
- Sattelpunkt bei 2, denn die Ableitung ist dort maximal und hat den Wert 0.

c)
- Sattelpunkt ungefähr bei −5, denn die Ableitung ist dort minimal und hat den Wert 0.
- Wendepunkte ungefähr bei −3, −2,5 und −1,5, denn die Ableitung ist dort extremal.
- Hochpunkt bei 0, denn die Ableitung fällt dort und hat den Wert 0.
- Wendepunkt ungefähr bei 1,8, denn die Ableitung ist dort minimal.
- Sattelpunkt bei 4, denn die Ableitung ist dort maximal und hat den Wert 0.

109

5. (1) → (B) Die Ableitung hat bei 2 eine Nullstelle. Links von 2 ist die Ableitung positiv, rechts davon negativ.

(2) → (A) Die Ableitung ist überall negativ, nur an der Stelle 2 hat sie den Wert 0. An der Stelle 2 wird die Ableitung maximal.

(3) → (C) Die Ableitung ist überall positiv. Mit zunehmendem x wird die Ableitung immer kleiner. Nahe bei −2 ist die Ableitung sehr groß.

109

6. Sandra hat die Nullstellen der Ableitung anhand der Extrempunkte des Graphen von f richtig bestimmt. Auch die Extremstelle der Ableitung an der Wendestelle von f hat sie berücksichtigt, jedoch nicht bedacht, dass die Ableitung dort negativ ist. Aber sie hat auch falsch begonnen. Die Ableitung ist zunächst positiv bis zur Nullstelle, danach negativ bis zur nächsten Nullstelle. Dazwischen hat die Ableitung einen Tiefpunkt. Ab der letzten Nullstelle steigt die Ableitung überall.

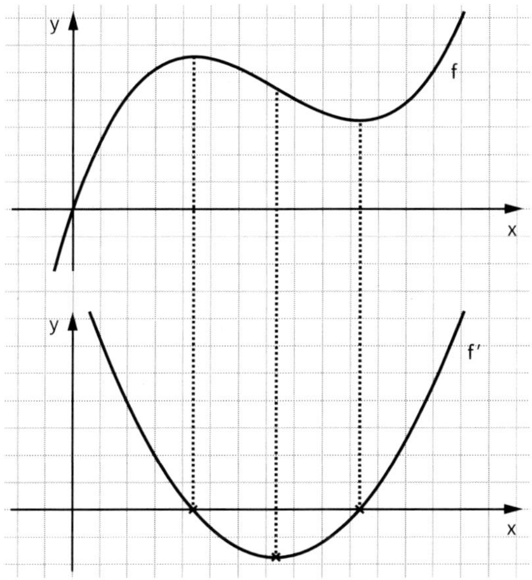

7. a)

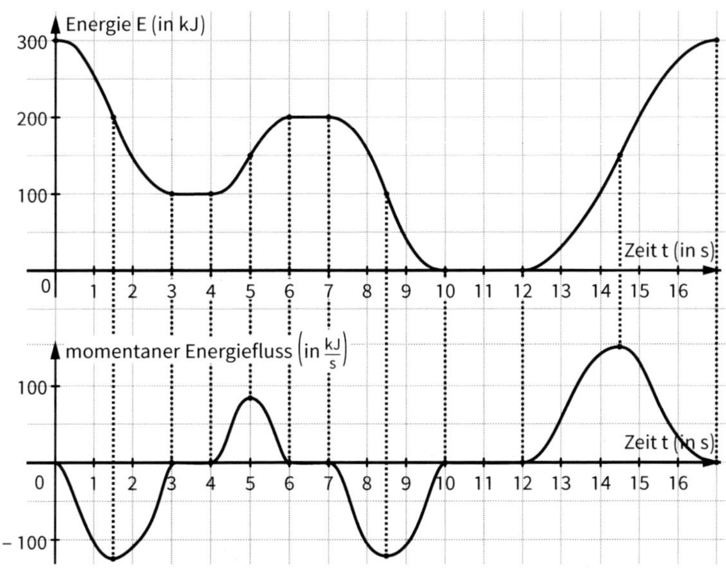

Der momentane Energiefluss hat die Einheit $\frac{kJ}{s}$.

109 **7. b)**

Zeitspanne/Zeitpunkt	Die Energie im Akkumulator …	Der momentane Energiefluss …	Fahrverhalten
[0; 3]	sinkt.	ist negativ.	KERS wird zum Beschleunigen genutzt.
1,5	sinkt am stärksten.	ist minimal.	
[3; 4]	bleibt konstant.	hat den Wert null.	Der Fahrer bremst nicht und nutzt kein KERS zum Beschleunigen.
[4; 6]	steigt.	ist positiv.	Der Fahrer bremst.
5	steigt am stärksten.	ist maximal.	
[6; 7]	bleibt konstant.	hat den Wert null.	Der Fahrer bremst nicht und nutzt kein KERS zum Beschleunigen.
[7; 10]	sinkt.	ist negativ.	KERS wird zum Beschleunigen genutzt.
8,5	sinkt am stärksten.	ist minimal.	
[10; 12]	ist konstant.	hat den Wert null.	Fahrer bremst nicht und nutzt kein KERS zum Beschleunigen.
[12; 17]	steigt.	ist positiv.	Fahrer bremst.
14,5	steigt am stärksten.	ist maximal.	

8. Der rote Graph ist der Graph der Ableitungsfunktion des schwarzen Graphen. Man erkennt am schwarzen Graphen, dass das Körpergewicht anfangs schnell steigt bis zum Wendepunkt. Dort ist die größte Steigung, also die größte Gewichtszunahme pro Tag. Danach verringert sich die Steigung, also wird die tägliche Gewichtszunahme geringer.

2.4 Ableitung der Quadratfunktion – Ableitung rechnerisch bestimmen

110 **Einstiegsaufgabe ohne Lösung**

- Man wählt einen zweiten Punkt $Q(x\,|\,4-x^2)$, der möglichst dicht am Punkt $P(1\,|\,3)$ auf dem Graphen von f liegt und bestimmt die Tangentensteigung durch P näherungsweise als Steigung der Sekante durch $P(1\,|\,3)$ und $Q(x\,|\,4-x^2)$:
  $m = \frac{(4-x^2)-3}{x-1} = \frac{1-x^2}{x-1} = \frac{(1-x)(1+x)}{(x-1)} = -\frac{(1-x)(1+x)}{(1-x)}$
  $m = -(1+x)$ für $x \neq 1$, aber x möglichst nah bei 1
  Für $Q_1(2\,|\,0)$ ergibt sich $m_s = -3$
  Für $Q_2(1{,}5\,|\,1{,}75)$ ergibt sich $m_s = -2{,}5$
- Die Steigung der Sekante durch P und Q_2 ist die bessere Näherung, da Q_2 dichter bei P liegt und die Sekante dadurch näher bei der Tangente liegt.
- Die Näherung wird umso besser, je dichter Q bei P liegt.
  Allgemein für $P(x_0\,|\,4-x_0^2)$ und $Q(x\,|\,4-x^2)$ ergibt sich:
  $m = \frac{(4-x^2)-(4-x_0^2)}{x-x_0} = \frac{x_0^2-x^2}{x-x_0} = \frac{(x_0+x)(x_0-x)}{x-x_0} = \frac{-(x_0+x)(x-x_0)}{x-x_0}$
  $m_s = -(x_0+x)$ für $x \neq x_0$, aber x möglichst nah bei x_0.
  Je mehr sich x dem Wert x_0 nähert, desto mehr nähert sich $-(x_0+x)$ dem Wert $-2x_0$. Die Sekantensteigung nähert sich der Tangentensteigung immer mehr an. Wir vermuten deshalb $f'(x_0) = -2x_0$.

113 **1. a)** $m = \frac{x^2-2^2}{x-2} = \frac{(x-2)(x+2)}{x-2} = x+2$ für $x \neq 2$

Wenn $x \to 2$, dann $m = x+2 \to 4$. Die Tangentensteigung ist der Grenzwert der Sekantensteigungen, also gilt: $f'(2) = \lim\limits_{x\to 2}(x+2) = 4$

b) $m = \frac{x^2-(-1)^2}{x-(-1)} = \frac{x^2-1}{x+1} = \frac{(x-1)(x+1)}{x+1} = x-1$ für $x \neq -1$

Wenn $x \to -1$, dann $m = x-1 \to -2$. Die Tangentensteigung ist der Grenzwert der Sekantensteigungen, also gilt: $f'(-1) = \lim\limits_{x\to -1}(x-1) = -2$

c) $m = \frac{x^2-0}{x-0} = \frac{x^2}{x} = x$ für $x \neq 0$

Wenn $x \to 0$ dann $m = x \to 0$. Die Tangentensteigung ist der Grenzwert der Sekantensteigungen, also gilt: $f'(0) = \lim\limits_{x\to 0} x = 0$

d) $m = \frac{x^2-(-0{,}5)^2}{x-(-0{,}5)} = \frac{x^2-0{,}25}{x+0{,}5} = \frac{(x-0{,}5)(x+0{,}5)}{x+0{,}5} = x-0{,}5$ für $x \neq -0{,}5$

Wenn $x \to -0{,}5$, dann $m = x-0{,}5 \to -1$. Die Tangentensteigung ist der Grenzwert der Sekantensteigungen, also gilt: $f'(-0{,}5) = \lim\limits_{x\to -0{,}5}(x-0{,}5) = -1$

e) $m = \frac{x^2-(\sqrt{5})^2}{x-\sqrt{5}} = \frac{(x-\sqrt{5})(x+\sqrt{5})}{x-\sqrt{5}} = x+\sqrt{5}$ für $x \neq \sqrt{5}$

Wenn $x \to \sqrt{5}$, dann $m = x+\sqrt{5} \to 2\cdot\sqrt{5}$. Die Tangentensteigung ist der Grenzwert der Sekantensteigungen, also gilt: $f'(\sqrt{5}) = \lim\limits_{x\to\sqrt{5}}(x+\sqrt{5}) = 2\cdot\sqrt{5}$

113

2. Für f mit $f(x) = x^2$ gilt: $f'(x) = 2x$

a) $f'(3) = 6$; $f'(7) = 14$; $f'(-4) = -8$; $f'(-0{,}5) = -1$; $f'\left(\frac{2}{3}\right) = \frac{4}{3}$

b) $f'(x) = 2x = 8$, also $x = 2$;
$f'(x) = 2x = -6$, also $x = -3$;
$f'(x) = 2x = 0$, also $x = 0$;
$f'(x) = 2x = \frac{1}{2}$, also $x = \frac{1}{4}$;
$f'(x) = 2x = -0{,}8$, also $x = -0{,}4$

3. a) (1) $f'(5) = 10$ (2) $f'(-5) = -10$ (3) $f'(0) = 0$
(4) $f'\left(\frac{1}{2}\right) = 1$ (5) $f'\left(-\frac{1}{2}\right) = -1$

b) (1) $f'(x) = 3$ für $x = 1{,}5$ (2) $f'(x) = -3$ für $x = -1{,}5$
(3) $f'(x) = 0$ für $x = 0$ (4) $f'(x) = 1{,}8$ für $x = 0{,}9$

4. a) $m = \frac{f(x) - f(x_0)}{x - x_0} = \frac{(x^2 + 3) - (x_0^2 + 3)}{x - x_0} = \frac{x^2 - x_0^2}{x - x_0} = \frac{(x - x_0)(x + x_0)}{x - x_0}$

$m = x + x_0$ für $x \neq x_0$

Wenn $x \to x_0$, dann $m = x + x_0 \to 2x_0$. Die Tangentensteigung ist der Grenzwert der Sekantensteigungen, also gilt: $f'(x_0) = \lim\limits_{x \to x_0} (x + x_0) = 2x_0$.

Damit ergibt sich $f'(3) = 6$ und $f'(-3) = -6$.

Alternative:
Die Differenzenquotienten $\frac{f(x) - f(3)}{x - 3}$ bzw. $\frac{f(x) - f(-3)}{x + 3}$ werden in einen Rechner eingegeben (siehe dazu z. B. Lösung auf S. 111). Dann wird untersucht, wie sich diese Quotienten entwickeln, wenn $x \to 3$ bzw. wenn $x \to -3$.

b) $m = \frac{f(x) - f(x_0)}{x - x_0} = \frac{3x^2 - 3x_0^2}{x - x_0} = 3 \cdot \frac{(x - x_0)(x + x_0)}{x - x_0}$

$m = 3(x + x_0)$ für $x \neq x_0$

Wenn $x \to x_0$, dann $m = 3(x + x_0) \to 6x_0$.
Also gilt: $f'(x_0) = \lim\limits_{x \to x_0} 3(x + x_0) = 6x_0$

Damit ergibt sich $f'(3) = 18$ und $f'(-3) = -18$. Man kann auch die Alternative mit einem Rechner, wie in Teilaufgabe a), anwenden.

c) $m = \frac{f(x) - f(x_0)}{x - x_0} = \frac{(x-2)^2 - (x_0 - 2)^2}{x - x_0} = \frac{[(x-2) - (x_0 - 2)] \cdot [(x-2) + (x_0 - 2)]}{x - x_0}$

$m = \frac{(x - x_0) \cdot (x + x_0 - 4)}{x - x_0} = x + x_0 - 4$ für $x \neq x_0$

Wenn $x \to x_0$, dann $m = x + x_0 - 4 \to 2x_0 - 4$.
Also gilt: $f'(x_0) = \lim\limits_{x \to x_0} (x + x_0 - 4) = 2x_0 - 4$.

Damit ergibt sich $f'(3) = 2$ und $f'(-3) = -10$
Man kann auch alternativ mit dem Rechner arbeiten.

d) $m = \frac{(x^2 + 2x) - (x_0^2 + 2x_0)}{x - x_0} = \frac{x^2 - x_0^2}{x - x_0} + \frac{2x - 2x_0}{x - x_0}$

$m = \frac{(x - x_0)(x + x_0)}{x - x_0} + 2 \cdot \frac{x - x_0}{x - x_0} = x + x_0 + 2$ für $x \neq x_0$

Wenn $x \to x_0$, dann $m = x + x_0 + 2 \to 2x_0 + 2$.
Also gilt: $f'(x_0) = \lim\limits_{x \to x_0} (x + x_0 + 2) = 2x_0 + 2$

Damit ergibt sich $f'(3) = 8$ und $f'(-3) = -4$.
Alternativ kann mit dem Rechner gearbeitet werden.

113

5. ▪ mittlere Änderungsrate über dem Intervall $[a_0; a_0 + h]$:

$$\frac{(a_0+h)^2 - a_0^2}{(a_0+h) - a_0} = \frac{a_0^2 + 2a_0h + h^2 - a_0^2}{h} = \frac{2a_0h + h^2}{h} = 2a_0 + h \text{ für } h \neq 0$$

▪ Wenn $a_0 + h \to a_0$, also wenn $h \to 0$, dann $2a_0 + h \to 2a_0$.

▪ Für die lokale Änderungsrate gilt:

$$\lim_{h \to 0}(2a_0 + h) = 2a_0$$

▪ Die lokale Änderungsrate ist doppelt so groß wie die Seitenlänge des Quadrates.

6. Momentangeschwindigkeit:

$f'(t) = 2t$, t in s und $f(t)$ in $\frac{m}{s}$

$1\,\frac{m}{s} = 3{,}6\,\frac{km}{h}$

$f'(2\,s) = 4\,\frac{m}{s} = 14{,}4\,\frac{km}{h}$

$f'(5\,s) = 10\,\frac{m}{s} = 36\,\frac{km}{h}$

$f'(8\,s) = 16\,\frac{m}{s} = 57{,}6\,\frac{km}{h}$

$f'(10\,s) = 20\,\frac{m}{s} = 72\,\frac{km}{h}$

7.

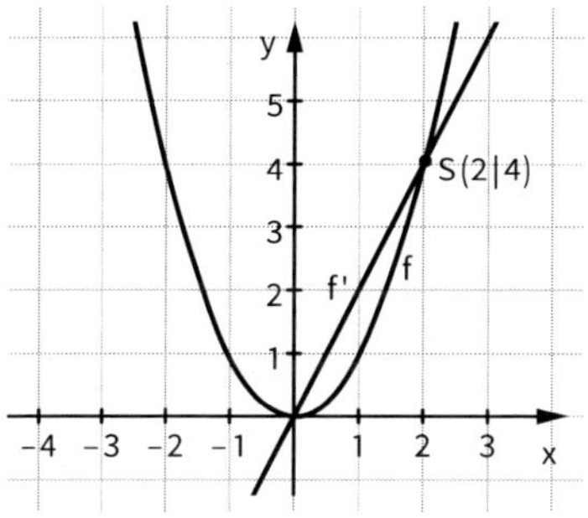

O(0|0) ist Scheitelpunkt des Graphen von f. Dort hat der Graph von f eine waagerechte Tangente. Somit gilt $f'(0) = 0$. Links von 0 fällt der Graph von f, also ist f' dort negativ. Rechts von 0 steigt der Graph von f, also ist f' dort positiv.

$f(x) = f'(x)$

$x^2 = 2x$, wenn $x = 0$ oder $x = 2$

Die Graphen von f und f' schneiden sich im Koordinatenursprung O(0|0) und im Punkt S(2|4).

8. (1) und (2)

Mögliche Beispiele:

▪ P(1|1) und Q(2|4): $m = \frac{4-1}{2-1} = 3$

$f'(x) = 2x = 3$ für $x = 1{,}5$

▪ P(−5|25) und Q(6|36): $m = \frac{36-25}{6-(-5)} = \frac{11}{11} = 1$

$f'(x) = 2x = 1$ für $x = \frac{1}{2}$

▪ P(3|9) und Q(7|49): $m = \frac{49-9}{7-3} = \frac{40}{4} = 10$

$f'(x) = 2x = 10$ für $x = 5$

Vermutung:

An der Stelle $\frac{x_1 + x_2}{2}$ hat der Graph von f mit $f(x) = x^2$ die gleiche Steigung wie die Sekante durch die Punkte $P(x_1 | x_1^2)$ und $Q(x_2 | x_2^2)$.

(3) *Beweis:*

Für die Steigung der Sekante durch die Punkt $P(x_1 | x_1^2)$ und $Q(x_2 | x_2^2)$ auf dem Graphen von f gilt: $m = \frac{x_2^2 - x_1^2}{x_2 - x_1} = \frac{(x_2 - x_1)(x_2 + x_1)}{x_2 - x_1} = x_2 + x_1$ für $x_2 \neq x_1$

Für die Steigung der Tangente an der Stelle $\frac{x_1 + x_2}{2}$ gilt:

$$f'\left(\frac{x_1 + x_2}{2}\right) = 2 \cdot \left(\frac{x_1 + x_2}{2}\right) = x_1 + x_2$$

Somit gilt $m = f'\left(\frac{x_1 + x_2}{2}\right)$.

113

9. a) Der Graph von h entsteht aus dem Graphen von f durch Verschieben um 3 Einheiten nach rechts, parallel zur x-Achse.

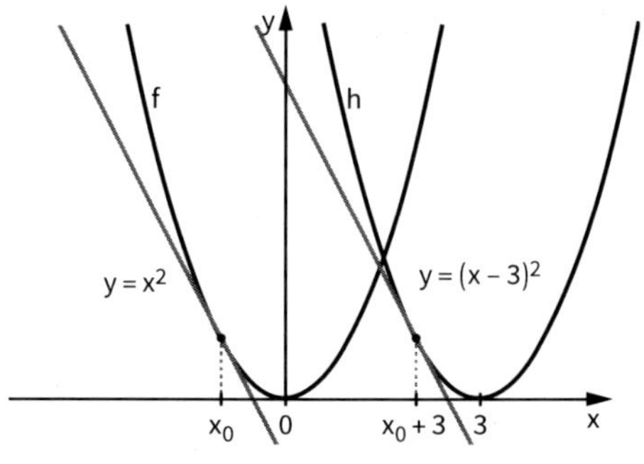

b) $f'(x) = 2x = 2$ für $x = 1$

$f'(x) = 2x = 3$ für $x = 1{,}5$

$f'(x) = 2x = -1$ für $x = -0{,}5$

c) Die Stellen mit derselben Steigung liegen um 3 Einheiten nach rechts verschoben.

$h'(x) = 2$ für $x = 4$

$h'(x) = 3$ für $x = 4{,}5$

$h'(x) = -1$ für $x = 2{,}5$

d) Der Graph von f hat an einer Stelle x_0 die Steigung $f'(x_0)$. Der Graph von h hat dieselbe Steigung an der Stelle $x_0 + 3$.

Somit gilt: $f'(x_0) = h'(x_0 + 3)$, also $h'(x) = f'(x_0)$ für $x = x_0 + 3$.

114

10. a) (1)
- $x_0 = 5$, $f'(5) = 10$
- Die Tangente verläuft durch P(5 | 25).
- $y = 10x + b$
  $25 = 50 + b$, also $b = -25$
- Tangentengleichung: $y = 10x - 25$

(2)
- $x_0 = 25$, $f'(25) = 50$
- Die Tangente verläuft durch P(25 | 625).
- $y = 50x + b$
  $625 = 1\,250 + b$, also $b = -625$
- Tangentengleichung: $y = 50x - 625$

(3)
- $x_0 = -5$, $f'(-5) = -10$
- Die Tangente verläuft durch P(–5 | 25).
- $y = -10x + b$
  $25 = 50 + b$, also $b = -25$
- Tangentengleichung: $y = -10x - 25$

114

10. b)

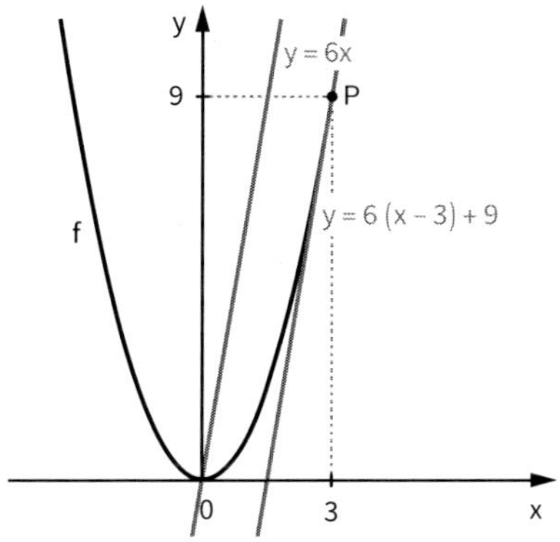

Julien geht von einer Geraden durch den Ursprung, mit der gleichen Steigung wie die Tangente in P aus. Diese Gerade hat die Gleichung $y = 6x$ und sie verläuft parallel zur Tangente. Die Tangente kann man sich also entstanden denken aus der Geraden zu $y = 6x$. Die Tangente entsteht aus der Geraden zu $y = 6x$ durch Verschieben um 3 Einheiten nach rechts und 9 Einheiten nach oben. So erhält man die Tangente mit der Gleichung $y = 6(x - 3) + 9 = 6x - 9$.
Die Gleichung von Julien ist identisch mit der im Beispiel.

11. Genauere Beschreibungen zum Vorgehen finden Sie in den Heften „Arbeiten mit dem GTR“ unter der Überschrift „Sekanten und Tangenten am Graphen darstellen und Steigungen bestimmen“.
Hier einige Hinweise bei der Verwendung eines TI-nspire CX:

- Nach dem Zeichnen des Graphen wird ein Punkt auf dem Graphen gezeichnet. Dazu wird im Menü *Geometrie* der Punkt *(1) Punkte und Geraden* aufgerufen und dort wird *(2) Punkt auf* gewählt. Die x-Koordinate des Punktes wird überschrieben mit dem Wert 1,5.

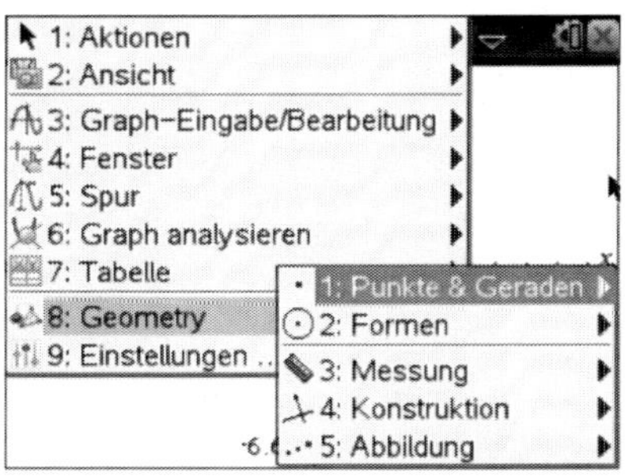

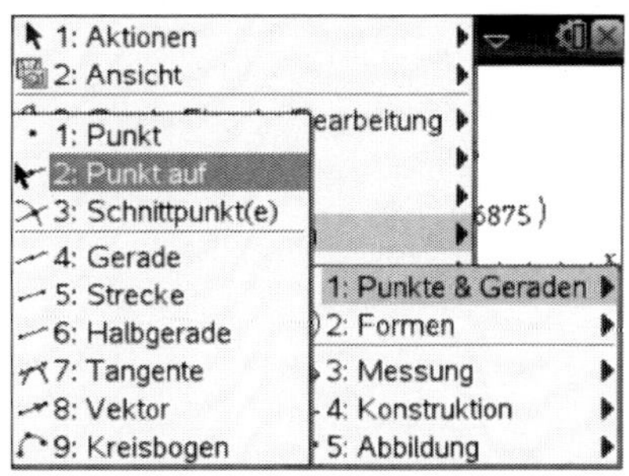

- 

  Dann wird die Tangente in dem Punkt gezeichnet. Dazu wird im Menü *Geometrie* der Punkt *(1) Punkte und Geraden* aufgerufen und dort wird *(7) Tangente* gewählt.

114

11. ▪ Nach dem Zeichnen der Tangente wird deren Steigung bestimmt. Dazu wird im Menü *Geometrie* der Punkt *(3) Messung* aufgerufen und dort wird *(3) Steigung* gewählt.

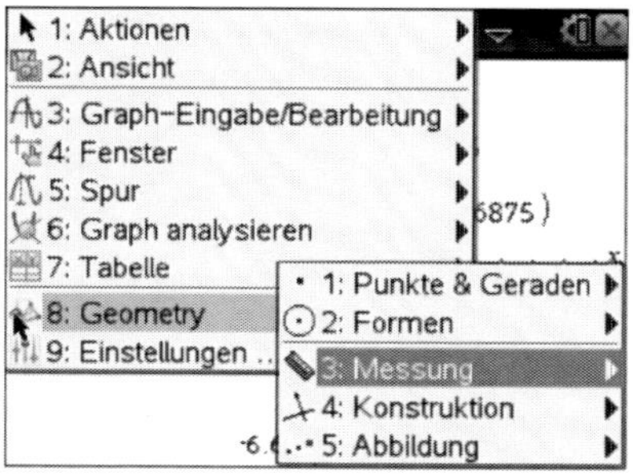

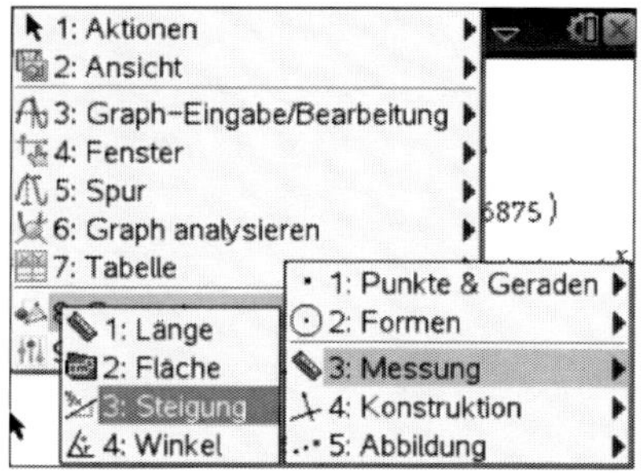

Für die eingezeichnete Tangente (siehe Abbildung im Buch) wurde so eine Steigung von 2,5 ermittelt.

12. a) *Skizze:*

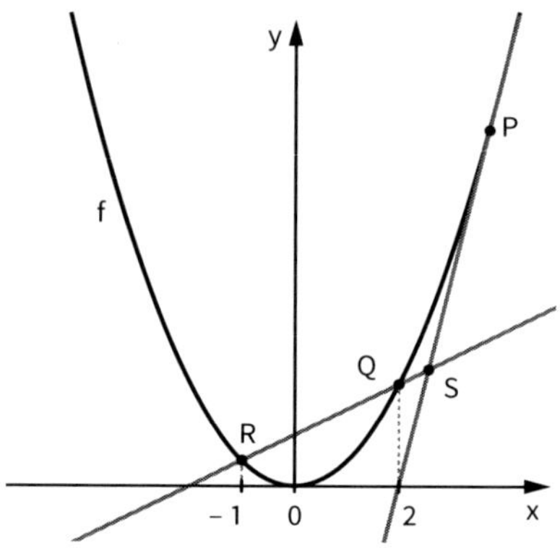

- Gleichung der Tangente in $P(4|16)$:
  $f'(4) = 8$
  $y = 8x - 16$

- Gleichung der Sekante durch $R(-1|1)$ und $Q(2|4)$: $m = \frac{4-1}{2+1} = 1$
  $y = 1 \cdot (x-2) + 4 = x + 2$
- Schnittpunkt S bestimmen: $x + 2 = 8x - 16$
  $S\left(2\frac{4}{7}\middle|4\frac{4}{7}\right)$ $18 = 7x$, also $x = \frac{18}{7} = 2\frac{4}{7}$

b) Die y-Koordinate von S ist gleich der Höhe des Dreiecks, also $h = 4\frac{4}{7}$.
Die Länge der zugehörigen Grundseite ermitteln wir mithilfe der Schnittstellen der Sekante und der Tangente auf der x-Achse.
$x + 2 = 0$ für $x = -2$
$8x - 16 = 0$ für $x = 2$
Die Grundseite hat also eine Länge von 4 Einheiten.
Flächeninhalt des Dreiecks:
$A = \frac{1}{2} \cdot 4 \cdot 4\frac{4}{7} = 2 \cdot 4\frac{4}{7} = 8\frac{8}{7} = 9\frac{1}{7}$

114

13. a) $f(x) = a x^2 + b;\ b = 15$

$0 = a \cdot 5^2 + 15$, also $a = -\frac{3}{5}$

$f(x) = -\frac{3}{5}x^2 + 15$

b) $m = 6$ bzw. $m = -6$

c) $\tan(\alpha) = 6$, also $\alpha \approx 80{,}5°$, bzw. $\tan(\alpha) = -6$, also $\alpha \approx -80{,}5°$

d) Links: $y = 6(x+5) = 6x + 30$

Rechts: $y = -6(x-5) = -6x + 30$

14. (1) $f'(x_0) = 2x_0$; **Tangente in $P(x_0 \mid x_0^2)$:**

$y = 2x_0 \cdot x - x_0^2$

(2) Schnittpunkt mit der y-Achse: $S_1(0 \mid -x_0^2)$

Schnittpunkt mit der x-Achse: $S_2\left(\frac{x_0}{2} \middle| 0\right)$

Die Tangente im Punkt $P(x_0 \mid x_0^2)$ an den Graphen von f mit $f(x) = x^2$ kann man als Gerade durch die Punkte P und $S_2\left(\frac{x_0}{2} \middle| 0\right)$ zeichnen.

2.5 Ableitungsregeln

2.5.1 Ableitung von Potenzfunktionen mit natürlichen Exponenten – Potenzregel

118

1. a) $m = \frac{f(x+h) - f(x)}{(x+h) - x} = \frac{(x+h)^2 - x^2}{h} = \frac{x^2 + 2xh + h^2 - x^2}{h}$

$m = \frac{2xh + h^2}{h} = 2x + h$ für $h \neq 0$

$2x + h \to 2x$ für $h \to 0$

$f'(x) = 2x$

b) $m = \frac{f(x+h) - f(x)}{(x+h) - x} = \frac{(x+h)^2 + 3 - (x^2 + 3)}{h} = \frac{(x+h)^2 - x^2}{h}$

$m = \frac{x^2 + 2xh + h^2 - x^2}{h} = \frac{2xh + h^2}{h} = 2x + h$ für $h \neq 0$

$2x + h \to 2x$ für $h \to 0$

$f'(x) = 2x$

c) $m = \frac{f(x+h) - f(x)}{(x+h) - x} = \frac{(x+h)^2 - 2{,}5 - (x^2 - 2{,}5)}{h} = \frac{(x+h)^2 - x^2}{h}$

$m = \frac{x^2 + 2xh + h^2 - x^2}{h} = \frac{2xh + h^2}{h} = 2x + h$ für $h \neq 0$

$2x + h \to 2x$ für $h \to 0$

$f'(x) = 2x$

d) $m = \frac{f(x+h) - f(x)}{(x+h) - x} = \frac{(x+h)^3 + 6 - (x^3 + 6)}{h} = \frac{(x+h)^3 - x^3}{h}$

$m = \frac{(x+h)(x+h)^2 - x^3}{h} = \frac{(x+h)(x^2 + 2xh + h^2) - x^3}{h}$

$m = \frac{x^3 + 2x^2h + xh^2 + x^2h + 2xh^2 + h^3 - x^3}{h}$

$m = \frac{3x^2h + 3xh^2 + h^3}{h} = 3x^2 + 3xh + h^2$ für $h \neq 0$

$3x^2 + 3xh + h^2 \to 3x^2$ für $h \to 0$

$f'(x) = 3x^2$

118

2. $\frac{f(x+h)-f(x)}{h} = \frac{(x+h)^4 - x^4}{h} = \frac{(x+h)^2\,(x+h)^2 - x^4}{h}$

$= \frac{(x^2+2xh+h^2)(x^2+2xh+h^2) - x^4}{h}$

$= \frac{x^4+2x^3h+x^2h^2+2x^3h+4x^2h^2+2xh^3+x^2h^2+2xh^3+h^4-x^4}{h}$

$= \frac{4x^3h+6x^2h^2+4xh^3+h^4}{h}$

$= 4x^3+6x^2h+4xh^2+h^3$ für $h \neq 0$

$4x^3+6x^2h+4xh^2+h^3 \to 4x^3$ für $h \to 0$

$f'(x) = 4x^3$

3. **a)** $f'(x) = 3x^2,\ f'(4) = 48$ **b)** $f'(x) = 3x^2,\ f'(-3) = 27$
c) $f'(x) = 3x^2,\ f'(0) = 0$ **d)** $f'(x) = 4x^3,\ f'(1) = 4$
e) $f'(x) = 8x^7,\ f'(-2) = -1024$ **f)** $f'(x) = 23 \cdot x^{22},\ f'(-1) = 23$
g) $f'(x) = 5,\ f'(-2) = 5$ **h)** $f'(x) = 0,\ f'(\pi) = 0$

4. **a)** $f'(x) = 12x^{11},\ g'(x) = 7x^6,\ h'(t) = 100t^{99},\ f'(k) = 4k^3,\ g'(s) = 8s^7$
b) $f'(x) = n \cdot x^{n-1},\ g'(t) = 3n \cdot t^{3n-1},\ h'(x) = (n+2) \cdot x^{n+1},\ f'(s) = 2n \cdot s^{2n-1},$
$g'(t) = (x-2) \cdot t^{x-3}$

5.
- mittlere Änderungsrate: $\frac{(a_0+h)^3 - a_0^3}{h}$
- lokale Änderungsrate: $3a_0^2$

Die lokale Änderungsrate des Volumens ist genau so groß, wie der halbe Oberflächeninhalt des Würfels.

6. $f'(x) = 3x^2$; da x^2 immer größer oder gleich null ist, gibt es keine negativen Steigungen.

7. **a)** $f(x) = x^4$ **b)** $f(x) = x^7$ **c)** $h(t) = t^5$ **d)** $f(x) = x^a$
e) $f(x) = x^{s-2}$ **f)** $u(z) = z^{x+1}$

8. **a)** $f'(x) = n \cdot x^{n-1}$

$n \cdot x^{n-1} = 1$

$x^{n-1} = \frac{1}{n}$

$x = \left(\frac{1}{n}\right)^{\frac{1}{n-1}}$

- Die Potenzfunktionen mit $f(x) = x^n$ und $n \in \mathbb{N}$ haben an der Stelle $x = \left(\frac{1}{n}\right)^{\frac{1}{n-1}}$ die Steigung 1.
- Die Steigung -1 kann es nur bei den Funktionen geben, bei denen der Exponent n gerade ist, da die Funktionen mit ungeraden Exponenten keine negativen Steigungen haben.
Aufgrund der Achsensymmetrie zur y-Achse haben die Potenzfunktionen mit geraden Exponenten an der Stelle $x = -\left(\frac{1}{n}\right)^{\frac{1}{n-1}}$ die Steigung -1.

118

8. b)

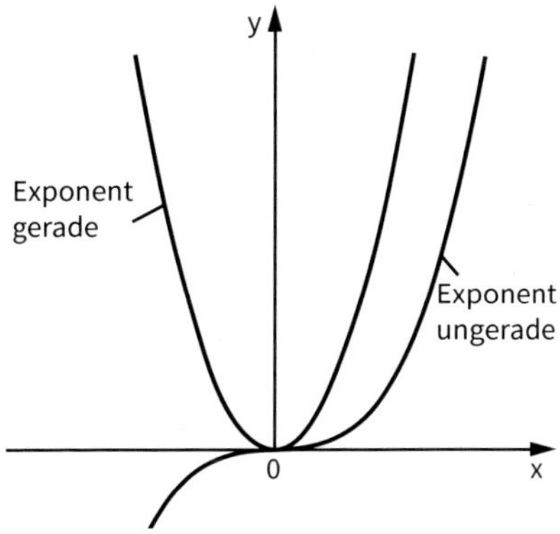

- Bei geraden Exponenten hat der Graph von f an der Stelle 0 einen Tiefpunkt und somit die Steigung 0.
- Bei ungeraden Exponenten hat der Graph von f an der Stelle 0 einen Sattelpunkt und somit die Steigung 0.

9. $f(k) = k^4 \cdot k^3 = k^7,\ f'(k) = 7k^6$

$h(s) = s^{2n} \cdot s^n = s^{3n},\ h'(s) = 3n \cdot s^{3n-1}$

$g(s) = \frac{s^{24}}{s^{11}} = s^{13},\ g'(s) = 13s^{12}$

$v(t) = \frac{t^{2n+1}}{t^{n-3}} = t^{n+4},\ v'(t) = (n+4) \cdot t^{n+3}$

$u(z) = \frac{3z^{x+3} + 5z^{x+3}}{10z^4 - 2z^4} = \frac{8z^{x+3}}{8z^4} = z^{x-1},\ u'(z) = (x-1) \cdot z^{x-2}$

10. a) $f'(x) = 4x^3,\ f'(-2) = -32,\ f'(2) = 32$

Tangente in $P(-2\,|\,16)$: $y = (-32) \cdot (x+2) + 16 = -32x - 48$

Tangente in $Q(2\,|\,16)$: $y = 32(x-2) + 16 = 32x - 48$

Beide Tangenten schneiden sich in Punkt $S(0\,|-48)$.

b) $f'(x) = 4x^3,\ f'(-x_0) = -4x_0^3,\ f'(x_0) = 4x_0^3$

Tangente in $P(-x_0\,|\,x_0^4)$: $y = (-4x_0^3) \cdot (x + x_0) + x_0^4$

$y = -4x_0^3 \cdot x - 4x_0^4 + x_0^4$

$y = -4x_0^3 \cdot x - 3x_0^4$

Tangente in $P(x_0\,|\,x_0^4)$: $y = (4x_0^3) \cdot (x - x_0) + x_0^4$

$y = 4x_0^3 \cdot x - 4x_0^4 + x_0^4$

$y = 4x_0^3 \cdot x - 3x_0^4$

Beide Tangenten schneiden sich in Punkt $S(0\,|-3x_0^4)$.

2.5.2 Faktorregel

119

Einstiegsaufgabe ohne Lösung

- Sekante durch P und Q:

  $m = \frac{(x+h)^3 - x^3}{h}$

  Sekante durch P* und Q*:

  $m^* = \frac{2(x+h)^3 - 2x^3}{h}$

  $m^* = 2 \cdot \frac{(x+h)^3 - x^3}{h}$

- Es gilt: $m^* = 2 \cdot m$

119 Fortsetzung

- $m = \frac{(x+h)^3 - x^3}{h} = \frac{(x+h)(x+h)^2 - x^3}{h}$

$m = \frac{(x+h)(x^2+2xh+h^2) - x^3}{h}$

$m = \frac{x^3 + 2x^2h + xh^2 + x^2h + 2xh^2 + h^3 - x^3}{h}$

$m = \frac{3x^2h + 3xh^2 + h^3}{h}$

$m = 3x^2 + 3xh + h^2$ für $h \neq 0$

Somit gilt: $m^* = 2 \cdot (3x^2 + 3xh + h^2)$

$m^* = 6x^2 + 6xh + 2h^2$ für $h \neq 0$

Wenn $h \to 0$, dann $m = 3x^2 + 3xh + h^2 \to 3x^2$

und $m^* = 6x^2 + 6xh + 2h^2 \to 6x^2$

Somit gilt: $f'(x) = 6x^2$

121 1. **a)** $\frac{f(x+h) - f(x)}{h} = \frac{(-2)(x+h)^2 - (-2)x^2}{h} = (-2) \cdot \frac{(x+h)^2 - x^2}{h}$

$= (-2) \cdot \frac{x^2 + 2xh + h^2 - x^2}{h} = (-2) \cdot (2x+h)$ für $h \neq 0$

Wenn $h \to 0$, dann $(-2) \cdot (2x+h) \to (-2)(2x) = -4x$.

$f'(x) = -4x$

b) $\frac{f(x+h) - f(x)}{h} = \frac{5(x+h)^3 - 5x^3}{h} = 5 \cdot \frac{(x+h)^3 - x^3}{h}$

$= 5 \cdot \frac{x^3 + 3x^2h + 3xh^2 + h^3 - x^3}{h} = 5 \cdot \frac{3x^2h + 3xh^2 + h^3}{h}$

$= 5 \cdot (3x^2 + 3xh + h^2)$ für $h \neq 0$

Wenn $h \to 0$, dann $5 \cdot (3x^2 + 3xh + h^2) \to 5 \cdot (3x^2) = 15x^2$.

$f'(x) = 15x^2$

c) $\frac{g(x+h) - g(x)}{h} = \frac{\frac{(t+h)^2}{3} - \frac{t^2}{3}}{h} = \frac{(t+h)^2 - t^2}{3h}$

$= \frac{t^2 + 2th + h^2 - t^2}{3h} = \frac{2th + h^2}{3h} = \frac{2t + h}{3}$ für $h \neq 0$

Wenn $h \to 0$, dann $\frac{2t+h}{3} \to \frac{2t}{3}$.

$g'(t) = \frac{2t}{3}$

d) $\frac{u(s+h) - u(s)}{h} = \frac{k \cdot (s+h)^2 - k \cdot s^2}{h} = k \cdot \frac{(s+h)^2 - s^2}{h}$

$= k \cdot \frac{s^2 + 2sh + h^2 - s^2}{h} = k \cdot \frac{2sh + h^2}{h}$

$= k \cdot (2s + h)$ für $h \neq 0$

Wenn $h \to 0$, dann $k \cdot (2s+h) \to k \cdot (2s) = 2k \cdot s$.

$u'(s) = 2k \cdot s$

e) $\frac{f(x+h) - f(x)}{h} = \frac{\frac{m}{n}(x+h)^3 - \frac{m}{n}x^3}{h}$

$= \frac{m}{n} \cdot \frac{(x+h)^3 - x^3}{h} = \frac{m}{n} \cdot \frac{x^3 + 3x^2h + 3xh^2 + h^3 - x^3}{h}$

$= \frac{m}{n} \cdot \frac{3x^2h + 3xh^2 + h^3}{h} = \frac{m}{n} \cdot (3x^2 + 3xh + h^2)$ für $h \neq 0$

Wenn $h \to 0$, dann $\frac{m}{n} \cdot (3x^2 + 3xh + h^2) \to \frac{m}{n} \cdot (3x^2) = 3 \cdot \frac{m}{n} \cdot x^2$

$f'(x) = 3 \cdot \frac{m}{n} \cdot x^2$

121

2. **a)** $f'(x) = 15x^4$
b) $f'(x) = 63x^8$
c) $g'(x) = \frac{5}{8}x^4$
d) $f'(t) = \frac{6}{10}t^5$
e) $h'(t) = 4\sqrt{2}\,t^3$
f) $f'(t) = 6t^7$
g) $h'(s) = \frac{1}{6}$
h) $g'(r) = 2r^2$

3. $m = 16\,\% = 0{,}16$
$f(x) = kx^2,\ f'(x) = 2kx$
$f'(11) = 22k = 0{,}16 \Rightarrow k = \frac{8}{1100}$
$f(x) = \frac{8}{1100}x^2$
$f(11) = \frac{8}{1100} \cdot 11^2 = \frac{88}{100} = 0{,}88$
Die Tiefe des Kraters beträgt 0,88 m.

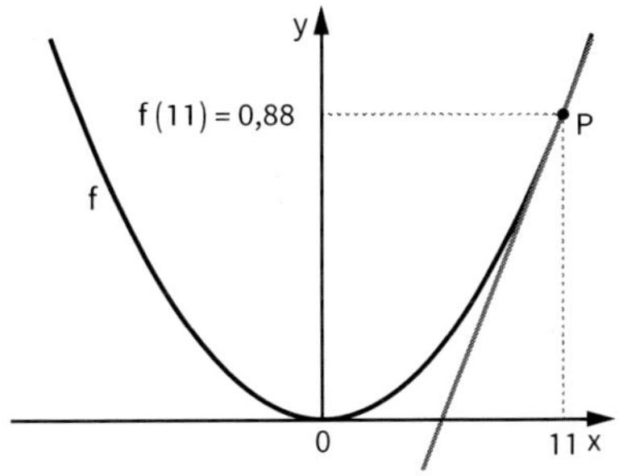

4. **a)** $f(x) = x^4$
b) $f(x) = \frac{1}{5}x^5$
c) $f(x) = \frac{1}{10}x^{10}$
d) $f(x) = \frac{7}{9}x^9$
e) $f(x) = \frac{4}{7}x^7$
f) $f(x) = 10x^{10}$
g) $f(x) = c,\ c \in \mathbb{R}$
h) $f(x) = 2{,}5x^2$

5. **a)** $A(r) = \pi r^2$
Änderungsrate: $A'(r) = 2\pi r$
Das ist der Umfang des entsprechenden Kreises.

b)

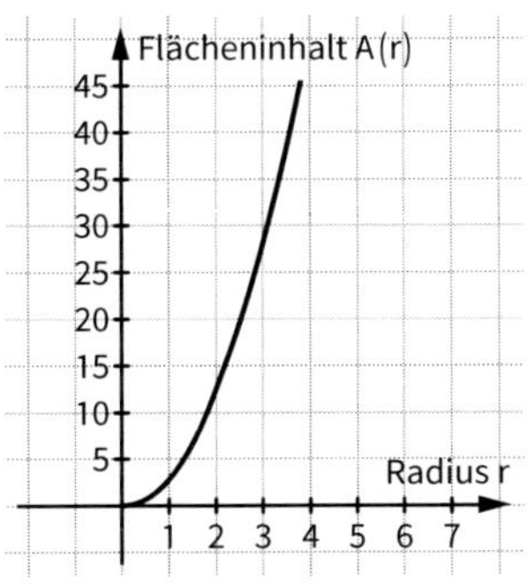

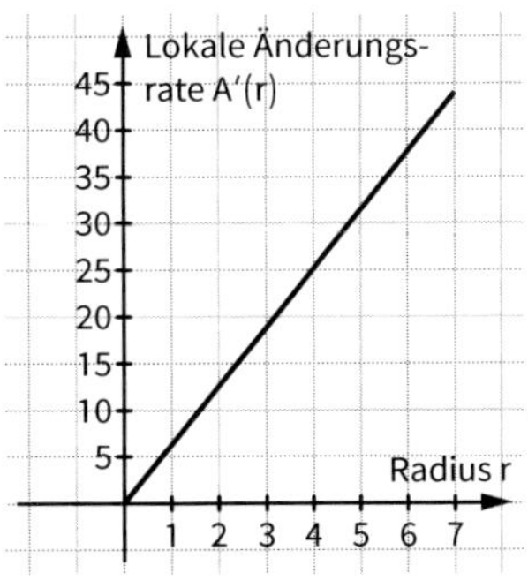

Der Graph zur Funktion A mit $A(r) = \pi r^2$ ist die rechte Hälfte einer Parabel mit dem Scheitelpunkt O(0|0). Der Graph zu A′ ist eine Halbgerade, die im Koordinatenursprung beginnt und die Steigung 2π hat.

121 **6. a)** $v(t) = s'(t) = g \cdot \sin(\alpha) \cdot t$

b)

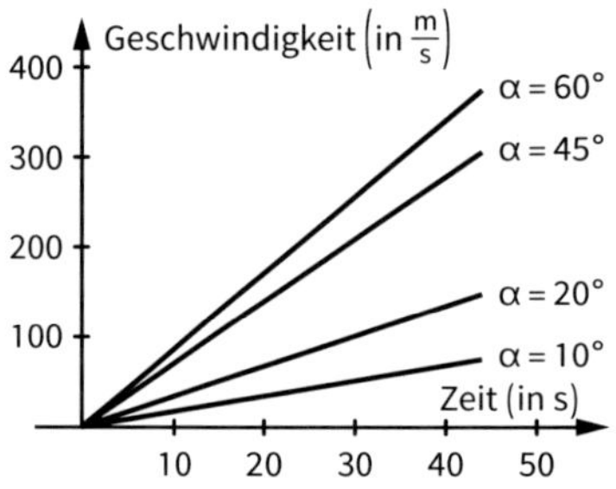

c) $300\,\frac{km}{h}$ entsprechen $83{,}33\,\frac{m}{s}$.

Winkel α	Zeit t (in s)
10 °	48,9
20 °	24,8
30 °	17,0
40 °	13,2
50 °	11,1
60 °	9,8
70 °	9,0
80 °	8,6

2.5.3 Summenregel

122 **Einstiegsaufgabe ohne Lösung**

- Steigung der Sekante durch $P(x \mid f(x))$ und $Q(x+h \mid f(x+h))$:

  $$m = \frac{(x+h)^2 + (x+h) - x^2 - x}{h}$$
  $$= \frac{x^2 + 2xh + h^2 + x + h - x^2 - x}{h}$$
  $$= \frac{h^2 + 2xh + h}{h}$$
  $$= h + 2x + 1 \quad \text{für } h \neq 0$$

  Wenn $h \to 0$, dann $m = h + 2x + 1 \to 2x + 1$

  Für f mit $f(x) = x^2 + x$ gilt also $f'(x) = 2x + 1$

  Zeichnet man mithilfe eines GTR den Graphen der Ableitungsfunktion, so erkennt man eine Gerade mit $y = 2x + 1$.

- **Vermutung:** Die Ableitung einer Summe ist gleich der Ableitung der einzelnen Summanden.

123

1. Der Beweis kann analog zum Beweis in der Information geführt werden:

$$m = \frac{f(x+h) - f(x)}{h} = \frac{u(x+h) - v(x+h) - (u(x) - v(x))}{h}$$

$$= \frac{u(x+h) - u(x)}{h} - \frac{v(x+h) - v(x)}{h}$$

Wenn $h \to 0$, dann $\frac{u(x+h) - u(x)}{h} \to u'(x)$ und $\frac{v(x+h) - v(x)}{h} \to v'(x)$.

Also $m \to u'(x) - v'(x)$ für $h \to 0$.

Somit gilt: Die Funktion f mit $f(x) = u(x) - v(x)$ hat die Ableitung $f'(x) = u'(x) - v'(x)$

2.
- Für f mit $f(x) = x \cdot x = x^2$ gilt: $f'(x) = 2x$
  Offensichtlich gilt nicht $f'(x) = x' \cdot x' = 1 \cdot 1 = 1$.
- Für f mit $f(x) = 3x^3$ gilt: $f'(x) = 9x^2$
  Offensichtlich gilt nicht $f'(x) = (3x)' \cdot (x^2)' = 3 \cdot 2x = 6x$.

3.
a) $f'(x) = 5x^4 + 8x^7$
b) $f'(x) = 7x^6 + 3$
c) $f'(x) = 2 - 12x^{11}$
d) $f'(x) = 6x^8 - 15x^5$
e) $f'(x) = \frac{4x^3 - 3}{5}$
f) $f'(x) = -\frac{16}{5}x^7 - \frac{27}{5}x^8$

124

4. Es werden die Summen- und Differenzregel, die Potenzregel und die Faktorregel verwendet.
a) $f'(x) = \frac{5}{8}x^4 + \frac{3}{2}x^2 - 0{,}7$
b) $f'(x) = 8x^3 - 14x + 5$
c) $f'(x) = 96x^{11} - 2 \cdot \sqrt[3]{17}\,x + 5$
d) $h'(x) = 36x^3 - 3\sqrt{3}\,x^2 + 5$
e) $g'(x) = 24x^5 + 6x^2 - 18x - 18$
f) $f'(x) = 36x^3 - x^2 + x - \sqrt[3]{2}$

5. (1) $f(x) = 2x \cdot (x^2 - 1) = 2x^3 - 2x$, $f'(x) = 6x^2 - 2$
Sie hat jeden Faktor einzeln abgeleitet.
(2) $f(x) = 3x^2 + 2$, $f'(x) = 6x$
Sie hat nicht beachtet, dass die Ableitung von 2 null ist.
(3) $f(x) = \frac{3x^2 + x^3}{x} = 3x + x^2$, $f'(x) = 3 + 2x$
Sie hat Zähler und Nenner einzeln abgeleitet.

6. **a)** $f(x) = (x-3)^2 = x^2 - 6x + 9$, $f'(x) = 2x - 6$
b) $f(x) = 5x^3(3x^2 - 2x + 3) = 15x^5 - 10x^4 + 15x^3$, $f'(x) = 75x^4 - 40x^3 + 45x^2$
c) $f(x) = \frac{x^2 - 1}{x + 1} = \frac{(x-1)(x+1)}{x+1} = x - 1$ für $x \neq -1$
$f'(x) = 1$

124

7. a) $g(x) = f(x) + c$
Der Graph von g entsteht aus dem Graphen von f durch eine Verschiebung um c, parallel zur y-Achse.
Die Steigung beider Graphen ist an jeder Stelle x gleich.
Somit gilt für alle x: $g'(x) = f'(x)$

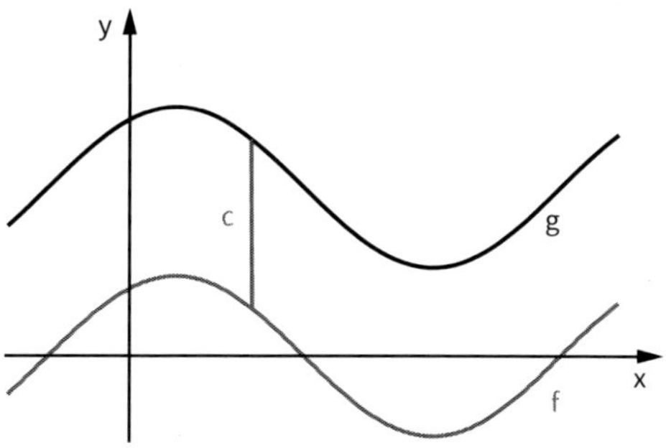

b) Nach der Summenregel gilt:
$g'(x) = f'(x) + (c)' = f'(x)$

8. Für $f(x) = \frac{3}{8}x^8$ gilt: $f'(x) = 3x^7$.

Für $f(x) = \frac{3}{8}x^8 + 3$ gilt ebenfalls $f'(x) = 3x^7$.

Beide, Christo und Ersa, haben also recht.
Für jede Funktion f mit $f(x) = \frac{3}{8}x^8 + c$ mit $c \in \mathbb{R}$ gilt: $f'(x) = 3x^7$.

9. a) $f(x) = x^3 + x^2 + c$, mit $c \in \mathbb{R}$
b) $f(x) = x^4 - x^7 + c$, mit $c \in \mathbb{R}$
c) $f(x) = \frac{1}{5}x^5 - \frac{1}{2}x^4 + 3x + c$, mit $c \in \mathbb{R}$
d) $f(x) = \frac{a}{4}x^4 - \frac{b}{3}x^3 + c$, mit $c \in \mathbb{R}$
e) $f(x) = 3x - \frac{9}{6}x^6 + 3x^2 + c$, mit $c \in \mathbb{R}$
f) $f(x) = \frac{3}{40}x^5 - \frac{2}{40}x^8 + c$, mit $c \in \mathbb{R}$

10. a) $f(x) = x^3 - 3x^2$, $A(-1\,|\,-4)$, $B(4\,|\,16)$

- Steigung der Sekante: $m = \frac{16-(-4)}{4-(-1)} = \frac{20}{5} = 4$
- Ansatz für die Gleichung der Sekante: $y = 4x + b$
- Punkt A liegt auf der Sekante: $-4 = 4 \cdot (-1) + b$, also $b = 0$
  Die Gleichung der Sekante lautet $y = 4x$.
- Schnittpunkt C des Graphen von f mit der Sekante bestimmen:
  $x^3 - 3x^2 = 4x$, also $x^3 - 3x^2 - 4x = 0$
  also $x(x^2 - 3x - 4) = 0$
  also $x = 0$ oder $x^2 - 3x - 4 = 0$

Nullstellen sind –1 und 4

Somit schneidet die Sekante den Graphen von f im Punkt $C(0\,|\,0)$, also im Koordinatenursprung.

124 **10. b)** $f'(x) = 3x^2 - 6x = 3x \cdot (x - 2)$

c) Die Nullstellen von f′ sind $x_1 = 0$ und $x_2 = 2$.
An der Stelle 0 findet ein +/– Vorzeichenwechsel statt, also hat der Graph von f dort einen Hochpunkt H(0|0).
An der Stelle 2 findet ein –/+ Vorzeichenwechsel statt, also hat der Graph von f dort einen Tiefpunkt T(2|–4).

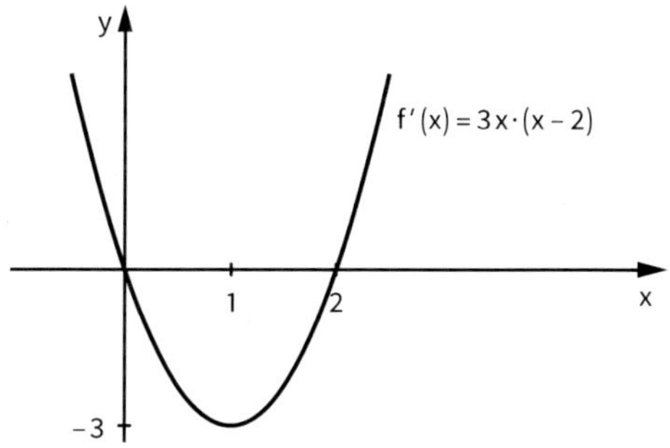

f′ hat an der Stelle 1 ein Minimum, also hat der Graph von f dort einen Wendepunkt W(1|–2).
Der Graph von f′ ist eine nach oben geöffnete Parabel mit einem Minimum und zwei Nullstellen. Somit kann f′ keine weiteren Extremstellen und Nullstellen haben. Also kann f auch keine weiteren Wendestellen oder Extremstellen haben.

d) Tangente an den Graphen von f in W(1|–2) bestimmen:
$f'(1) = -3$, $y = -3x$ beschreibt eine Gerade durch den Ursprung, parallel zur Tangente.
Wir verschieben diese Gerade durch W(1|–2) und erhalten so die Gleichung der Tangente:
$y = (-3)(x - 1) - 2 = -3x + 1$
Schnittpunkt mit der Sekante:
$4x = -3x + 1$, also $7x = 1$, also $x = \frac{1}{7}$
$S\left(\frac{1}{7} \middle| \frac{4}{7}\right)$

2.5.4 Ableitung der Sinusfunktion

125 **Einstiegsaufgabe ohne Lösung**

Der Graph der Ableitungsfunktion von sin (x) sieht aus wie der Graph zu cos (x).
Zeichnet man beide Graphen in dasselbe Koordinatensystem, so erkennt man, dass beide Graphen zusammenfallen.

126 **1.** Der Graph der Ableitungsfunktion zu cos (x) sieht aus wie der an der x-Achse gespiegelte Graph von sin (x). Zeichnet man beide Graphen in dasselbe Koordinatensystem, so erkennt man, dass beide Graphen zusammenfallen.

2.

x	0	$\frac{\pi}{4}$	$\frac{\pi}{2}$	$\frac{3}{4}\pi$	π	$\frac{3}{2}\pi$	2π
$f'(x) = \cos(x)$	1	$\frac{1}{2}\sqrt{2}$	0	$-\frac{1}{2}\sqrt{2}$	–1	0	1

3. Es können keine Werte größer als 1 und keine Werte kleiner als – 1 vorkommen.

126

4. $f(x) = \sin(x)$, $f'(x) = \cos(x)$

$f'(x)$	0	$\frac{1}{2}$	$-\frac{1}{2}$	1	-1
x	$\frac{1}{2}\pi + k\pi$	$-\frac{\pi}{3} + 2k\pi$	$-\frac{2}{3}\pi + 2k\pi$	$2k\pi$	$\pi + 2k\pi$

5. **a)** $f'(x) = 3\cos(x)$
b) $f'(x) = 1 - \cos(x)$
c) $f'(x) = \frac{\cos(x)}{\pi}$
d) $f'(x) = 12x^3 - 7\cos(x)$
e) $f'(x) = \frac{3x^2 - 2\cos(x)}{2\pi}$
f) $f'(x) = 5\cos(x) - 3\pi x^2$
g) $f'(x) = -\sin(x) - 6x$
h) $f'(x) = \cos(x) + \sin(x)$

6. $f'(x) = \cos(x)$, $f'\left(\frac{3}{4}\pi\right) = -\frac{1}{2}\sqrt{2}$.
Die Tangente hat also die Steigung $-\frac{1}{2}\sqrt{2}$ und verläuft durch den Punkt $P\left(\frac{3}{4}\pi \,\middle|\, \sin\left(\frac{3}{4}\pi\right)\right)$, also durch $P\left(\frac{3}{4}\pi \,\middle|\, \frac{1}{2}\sqrt{2}\right)$. Damit ergibt sich folgende Gleichung für die Tangente:
$y = \left(-\frac{1}{2}\sqrt{2}\right) \cdot \left(x - \frac{3}{4}\pi\right) + \frac{1}{2}\sqrt{2}$
Die Tangente schneidet die y-Achse im Punkt
$A\left(0 \,\middle|\, \frac{1}{2}\sqrt{2} \cdot \frac{3}{4}\pi + \frac{1}{2}\sqrt{2} = \frac{1}{2}\sqrt{2}\left(1 + \frac{3}{4}\pi\right) \approx 2{,}373\right)$ und die x-Achse in Punkt $B\left(1 + \frac{3}{4}\pi \,\middle|\, 0\right)$.
Somit gilt für den Flächeninhalt des gesuchten Dreiecks:
$$A = \frac{1}{2} \cdot \frac{1}{2}\sqrt{2}\left(1 + \frac{3}{4}\pi\right) \cdot \left(1 + \frac{3}{4}\pi\right)$$
$$= \frac{\sqrt{2}}{4}\left(1 + \frac{3}{4}\pi\right)^2$$
$$\approx 3{,}982$$

7.

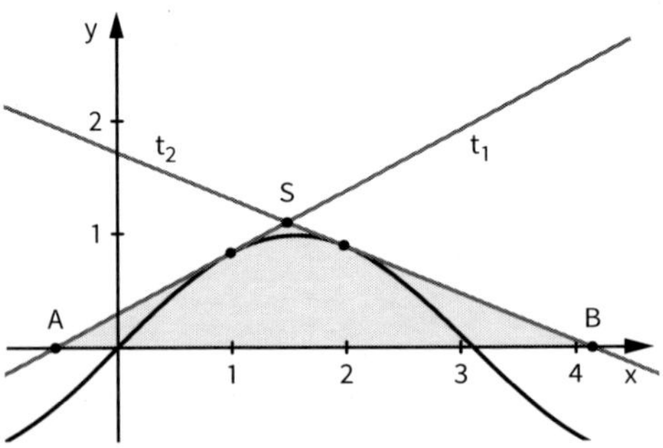

Tangente an den Graphen der Sinusfunktion an der Stelle 1:
t_1: $y = \cos(1)x + \sin(1) - \cos(1) \approx 0{,}54x + 0{,}3$
Tangente an der Stelle 2:
t_2: $y = \cos(2)x + \sin(2) - 2 \cdot \cos(2) \approx -0{,}416x + 1{,}74$
Daraus ergeben sich die folgenden Koordinaten für A, S und B:
$A(-0{,}556 \mid 0)$; $S(1{,}506 \mid 1{,}113)$; $B(4{,}183 \mid 0)$
Für den Flächeninhalt des gesuchten Dreiecks gilt damit:
$A \approx \frac{1}{2} \cdot (4{,}183 + 0{,}556) \cdot 1{,}113 \approx 2{,}64$

126

8.

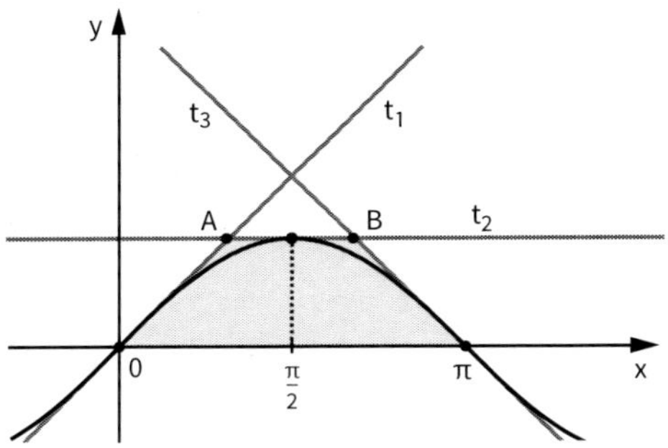

Tangentengleichungen:

t_1: $y = x$

t_2: $y = 1$

t_3: $y = (-1)(x - \pi) = -x + \pi$

Schnittpunkte: $A(1\,|\,1)$, $B(\pi - 1\,|\,1)$

Länge der Strecke

$|\overline{AB}| = \pi - 1 - 1 = \pi - 2$

Flächeninhalt Trapez:

$A = 1 \cdot \frac{\pi + \pi - 2}{2} = \pi - 1 \approx 2{,}14$

9.

x	0	$\frac{\pi}{4}$	$\frac{\pi}{2}$	$\frac{3}{4}\pi$	π	$\frac{3}{2}\pi$	2π
$f'(x) = -\sin(x)$	0	$-\frac{1}{2}\sqrt{2}$	-1	$-\frac{1}{2}\sqrt{2}$	0	1	0

10. Es können keine Werte größer als 1 und keine Werte kleiner als -1 vorkommen.

11. $f(x) = \cos(x)$, $f'(x) = -\sin(x)$

$f'(x)$	0	$\frac{1}{2}$	$-\frac{1}{2}$	1	-1
x	$k\pi$	$\frac{-\pi}{6} + 2k\pi$	$\frac{5}{6}\pi + 2k\pi$	$\frac{3}{2}\pi + 2k\pi$	$\frac{1}{2}\pi + 2k\pi$

2.6 Differenzierbarkeit

127

Einstiegsaufgabe ohne Lösung

- Der Graph zu $y = 4 - x^2$ stimmt zwischen den Stellen -2 und 2 mit dem Graphen von f mit $f(x) = |4 - x^2|$ überein.
- Der Graph von f kann also zwischen -2 und 2 durch die Gleichung $y = 4 - x^2$ beschrieben werden. Spiegelt man den Teil des Graphen zu $y = 4 - x^2$ unterhalb der x-Achse an der x-Achse, so stimmt er mit dem Graphen zu $y = x^2 - 4$ überein.
- Der Graph von f links von -2 und rechts von -1 kann somit durch die Gleichung zu $y = x^2 - 4$ beschrieben werden.
  Der Graph von f hat an den Stellen -2 und 2 eine Spitze.
  Wir bestimmen zunächst die Steigung einer Sekante durch den Punkt $P(2\,|\,0)$ und einen weiteren Punkt Q auf dem Graphen von f.

127

Fortsetzung

Q liegt links von P

Q liegt auf dem Graphenstück von f, das durch die Gleichung $y = 4 - x^2$ beschrieben wird. Es gilt:

$$m = \frac{0 - (4 - x^2)}{2 - x} = \frac{x^2 - 4}{-(x - 2)}$$
$$= -\frac{(x-2)(x+2)}{x-2} = -(x+2) = -x - 2, \text{ für } x \neq 2$$

Für $x \to 2$ gilt: $m = -x - 2 \to -4$

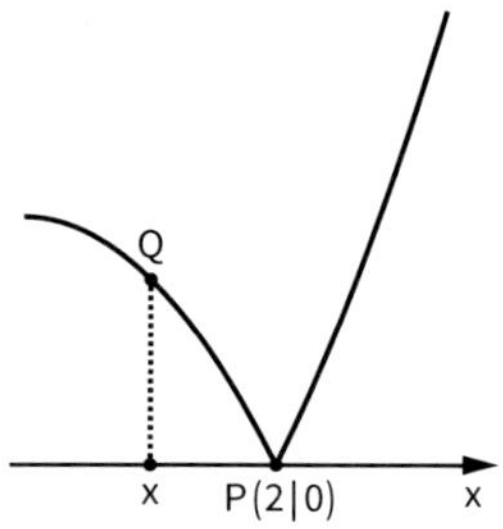

Q liegt rechts von P

Q liegt auf dem Graphenstück von f, das durch die Gleichung $y = x^2 - 4$ beschrieben wird. Es gilt:

$$m = \frac{(x^2 - 4) - 0}{x - 2} = \frac{x^2 - 4}{x - 2}$$
$$= \frac{(x-2)(x+2)}{x-2} = x + 2, \text{ für } x \neq 2$$

Für $x \to 2$ gilt: $m = x + 2 \to 4$

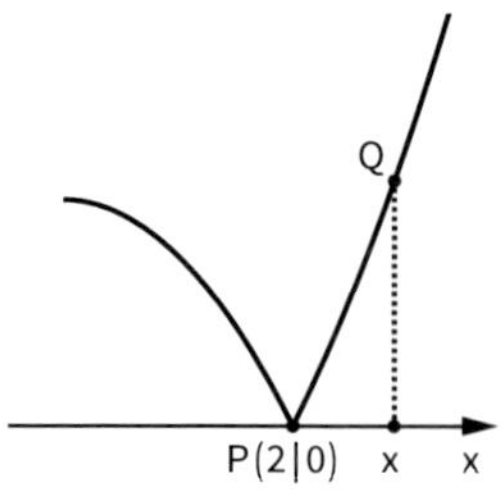

Die Sekantensteigung nähert sich für $x \to 2$ von links dem Wert -4 und für $x \to 2$ von rechts dem Wert 4. Die Sekanten nähern sich verschiedenen Geraden an. Es gibt also keine Gerade, die sich im Punkt P(2 | 0) gut an den Graphen von f schmiegt. Folglich hat der Graph von f in P keine Tangente und somit auch keine Ableitung an der Stelle 2. Entsprechend ergibt sich, dass f auch an der Stelle -2 keine Ableitung hat.

128

1. Wir betrachten zunächst eine Sekante durch den Punkt P(0 | 0) und den zweiten Schnittpunkt $Q(x \mid H(x))$ mit $x \neq 0$. Für deren Steigung m gilt:

$$m = \frac{H(x) - H(0)}{x - 0} = \frac{H(x) - 0}{x - 0} = \frac{H(x)}{x},$$

$$\text{also } m = \begin{cases} \frac{1}{x} \text{ für } x > 0 \\ 0 \text{ für } x < 0 \end{cases}$$

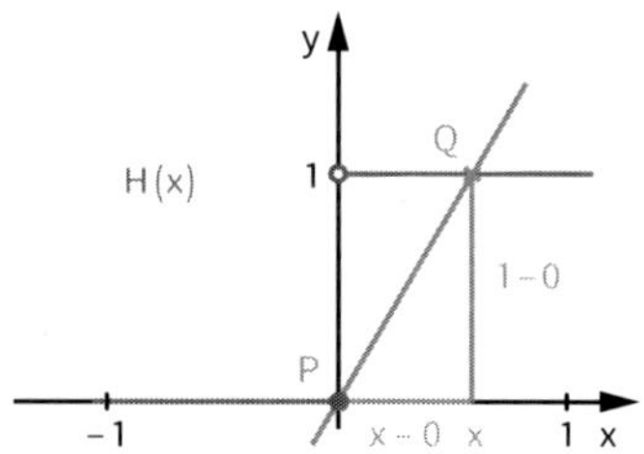

Alle Sekanten mit zweiten Schnittpunkt Q links von P haben also die Steigung 0.

Für Sekanten mit zweitem Schnittpunkt rechts von P gilt:

1. Koordinate von Q	1	0,5	0,1	0,01	0,001	...
Sekantensteigung $\frac{1}{x}$	1	2	10	100	1000	...

Je näher der zweite Schnittpunkt an P rückt, desto größer wird die Steigung der Sekante. Sie nähert sich keiner Zahl an. Bei Annäherung von links und rechts nähern sich die Sekanten verschiedenen Geraden an. Es gibt also keine Gerade, die sich zugleich links und rechts von P gut an den Graphen von H anschmiegt. Daher gibt es keine Tangente im Punkt P an der Stelle 0. Folglich hat die Heavisidefunktion H an der Stelle 0 keine Ableitung.

128

2. **a)** Bei der ersten Vergrößerung erkennt man bei $x = 1{,}5$ eine Spitze im Graphen, dieser bleibt bei jeder Vergrößerung erhalten.
f ist also in $x = 1{,}5$ wie in $x = -1{,}5$ nicht differenzierbar.
An den anderen Stellen erscheint der Graph bei jeder Vergrößerung zunehmend geradliniger.

b) Manche Rechner zeichnen hier näherungsweise eine „Tangente" durch die Spitze und geben dazu z. B. die Gleichung $y = 0{,}001\,x - 0{,}0015$ an.
Dies ist nicht korrekt.
Andere Rechner geben die Meldungen *undef*, also undefiniert bzw. „zweifelhafte Lösung" an.

3. Der Graph hat an der Stelle x_0 eine Spitze.
Es gibt keine Tangente in der Spitze.
Bild 1: Es wurden zwei Geraden eingezeichnet. Die Sekanten durch P und einen Punkt Q nähern sich diesen Geraden an, wenn sich Q dem Punkt P von links bzw. von rechts nähert.
Bild 2: Es wurde nur die Gerade eingezeichnet, bei der sich Q von links der Spitze nähert.
Bild 3: Es wurde eine Parallele zur x-Achse eingezeichnet. Dies machen auch manche Rechner so, wenn sie zwei Punkte Q_1 links von der Spitze und Q_2 rechts von der Spitze für eine Näherung an eine vermeintliche Tangente nutzen.

4. **a)** Der Graph von f hat an der Stelle 0 eine Spitze. Die Sekanten von links nähern sich der Geraden zu $y = -x$ an. Die Sekanten von rechts nähern sich der Geraden zu $y = x$ an.
f ist an der Stelle 0 nicht differenzierbar.

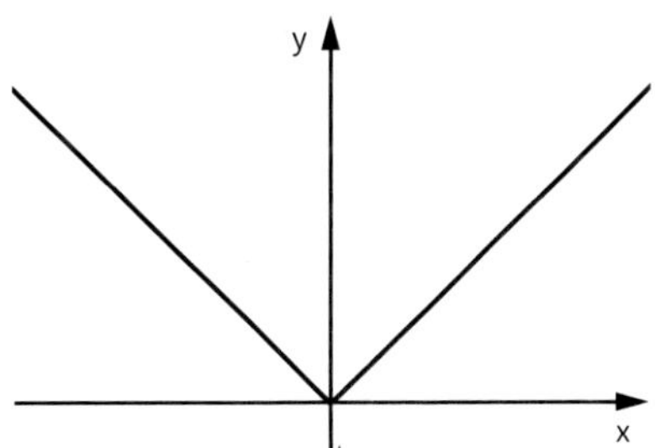

b) Der Graph von f hat an den Stellen −3 und 3 eine Spitze. Die Sekanten links und rechts von diesen Stellen nähern sich verschiedenen Geraden an.
f ist an den Stellen −3 und 3 nicht differenzierbar.

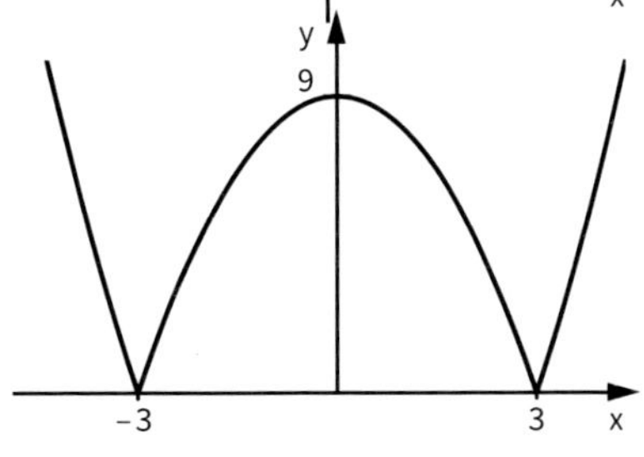

5. **a)** Spitze an der Stelle −2 und Sprung an der Stelle 1. Der Graph von f hat an beiden Stellen keine Tangente.

b) Spitze an der Stelle −1 und Sprung an der Stelle 1. Der Graph von f hat an beiden Stellen keine Tangente.

c) Spitze an der Stelle −1. Der Graph von f hat dort keine Tangente.

3 Funktionsuntersuchungen

3.1 Globalverlauf ganzrationaler Funktionen

136

Einstiegsaufgabe ohne Lösung

- Graph (1): Funktion g.
  Für sehr große und sehr kleine Werte von x sind die Funktionswerte g(x) negativ.
- Graph (2): Funktion h.
  Für $x > 0$ ist $h(x) > 0$, für $x < -\frac{1}{4}$ ist $h(x) < 0$
- Graph (3): Funktion i.
  Für $x < 0$ ist $i(x) > 0$, für $x > 4$ ist $i(x) < 0$.
- Graph (4): Funktion f.
  Für sehr große und sehr kleine Werte von x sind die Funktionswerte f(x) positiv.

138

1. a) $f(x) = -3x^5 + 12x^3 - 8$ n ungerade, $a_n < 0$
$g(x) = \frac{1}{2}x^4 - 28x^3 + 6x^2 - 34$ n gerade, $a_n > 0$
$h(x) = 4x^3 + 2x^2 - 7x + 12$ n ungerade, $a_n > 0$
$i(x) = -2x^4 + x^3 + 21x^2 + 45x + 205$ n gerade, $a_n < 0$

b) Beispiele:
- n gerade, $a_n > 0$ $f_1(x) = 0{,}1x^6 - 3x^5 + 1$
  $f_2(x) = 12x^4 - 8x^2 + 5x - 9$
- n gerade, $a_n < 0$ $g_1(x) = -\frac{1}{4}x^6 + 3x^4 - 8x^3 + 4$
  $g_2(x) = -3x^4 + 5x^3 + 2x + 1$
- n ungerade, $a_n > 0$ $h_1(x) = 4x^3 - 3x^2 + 8x + 5$
  $h_2(x) = \frac{1}{2}x^5 - 3x^2 + 2x - 4$
- n ungerade, $a_n < 0$ $i_1(x) = -\frac{1}{10}x^7 + 3x^5 + 2x^3 - 5$
  $i_2(x) = -x^3 + 4x^2 + 3x - 2$

2.

	Funktion	$x \to \infty$	$x \to -\infty$
a)	$f(x) = x^5 - \frac{2}{3}x$	$f(x) \to \infty$	$f(x) \to -\infty$
b)	$f(x) = x^3 + 2x^2 + 5$	$f(x) \to \infty$	$f(x) \to -\infty$
c)	$f(x) = 3x^4 - 2x^2 + 1$	$f(x) \to \infty$	$f(x) \to \infty$
d)	$f(x) = -4x^5 - x^3 + 7x$	$f(x) \to -\infty$	$f(x) \to \infty$
e)	$f(x) = -\frac{x^4}{3} + x^2 + 2$	$f(x) \to -\infty$	$f(x) \to -\infty$
f)	$f(x) = -\sqrt{2} \cdot x^8 - 4x$	$f(x) \to -\infty$	$f(x) \to -\infty$
g)	$f(x) = x^2 - x^5 = -x^5 + x^2$	$f(x) \to -\infty$	$f(x) \to \infty$
h)	$f(x) = -3x^4 + 1\,000$	$f(x) \to -\infty$	$f(x) \to -\infty$
i)	$f(x) = 0{,}01x^3 - 200x^2 + 1$	$f(x) \to \infty$	$f(x) \to -\infty$

138

2.

	Funktion	$x \to \infty$	$x \to -\infty$
j)	$f(x) = 70x^2 - x^7 = -x^7 + 70x^2$	$f(x) \to -\infty$	$f(x) \to \infty$
k)	$f(x) = (x-1)\cdot(x^2-4) = x^3 - x^2 - 4x + 4$	$f(x) \to \infty$	$f(x) \to -\infty$
l)	$f(x) = (2x^2+3)\cdot(x^3-2x) = 2x^5 - x^3 - 6x$	$f(x) \to \infty$	$f(x) \to -\infty$
m)	$f(x) = (x^2-2)\cdot(x-4) = x^3 - 4x^2 - 2x + 8$	$f(x) \to \infty$	$f(x) \to -\infty$
n)	$f(x) = (x-x^3)\cdot(x^4-2) = -x^7 + x^5 + 2x^3 - 2x$	$f(x) \to -\infty$	$f(x) \to \infty$
o)	$f(x) = (1-x)\cdot(x-x^4) = x^5 - x^4 - x^2 + x$	$f(x) \to \infty$	$f(x) \to -\infty$

3. (1) Wir bilden die Differenz: $f(x) - g(x) = x^3 + x - x^3 = x$
Die Aussage ist falsch, denn der absolute Unterschied wird immer größer.
(2) $\frac{f(x)}{g(x)} = \frac{x^3 + x}{x^3} = 1 + \frac{1}{x^2}$
Die Aussage ist richtig, denn der zweite Summand geht für $x \to \infty$ gegen 0.

139

4. (1) $f(x) = -\frac{1}{4}x^4 + 2x^2 + 1$
Achsenschnitt 1: $f(x) \to -\infty$ für $x \to -\infty$ und auch für $x \to \infty$, also Graph c.
(2) $f(x) = \frac{1}{4}x^3 - 2x$
Achsenschnitt 0: $f(x) \to -\infty$ für $x \to -\infty$ und $f(x) \to \infty$ für $x \to \infty$, also Graph a.
(3) $f(x) = \frac{1}{9}x^4 - \frac{1}{4}x^3 + 1$
Achsenschnitt 1: $f(x) \to \infty$ für $x \to -\infty$ und auch für $x \to \infty$, also Graph d.
(4) $y = -\frac{1}{6}x^3 + 3x$
$f(x) \to \infty$ für $x \to -\infty$ und $f(x) \to -\infty$ für $x \to \infty$, also Graph b.

5. Bei einer ganzrationalen Funktion 4. Grades gilt
- entweder $f(x) \to \infty$ für $x \to \infty$ und für $x \to -\infty$
- oder $f(x) \to -\infty$ für $x \to \infty$ und für $x \to -\infty$

Dieses Verhalten ist im Rechnerfenster nicht zu erkennen.

6. Greta hat einen Ausschnitt des Graphen etwa im Intervall $[-2; 1]$ gezeichnet, David sogar einen noch kleineren Ausschnitt etwa im Intervall $[-1; 1]$. Bei beiden ist dagegen der Globalverlauf der Funktion nicht erkennbar. Beim Graphen von Aischa ist der Globalverlauf gut erkennbar, nicht aber der Verlauf des Graphen in der Umgebung des Koordinatenursprungs.

7. a) Ist n gerade, so gilt:
- Für $a_n > 0$ gilt $f(x) \to \infty$ für $x \to \infty$ und für $x \to -\infty$
Der Graph von f hat dann mindestens einen Tiefpunkt.
- Für $a_n < 0$ gilt $f(x) \to -\infty$ für $x \to \infty$ und für $x \to -\infty$
Der Graph von f hat dann mindestens einen Hochpunkt.

b) n ungerade
- Für $a_n > 0$ gilt $f(x) \to \infty$ für $x \to \infty$ und $f(x) \to -\infty$ für $x \to -\infty$
- Für $a_n < 0$ gilt $f(x) \to -\infty$ für $x \to \infty$ und $f(x) \to \infty$ für $x \to -\infty$

In beiden Fällen muss der Graph mindestens einmal die x-Achse schneiden. Die Funktion f hat also mindestens eine Nullstelle.

139 **8.** a) $g(x) = -f(x) + 100$

Somit gilt: $g(x) \rightarrow -\infty$ für $x \rightarrow \infty$ und für $x \rightarrow -\infty$

b) $g(x) = -5 \cdot f(x)$

$g(x) \rightarrow -\infty$ für $x \rightarrow \infty$ und für $x \rightarrow -\infty$

c) $g(x) = [f(x)]^2$

$g(x) \rightarrow \infty$ für $x \rightarrow \infty$ und für $x \rightarrow -\infty$

3.2 Symmetrie von Funktionsgraphen ganzrationaler Funktionen

142 **1.** a)

x	−4	−3	−2	−1	0	1	2	3	4
f(x)	10	−2	$-\frac{11}{7}$	0	0	0	$\frac{11}{7}$	2	−10

Hinweis: Über die Funktionswerte an den Stellen −2 und 2 kann keine genaue Aussage getroffen werden. Sie müssen den gleichen Betrag, aber verschiedene Vorzeichen haben.

Z. B. erfüllt die Funktion f mit $f(x) = -\frac{x^5}{28} + \frac{37}{84}x^3 - \frac{17}{42}x$ die gegebenen Bedingungen.

b)

x	−4	−3	−2	−1	0	1	2	3	4
f(x)	10	2	$-\frac{1}{7}$	0	$\frac{2}{7}$	0	$-\frac{1}{7}$	2	10

Hinweis: Für die Funktionswerte an den Stellen −2, 0 und 2 kann keine konkrete Aussage getroffen werden. Die Funktionswerte an den Stellen 2 und −2 müssen den gleichen Wert haben.

Z. B. erfüllt die Funktion f mit $f(x) = \frac{5}{84}x^4 - \frac{29}{84}x^2 + \frac{2}{7}$ die gegebenen Bedingungen.

2.
- Der Graph der Funktion bei a), d) und i) ist achsensymmetrisch zur y-Achse.
  Der Funktionsterm enthält jeweils nur Potenzen von x mit geraden Exponenten.
- Der Graph der Funktion bei b), f) und h) ist punktsymmetrisch zum Ursprung.
  Der Funktionsterm enthält jeweils nur Potenzen von x mit ungeraden Exponenten.
- Der Graph der Funktion bei c), e) und g) ist weder achsensymmetrisch zur y-Achse noch punktsymmetrisch zum Ursprung.
  Der Funktionsterm enthält jeweils sowohl Potenzen von x mit geraden als auch mit ungeraden Exponenten.

3.
- Der Funktionsterm von f enthält nur Potenzen von x mit ungeraden Exponenten. Der Graph von f ist also punktsymmetrisch zum Ursprung.
  Zur Funktion f gehört der Graph (4).
- Der Funktionsterm von g enthält sowohl Potenzen von x mit geraden als auch mit ungeraden Exponenten. Der Graph ist also weder achsensymmetrisch zur y-Achse noch punktsymmetrisch zum Ursprung. Aufgrund des Globalverhaltens von g gehört der Graph (1) zu g.

142

3. Fortsetzung

- Der Graph von h ist weder achsensymmetrisch zur y-Achse noch punktsymmetrisch zum Ursprung. Aufgrund des Globalverhaltens von h gehört der Graph (2) zu h.
- Der Graph von i ist achsensymmetrisch zur y-Achse.
  Der Graph (3) gehört zu i.

4. a) $f_1(x) = x^3 - 3x^2 + 2$

$f_2(x) = f_1(x+1) = (x+1)^3 - 3(x+1)^2 + 2$
$= x^3 + 3x^2 + 3x + 1 - 3(x^2 + 2x + 1) + 2$
$= x^3 - 3x$

b) Der Funktionsterm von f_2 enthält nur Potenzen von x mit ungeraden Exponenten. Der Graph von f_2 ist also punktsymmetrisch zum Ursprung.
Der Graph von f_1 ist punktsymmetrisch zum Punkt $(1\,|\,0)$, der Graph von f zum Punkt $(1\,|\,-2)$.

c) $g(x) = (x-2)^3 - 3 = x^3 - 6x^2 + 12x - 8 - 3$
$= x^3 - 6x^2 + 12x - 11$

Der Graph von g entsteht aus dem Graphen der Potenzfunktion mit $h(x) = x^3$ durch eine Verschiebung um 2 LE nach rechts in Richtung der x-Achse und um 3 LE nach unten in Richtung der y-Achse.

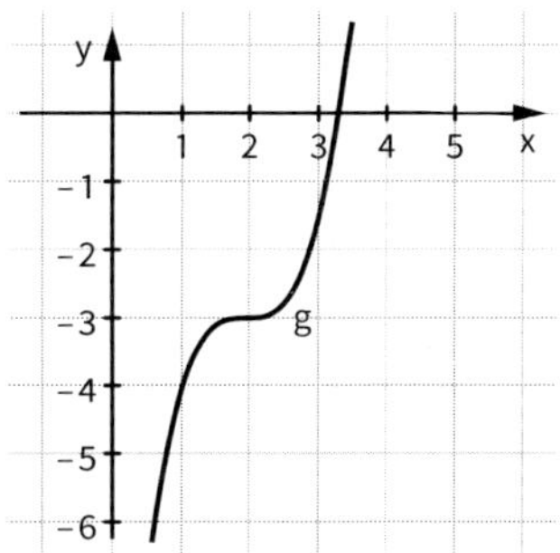

5. a) Der Graph von f ist achsensymmetrisch zur y-Achse. Der Graph von f* ist achsensymmetrisch zur Parallelen zur y-Achse mit der Gleichung $x = 1$.
$f^*(x) = \frac{1}{3}(x-1)^4 - 2(x-1)^2 - 2{,}5$

b) $f'(x) = \frac{4}{3}x^3 - 4x = g(x)$
Der Graph von f′ ist punktsymmetrisch zum Ursprung. Der Graph der verschobenen Ableitungsfunktion g* ist punktsymmetrisch zum Punkt $(1\,|\,-2{,}5)$.
$g^*(x) = \frac{4}{3}(x-1)^3 - 4(x-1) - 2{,}5$

6. a) (1) Der Graph von f ist punktsymmetrisch zum Ursprung.
$f'(x) = -3x^2 + \frac{2}{3}$
Der Graph von f′ ist achsensymmetrisch zur y-Achse.

(2) Der Graph von f ist achsensymmetrisch zur y-Achse.
$f'(x) = 2x^3 + 6x$
Der Graph von f′ ist punktsymmetrisch zum Ursprung.

(3) Der Graph von f ist punktsymmetrisch zum Ursprung.
$f'(x) = 5x^4 - 12x^2 + 2$
Der Graph von f′ ist achsensymmetrisch zur y-Achse.

(4) Der Graph von f ist achsensymmetrisch zur y-Achse.
$f'(x) = 12x^5 - 16x^3 + 6x$
Der Graph von f′ ist punktsymmetrisch zum Ursprung.

142

6. **b)** Ist der Graph von f achsensymmetrisch zur y-Achse, so ist der Graph von f' punktsymmetrisch zum Ursprung.
Ist der Graph von f punktsymmetrisch zum Ursprung, so ist der Graph von f' achsensymmetrisch zur y-Achse.
Begründung:
Bei der Ableitung einer ganzrationalen Funktion reduziert sich der Exponent jeder Potenz von x um 1.
Ist der Graph von f z. B. achsensymmetrisch zur y-Achse, so sind die Exponenten aller Potenzen von x gerade. Bei der Ableitungsfunktion kommen dann nur Potenzen von x mit ungeraden Exponenten vor.

Noch fit ... im Lösen quadratischer Gleichungen?

143

1. **a)** $x^2 = -1$
$L = \{\ \}$; Die Gleichung hat keine Lösung.

b) $x^2 = 0$
$x = 0$
$L = \{0\}$; Die Gleichung hat eine Lösung.

c) $x^2 = 4$
$x_{1,2} = \pm\sqrt{4}$
$x_1 = 2$ oder $x_2 = -2$
$L = \{-2; 2\}$; Die Gleichung hat zwei Lösungen.

d) $x(x+2) = 0$
$x = 0$ oder $x + 2 = 0$
$x_1 = 0$ oder $x_2 = -2$
$L = \{-2; 0\}$; Die Gleichung hat zwei Lösungen.

e) $2x^2 = 18$
$x^2 = 9$
$x_{1,2} = \pm\sqrt{9}$
$x_1 = 3$ oder $x_2 = -3$
$L = \{-3; 3\}$; Die Gleichung hat zwei Lösungen.

f) $5 - 0{,}5x^2 = 0{,}5$
$0{,}5x^2 = 4{,}5$
$x^2 = 9$
$x_{1,2} = \pm\sqrt{9}$
$x_1 = 3$ oder $x_2 = -3$
$L = \{-3; 3\}$; Die Gleichung hat zwei Lösungen.

g) $(x-5)^2 = 9$
$x - 5 = \sqrt{9}$ oder $x - 5 = -\sqrt{9}$
$x = 3 + 5 = 8$ oder $x = -3 + 5 = 2$
$L = \{2; 8\}$; Die Gleichung hat zwei Lösungen.

143

1. **h)** $(x+1)^2-3=6$

$(x+1)^2=9$

$x+1=\sqrt{9}$ oder $x+1=-\sqrt{9}$

$x=3-1$ oder $x=-3-1$

$x_1=2$ oder $x_2=-4$

$L=\{-4; 2\}$; Die Gleichung hat zwei Lösungen.

2. **a)** $L=\{-3; 1\}$ **d)** $L=\{\ \}$

b) $L=\{1; 2\}$ **e)** $L=\{3\}$

c) $L=\{-4; -1\}$ **f)** $L=\{3; 7\}$

3. Länge der Quadratseite (in cm): x

Gleichung: $(x+2)(x+3)=56$

Lösungsmenge: $L=\{-10; 5\}$

– 10 entfällt als Lösung, da Längen positiv sind.

Das Quadrat hat die Seitenlänge 5 cm und den Flächeninhalt 25 cm^2.

4. **a)** Länge der quadratischen Grundfläche (in cm): x

Gleichung: $7x+18=x^2$

Lösungsmenge: $L=\{-2; 9\}$

– 2 entfällt als Lösung, da Längen positiv sind.

Die quadratische Grundfläche hat die Seitenlänge 9 cm und den Flächeninhalt 81 cm^2.

b) Länge der quadratischen Grundfläche (in cm): x

Gleichung: $240=2x^2+4(7x)$

Lösungsmenge: $L=\{-20; 6\}$

– 20 entfällt als Lösung (siehe a).

Die quadratische Grundfläche hat die Seitenlänge 6 cm und den Flächeninhalt 36 cm^2.

5. **a)** $(x+1)(x-2)=0$

b) $x(x-1)=0$

c) $(x-4)^2=0$

d) $(x+4)(x-10)=0$

e) $x^2=0$

f) $(x-7)^2=0$

6. $d=0$: eine Lösung

$d<0$: keine Lösung

$d>0$: zwei Lösungen

3.3 Nullstellen ganzrationaler Funktionen

3.3.1 Linearfaktoren ganzrationaler Funktionen

144

Einstiegsaufgabe ohne Lösung

- Graph (a): Funktion f_2
  $f_2(x) = 0$, falls einer der Faktoren null ergibt, also falls $x + 3 = 0$ oder $x + 1 = 0$ oder $x - 2 = 0$ oder $x - 4 = 0$.
  Dies ist der Fall für $x = -3$ oder $x = -1$ oder $x = 2$ oder $x = 4$.
  An diesen Stellen schneidet der Funktionsgraph die x-Achse.
- Graph (b): Funktion f_3
  $f_3(x) = 0$ für $x = 0$ oder $x = 1$ oder $x = -1{,}5$.
  Die Gleichung $x^2 + 1 = 0$ hat keine Lösung.
- Graph (c): Funktion f_4
  $f_4(x) = 0$ für $x = 2$ oder $x = -\sqrt{\frac{1}{2}}$ oder $x = \sqrt{\frac{1}{2}}$.
- Graph (d): Funktion f_1
  $f_1(x) = 0$ für $x = -2$ oder $x = 3$.

- $g_1(x) = 0$ für $x = 0$ oder $x = 3$ oder $x = -2$ oder $x = -\frac{5}{3}$.
  Die Gleichung $x^4 + 3 = 0$ hat keine Lösung.
  $g_2(x) = 0$ für $x = 4$ oder $x = -1$ oder $x = -3$ oder $x = 3$.
  $g_3(x) = 0$ für $x = 0$ oder $x = -3$ oder $x = 1$.
  $g_4(x) = 2x \cdot (x^2 - 6x + 8) = 0$ für $x = 0$ oder $x = 2$ oder $x = 4$.
- $f(x) = (x + 2) \cdot (x - 1) \cdot (x - 3) = x^3 - 2x^2 - 5x + 6$
  Jede Funktion mit $g(x) = a \cdot (x + 2) \cdot (x - 1) \cdot (x - 3)$, $a \neq 0$ hat dieselben Nullstellen wie f, aber auch z. B. die Funktion $(x + 2)^3 \cdot (x - 1)^2 \cdot (x - 3)^4$.
  Die Funktion muss mindestens den Grad 3 haben.

146

1. **a)** Der Grad von f ist 3.
$x_1 = 4;\ x_2 = -2;\ x_3 = -1$

b) Der Grad von f ist 3.
$x_1 = 0;\ x_2 = 3;\ x_3 = -5$

c) Der Grad von f ist 4.
$x_1 = 3;\ x_2 = -3$

d) Der Grad von f ist 4.
$x_1 = 3;\ x_2 = -\frac{1}{2};\ x_3 = 0$

e) Der Grad von f ist 5.
$f(x) = x^3(x^2 - 1)$
$x_1 = 0;\ x_2 = 1;\ x_3 = -1$

f) Der Grad von f ist 3.
$f(x) = x(x^2 + 3x + 2)$
$x_1 = 0;\ x_2 = -1;\ x_3 = -2$

2. **a)** $f(x) = a \cdot (x + 3) \cdot (x - 1) \cdot (x - 2)$
Wegen $f(0) = 4$ gilt $a = \frac{2}{3}$
Also: $f(x) = \frac{2}{3} \cdot (x + 3)(x - 1)(x - 2)$

b) $f(x) = a \cdot (x + 1) \cdot x \cdot (x - 1) \cdot (x - 2)$
Wegen $f(-2) = 48$ gilt $a = 2$
Also: $f(x) = 2 \cdot x(x + 1)(x - 1)(x - 2)$

146

3. **a)** $f(x) = \frac{1}{6} \cdot (x+3) \cdot (x-1) \cdot (x-4)$

b) $f(x) = 0{,}11\,x \cdot (x+3) \cdot (x-1) \cdot (x-3)$

c) $f(x) = -\frac{2}{5} \cdot (x+4) \cdot (x+2) \cdot x \cdot (x-2)$

4. Anna hat Vorzeichenfehler bei den Linearfaktoren gemacht und den Streckfaktor nicht berücksichtigt.
(Der korrekte Term lautet: $f(x) = \frac{1}{5}(x+4)(x+1)(x-2)$).

5. **a)** Vermutung: Nullstelle $x = \frac{3}{2}$

$f\left(\frac{3}{2}\right) = \frac{27}{8} - \frac{7}{2} \cdot \frac{9}{4} + \frac{19}{4} \cdot \frac{3}{2} - \frac{21}{8} = \frac{27}{8} - \frac{63}{8} + \frac{57}{8} - \frac{21}{8} = 0$

$x = \frac{3}{2}$ ist eine Nullstelle von f.

b) Vermutete Nullstellen: $x_1 = -\frac{3}{2}$; $x_2 = \frac{3}{2}$

$f\left(-\frac{3}{2}\right) = \frac{81}{4} - 4{,}5002 \cdot \frac{9}{4} + 5{,}0625 = -0{,}00045$

Aus Symmetriegründen auch $f\left(\frac{3}{2}\right) = -0{,}00045$

$x_1 = -\frac{3}{2}$ und $x_2 = \frac{3}{2}$ sind keine Nullstellen von f.

c) Vermutete Nullstellen: $x_1 = -1$; $x_2 = 1$

$f(-1) = -4 + 4 + 4{,}0001 - 3{,}9999 = 0{,}0002$

$f(1) = 4 + 4 - 4{,}0001 - 3{,}9999 = 0$

$x_1 = -1$ ist keine Nullstelle von f, $x_2 = 1$ ist eine Nullstelle.

147

6. **a)** Die rechnerische Bestimmung der Nullstellen mithilfe von CAS (oder evtl. einem GTR) liefert alle Nullstellen mit einem Befehl. Bei der grafischen Bestimmung muss jede Nullstelle einzeln bestimmt werden.

b) (1) $x \approx 2{,}55$

(2) $x_1 = -\sqrt{5} \approx -2{,}24$; $x_2 = -1$; $x_3 = 2$; $x_4 = \sqrt{5} \approx 2{,}24$

(3) $x_1 \approx -0{,}33$; $x_2 \approx 1{,}18$; $x_3 \approx 5{,}15$

(4) $x_1 \approx 0{,}72$; $x_2 \approx 2{,}83$

7. **a)** $f(5) = 0$, also $f(x) = (x-5) \cdot (a\,x^2 + b\,x + c)$

$= a\,x^3 + (b - 5\,a)\,x^2 + (c - 5\,b)\,x - 5\,c$

Also: $a = 3$; $b = 2$; $c = -5$

$f(x) = (x-5)(3\,x^2 + 2\,x - 5)$

Nullstellen: $x_1 = 5$; $x_2 = 1$; $x_3 = -\frac{5}{3}$

b) $f(x) = (x-1)(2\,x^2 - x - 1)$

Nullstellen: $x_1 = 1$; $x_2 = -\frac{1}{2}$

c) $f(x) = (x-3)(x^2 - 2\,x - 2)$

Nullstellen: $x_1 = 3$; $x_2 = 1 + \sqrt{3}$; $x_3 = 1 - \sqrt{3}$

d) $f(x) = (x+1)(x^2 + 3\,x - 1)$

Nullstellen: $x_1 = -1$; $x_2 = \frac{-3 + \sqrt{13}}{2}$; $x_3 = \frac{-3 - \sqrt{13}}{2}$

e) $f(x) = (x+2)(x^2 - 2\,x - 1)$

Nullstellen: $x_1 = -2$; $x_2 = 1 + \sqrt{2}$; $x_3 = 1 - \sqrt{2}$

148

8. **a)** $f_1(x) = (x-2)^2 \cdot (x^2+1)$
b) $f_2(x) = (x-2)^3 \cdot (x^2+1)$
c) $f_3(x) = x^4 \cdot (x^2 - 8x + 25)$
d) $f_4(x) = -8(5x^3 - 5x^2 + 4x - 2)$
e) $f_5(x) = (x-1)(x+1)(x^2+1)$
f) $f_6(x) = (x-1)^2 \cdot (x+1)^2$

9. **a)** Substitution $x^2 = u$ ergibt $u^2 - 13u + 36 = 0$
mit den Lösungen $u_1 = 4;\ u_2 = 9$
Rücksubstitution $x^2 = 4$, also $x_1 = -2;\ x_2 = 2$
$x^2 = 9$, also $x_3 = -3;\ x_4 = 3$
$L = \{-3; -2; 2; 3\}$

b) Substitution $x^2 = u$ ergibt $9u^2 - 52u + 64 = 0$
mit den Lösungen $u_1 = \frac{16}{9};\ u_2 = 4$
Rücksubstitution $x^2 = \frac{16}{9}$, also $x_1 = -\frac{4}{3};\ x_2 = \frac{4}{3}$
$x^2 = 4$, also $x_3 = -2;\ x_4 = 2$
$L = \left\{-2; -\frac{4}{3}; \frac{4}{3}; 2\right\}$

c) Substitution $x^2 = u$ ergibt $2u^2 - 13u - 45 = 0$
mit den Lösungen $u_1 = -\frac{5}{2};\ u_2 = 9$
Rücksubstitution $x^2 = -\frac{5}{2}$, keine Lösung
$x^2 = 9$, also $x_1 = -3;\ x_2 = 3$
$L = \{-3; 3\}$

d) Substitution $x^2 = u$ ergibt $5u^2 + 23u + 12 = 0$
mit den Lösungen $u_1 = -4;\ u_2 = -\frac{3}{5}$
Rücksubstitution $x^2 = -4$ keine Lösung
$x^2 = -\frac{3}{5}$ keine Lösung
$L = \{\ \}$

e) $(x^2+5)(16x^4 - 25x^2 + 9) = 0$; also $x^2 + 5 = 0$ oder $16x^4 - 25x^2 + 9 = 0$
$x^2 = -5$ keine Lösung
Substitution $x^2 = u$ ergibt $16u^2 - 25u + 9 = 0$
mit den Lösungen $u_1 = \frac{9}{16};\ u_2 = 1$
Rücksubstitution $x^2 = \frac{9}{16}$, also $x_1 = -\frac{3}{4};\ x_2 = \frac{3}{4}$
$x^2 = 1$, also $x_3 = -1;\ x_4 = 1$
$L = \left\{-1; -\frac{3}{4}; \frac{3}{4}; 1\right\}$

f) Achtung: Änderung aus der 1. Auflage: statt $-9x^2$ jetzt $+8x^2$
$4x^6 - 33x^4 + 8x^2 = 0$ bzw. $x^2 \cdot (4x^4 - 33x^2 + 8) = 0$
$x^2 = 0$, also $x_1 = 0$
$4x^4 - 33x^2 + 8 = 0$
Substitution $x^2 = u$
$4u^2 - 33u + 8 = 0$, also $u_1 = \frac{1}{4};\ u_2 = 8$
Rücksubstitution $x^2 = \frac{1}{4}$, also $x_2 = \frac{1}{2};\ x_3 = -\frac{1}{2}$
$x^2 = 8$, also $x_4 = \sqrt{8};\ x_5 = -\sqrt{8}$
$L = \left\{0; \frac{1}{2}; -\frac{1}{2}; \sqrt{8}; -\sqrt{8}\right\}$

148 **9. f)** Fortsetzung

Zur Information hier die Lösung der Aufgabenstellung in der 1. Auflage:

$4x^6 - 33x^4 - 9x^2 = 0$ bzw. $x^2 \cdot (4x^4 - 33x^2 - 9) = 0$, also

$x^2 = 0$ oder $4x^4 - 33x^2 - 9 = 0$

$x_1 = 0$

Substitution $x^2 = u$

$4u^2 - 33u - 9 = 0$

$u_1 = \frac{33 - 3\sqrt{137}}{8}$; $u_2 = \frac{33 + 3\sqrt{137}}{8}$

Rücksubstitution $x^2 = \frac{33 - 3\sqrt{137}}{8}$ keine Lösung

$x^2 = \frac{33 + 3\sqrt{137}}{8}$, also $x_2 = -\sqrt{\frac{33 + 3\sqrt{137}}{8}}$; $x_2 = \sqrt{\frac{33 + 3\sqrt{137}}{8}}$

$L = \left\{0; -\sqrt{\frac{33 + 3\sqrt{137}}{8}}; \sqrt{\frac{33 + 3\sqrt{137}}{8}}\right\}$

g) Substitution $x^3 = u$ ergibt $u^2 - 7u - 8 = 0$

mit den Lösungen $u_1 = -1$; $u_2 = 8$

Rücksubstitution $x^3 = -1$, also $x_1 = -1$

$x^3 = 8$, also $x_2 = 2$

$L = \{-1; 2\}$

h) Achtung:

Änderung aus der 1. Auflage: statt $-\frac{16}{x^2}$ jetzt $+\frac{16}{x^2}$

$9x^2 + \frac{16}{x^2} = 40$ bzw. $9x^4 - 40x^2 + 16 = 0$

Substitution $x^2 = u$ ergibt $9u^2 - 40u + 16 = 0$

mit den Lösungen $u_1 = \frac{4}{9}$; $u_2 = 4$

Rücksubstitution $x^2 = \frac{4}{9}$, also $x_1 = \frac{2}{3}$; $x_2 = -\frac{2}{3}$

$x^2 = 4$, also $x_3 = 2$; $x_4 = -2$

$L = \left\{\frac{2}{3}; -\frac{2}{3}; 2; -2\right\}$

Zur Information hier die Lösung der Aufgabenstellung in der 1. Auflage:

$9x^2 - \frac{16}{x^2} = 40$ bzw. $9x^4 - 40x^2 - 16 = 0$

Substitution $x^2 = u$ ergibt $9u^2 - 40u - 16 = 0$

mit den Lösungen $u_1 = \frac{20 - 4\sqrt{34}}{9}$; $u_2 = \frac{20 + 4\sqrt{34}}{9}$

Rücksubstitution $x^2 = \frac{20 - 4\sqrt{34}}{9}$ keine Lösung

$x^2 = \frac{20 + 4\sqrt{34}}{9}$, also $x_1 = -\frac{\sqrt{20 + 4\sqrt{34}}}{3}$; $x_2 = \frac{\sqrt{20 + 4\sqrt{34}}}{3}$

$L = \left\{-\frac{\sqrt{20 + 4\sqrt{34}}}{3}; \frac{\sqrt{20 + 4\sqrt{34}}}{3}\right\}$

148

10. a) Substitution $x^2 = u$ ergibt $12u^2 - u - 20 = 0$
mit den Lösungen $u_1 = -\frac{5}{4}$; $u_2 = \frac{4}{3}$
Rücksubstitution $x^2 = -\frac{5}{4}$ keine Lösung
$x^2 = \frac{4}{3}$, also $x_1 = -\sqrt{\frac{4}{3}}$; $x_2 = \sqrt{\frac{4}{3}}$
$L = \left\{-\sqrt{\frac{4}{3}}; \sqrt{\frac{4}{3}}\right\}$

b) $(y^2 - 5)^2 = 16$, also
$y^2 - 5 = -4$ oder $y^2 - 5 = 4$
$y^2 = 1$ $\quad$ $y^2 = 9$
$y_1 = -1$; $y_2 = 1$ $\quad$ $y_3 = -3$; $y_4 = 3$
$L = \{-3; -1; 1; 3\}$

c) $\frac{2}{z^2 - 1} = z^2$ bzw. $2 = z^2(z^2 - 1)$, also $z^4 - z^2 - 2 = 0$
Substitution $z^2 = u$, also $u^2 - u - 2 = 0$
mit den Lösungen $u_1 = -1$; $u_2 = 2$
Rücksubstitution $z^2 = -1$ keine Lösung
$z^2 = 2$, also $z_1 = -\sqrt{2}$; $z_2 = \sqrt{2}$
$L = \{-\sqrt{2}; \sqrt{2}\}$

d) $\frac{1}{12} \cdot x^2(x^4 - 2x^2 - 12) = 0$
$\frac{1}{12}x^2 = 0$ oder $x^4 - 2x^2 - 12 = 0$
$x_1 = 0$
Substitution $x^2 = u$ ergibt $u^2 - 2u - 12 = 0$
mit den Lösungen $u_1 = 1 - \sqrt{13}$; $u_2 = 1 + \sqrt{13}$
Rücksubstitution $x^2 = 1 - \sqrt{13}$ keine Lösung
$x^2 = 1 + \sqrt{13}$, also $x_2 = -\sqrt{1 + \sqrt{13}}$; $x_3 = \sqrt{1 + \sqrt{13}}$
$L = \left\{0; -\sqrt{1 + \sqrt{13}}; \sqrt{1 + \sqrt{13}}\right\}$

e) $x^4 - 34x^2 + 225 = 0$
Substitution $x^2 = u$ ergibt $u^2 - 34u + 225 = 0$
mit den Lösungen $u_1 = 9$; $u_2 = 25$
Rücksubstitution $x^2 = 9$, also $x_1 = -3$; $x_2 = 3$
$x^2 = 25$, also $x_3 = -5$; $x_4 = 5$
$L = \{-5; -3; 3; 5\}$

f) $\left(x^2 - \frac{9}{4}\right) \cdot (x^2 + 4) = 0$, also
$x^2 - \frac{9}{4} = 0$ oder $x^2 + 4 = 0$
$x_1 = -\frac{3}{2}$; $x_2 = \frac{3}{2}$ $\quad$ keine Lösung
$L = \left\{-\frac{3}{2}; \frac{3}{2}\right\}$

g) $9x^4 - 30x^2 - 24 = 0$
Substitution $x^2 = u$ ergibt $9u^2 - 30u - 24 = 0$
mit den Lösungen $u_1 = -\frac{2}{3}$; $u_2 = 4$
Rücksubstitution $x^2 = -\frac{2}{3}$ keine Lösung
$x^2 = 4$, also $x_1 = -2$; $x_2 = 2$
$L = \{-2; 2\}$

148

10. h) Korrektur an der 1. Auflage:
$(x^2-2)(x^2+3)=2\cdot(x-1)(x+1)-2$
Lösung: $x^4-x^2-2=0$
Substitution $x^2=u$ ergibt $u^2-u-2=0$
mit den Lösungen $u_1=-1;\ u_2=2$
Rücksubstitution $x^2=-1$ keine Lösung
$x^2=2$, also $x_1=\sqrt{2};\ x_2=-\sqrt{2}$
$L=\{-\sqrt{2},\ \sqrt{2}\}$

11. a) Die Bedingung $f(x)=g(x)$ ergibt $\frac{1}{6}x^4-\frac{5}{6}x^2-6=0$ bzw. $x^4-5x^2-36=0$
Substitution $x^2=u$ ergibt $u^2-5u-36=0$
mit den Lösungen $u_1=-4;\ u_2=9$
Rücksubstitution $x^2=-4$ keine Lösung
$x^2=9$, also $x_1=-3;\ x_2=3$
Die beiden Graphen schneiden sich an den Stellen $x_1=-3$ und $x_2=3$.

b) Die Bedingung $f(x)=g(x)$ ergibt $\frac{1}{4}x^4-\frac{5}{2}x^2=0$ bzw. $\frac{1}{4}x^2\cdot(x^2-10)=0$
also $x_1=0;\ x_2=-\sqrt{10};\ x_3=\sqrt{10}$
Die beiden Graphen haben gemeinsame Punkte an den Stellen $x_1=0;\ x_2=-\sqrt{10}$ und $x_3=\sqrt{10}$.

12. a) Nullstellen der Funktion f: $x_1=-3;\ x_2=3$
Möglicher Funktionsterm für g: $g(x)=a\cdot(x+3)\cdot(x-3)$
Wegen $g(1)=3$ erhält man $a=-\frac{3}{8}$
Also $g(x)=-\frac{3}{8}(x+3)(x-3)$

b) Nullstellen der Funktion f mit $f(x)=\frac{1}{3}x^6+\frac{1}{3}x^4-2x^2=x^2\left(\frac{1}{3}x^4+\frac{1}{3}x^2-2\right)$
$x_1=-\sqrt{2};\ x_2=0;\ x_3=\sqrt{2}$
Möglicher Funktionsterm für g: $g(x)=a\cdot x\cdot(x+\sqrt{2})(x-\sqrt{2})=a\cdot x\cdot(x^2-2)$
Aus $g(1)=3$ erhält man $a=-3$
Also $g(x)=-3\cdot x\,(x^2-2)$

3.3.2 Anzahl der Nullstellen einer ganzrationalen Funktion

149

Einstiegsaufgabe ohne Lösung

- Maltes Aussage ist richtig.
  Beispiel: Der Graph von f mit $f(x)=x^4+1$ schneidet die x-Achse nicht.
- Yanniks Aussage ist falsch.
  Eine ganzrationale Funktion mit vier Nullstellen hat mindestens vier Linearfaktoren.
  Beim Ausmultiplizieren ergibt sich als höchste Potenz x^n mit $n\geq 4$.
- Die Aussage von Hanife ist falsch.
  Eine Funktion 5. Grades muss aufgrund ihres Globalverhaltens mindestens eine Nullstelle haben.

150

1. a) Nullstellen von f: $x_1 = -1$; $x_2 = 1$; $x_3 = 2$

- An der Stelle $x_1 = -1$ berührt der Graph die x-Achse und hat dort einen Tiefpunkt. Die Funktionwerte in der Umgebung von x_1 ändern nicht ihr Vorzeichen.
- An der Stelle $x_2 = 1$ schneidet der Graph die x-Achse und hat dort einen Sattelpunkt. Beim Durchgang durch die Stelle x_2 ändern die Funktionswerte ihr Vorzeichen von Plus nach Minus.
- An der Stelle $x_3 = 2$ schneidet der Graph die x-Achse. Die Funktionswerte ändern sich an der Stelle x_3 von Minus nach Plus.

b)

	$x < -1$	$-1 < x < 1$	$1 < x < 2$	$2 < x$
1,25	+	+	+	+
$(x+1)^2$	+	+	+	+
$(x-1)^3$	–	–	+	+
$(x-2)$	–	–	–	+
$f(x) = 1{,}25 \cdot (x+1)^2 \cdot (x-1)^3 \cdot (x-2)$	+	+	–	+

151

2. a) Die Aussage ist richtig. Für $x \to -\infty$ gilt z. B. $f(x) \to -\infty$ und dann für $x \to \infty$ gilt $f(x) \to \infty$ (oder umgekehrt).

b) Die Aussage ist richtig. Ein Beispiel ist die Funktion f mit $f(x) = x^2$.

c) Die Aussage ist falsch. Die Funktion f mit $f(x) = x^3$ hat nur eine Nullstelle.

d) Die Aussage ist richtig.
Die Funktion f mit $f(x) = (x+3)(x-1)(x-3) = x^3 - x^2 - 9x + 9$ hat drei Nullstellen.

3. a) $x_1 = 4$ einfache Nullstelle mit VZW
$x_2 = -3$ doppelte Nullstelle ohne VZW

b) $x_1 = 0$ dreifache Nullstelle mit VZW
$x_2 = 0{,}6$ einfache Nullstelle mit VZW
$x_3 = -1$ doppelte Nullstelle ohne VZW

c) $x_1 = \frac{2}{3}$ doppelte Nullstelle ohne VZW
$x_2 = -\sqrt{2}$ einfache Nullstelle mit VZW

d) $f(x) = (x-3)^2 \cdot (x+3)$
$x_1 = 3$ doppelte Nullstelle ohne VZW
$x_2 = -3$ einfache Nullstelle mit VZW

e) $f(x) = x^3 \cdot (x-1)$
$x_1 = 0$ dreifache Nullstelle mit VZW
$x_2 = 1$ einfache Nullstelle mit VZW

f) $f(x) = (x-1)^2 \cdot (x+2)$
$x_1 = 1$ doppelte Nullstelle ohne VZW
$x_2 = -2$ einfache Nullstelle mit VZW

152

4. a) $x_1 = -\sqrt{3} \approx -1{,}73$; $x_2 = \frac{3}{4}$; $x_3 = \sqrt{3} \approx 1{,}73$

b) $x_1 = -1$; $x_2 = 1$

c) $x_1 \approx -0{,}90$; $x_2 \approx -0{,}17$; $x_3 \approx 1{,}07$

152

5. **a)** Hendrik hat alle Nullstellen gefunden, da eine ganzrationale Funktion 3. Grades nicht mehr als drei Nullstellen haben kann.

b) $x = 1$ ist die einzige Nullstelle von f.

c) f hat nur die angegebene Nullstelle.

d) Es gibt außer den drei genannten Nullstellen keine weitere.

6. **a)** einfache Nullstellen: $x_1 = -4;\ x_2 = 3$
doppelte Nullstelle: $x_3 = 0$
$f(x) = a \cdot x^2 \cdot (x + 4) \cdot (x - 3),\ a > 0$

b) einfache Nullstellen: $x_1 = 1;\ x_2 = 3$
dreifache Nullstelle: $x_3 = -2$
$f(x) = a \cdot (x + 2)^3 \cdot (x - 1) \cdot (x - 3),\ a > 0$

c) einfache Nullstellen: $x_1 = -1;\ x_2 = 5$
doppelte Nullstellen: $x_3 = -4;\ x_4 = 3$
$f(x) = a \cdot (x + 4)^2 \cdot (x - 3)^2 \cdot (x + 1) \cdot (x - 5),\ a < 0$

d) einfache Nullstelle: $x_1 = 0$
doppelte Nullstelle: $x_2 = -4$
$f(x) = a \cdot x \cdot (x + 4)^2,\ a < 0$

e) einfache Nullstellen: $x_1 = -5;\ x_2 = 0;\ x_3 = 4$
doppelte Nullstelle: $x_4 = -2$
$f(x) = a \cdot x \cdot (x + 5) \cdot (x - 4) \cdot (x + 2)^2,\ a < 0$

f) einfache Nullstelle: $x_1 = -2{,}5$
doppelte Nullstelle: $x_2 = -4$
dreifache Nullstelle: $x_3 = 0$
$f(x) = a \cdot x^3 \cdot (x + 2{,}5) \cdot (x + 4)^2,\ a > 0$

Für folgende Werte von a erhält man „vernünftige Graphen".

a) $a = \frac{1}{10}$ **c)** $a = -\frac{1}{150}$ **e)** $a = -\frac{1}{70}$

b) $a = \frac{1}{10}$ **d)** $a = -\frac{1}{2}$ **f)** $a = \frac{1}{10}$

7. **a)** einfache Nullstellen:
$x_1 = -2;\ x_2 = 1;\ x_3 = 2$

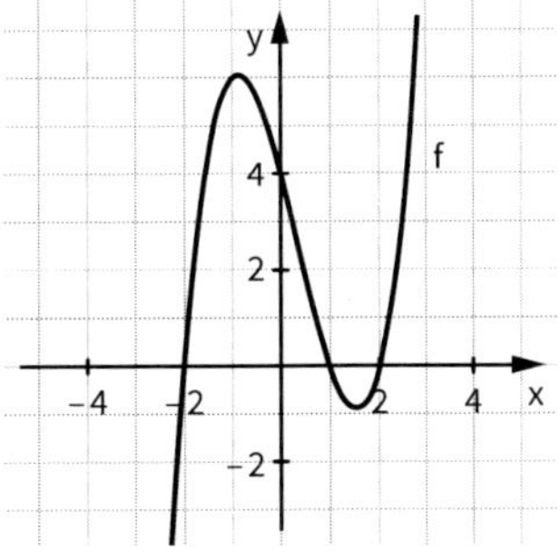

$f(x) = (x - 1)(x^2 - 4)$

152

7. b) einfache Nullstelle:
$x_1 = -3$
doppelte Nullstelle:
$x = 2$

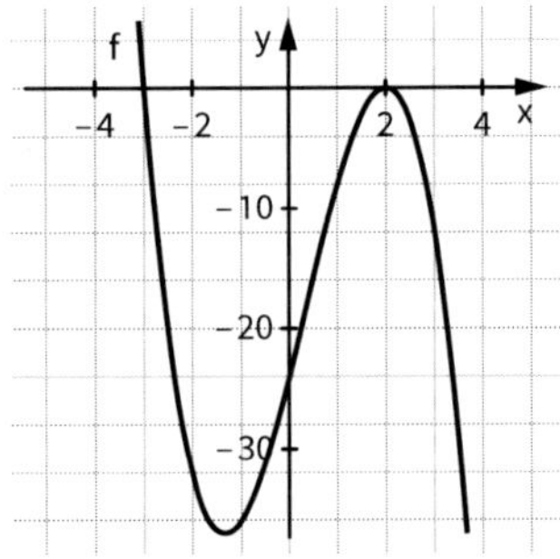

$f(x) = -2\,(x+3)\,(x-2)^2$

c) einfache Nullstellen:
$x_1 = -2;\ x_2 = 1{,}5$
dreifache Nullstelle:
$x_3 = 0$

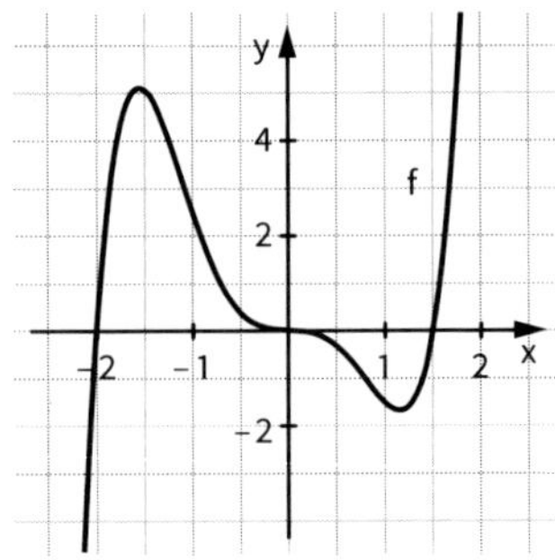

$f(x) = x^3\,(x-1{,}5)\,(x+2)$

d) einfache Nullstelle:
$x_1 = -5$
doppelte Nullstelle:
$x_2 = \frac{1}{2}$
dreifache Nullstelle:
$x_3 = 1$

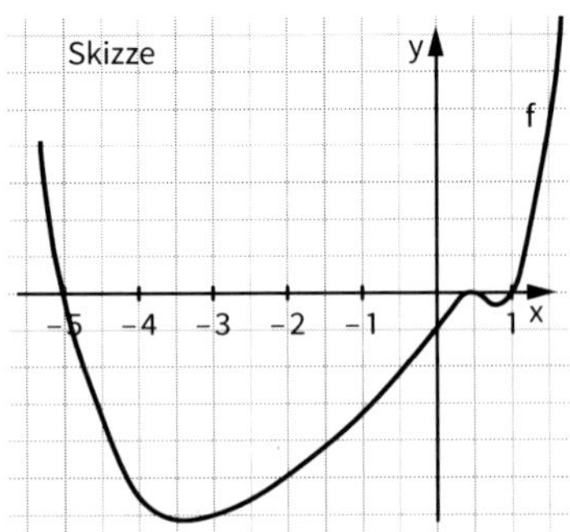

$f(x) = 1{,}5\,(x-1)^3\,(x+5)\left(x-\frac{1}{2}\right)^2$

Anders als in der Skizze dargestellt, lassen sich die drei Nullstellen der Funktion mit dem GTR nicht in einem Fenster abbilden:

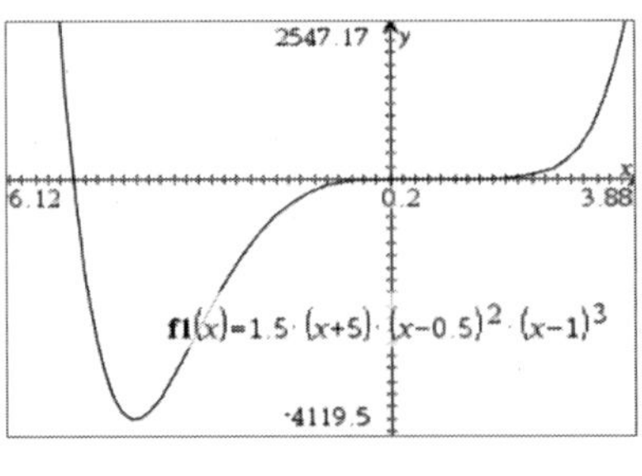

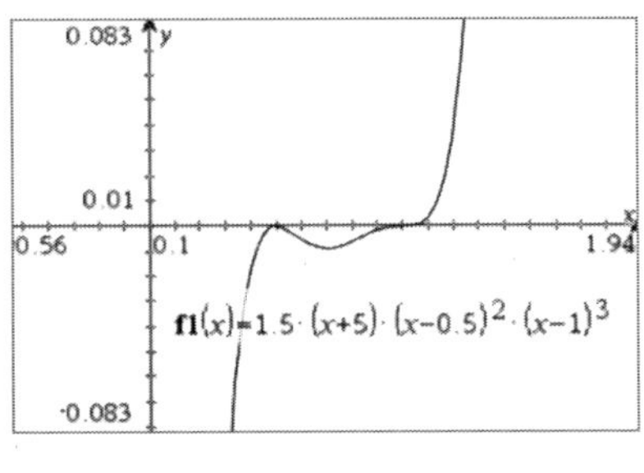

152

7. **e)** einfache Nullstellen:
$x_1 = -3$; $x_2 = 1$; $x_3 = 3$
doppelte Nullstelle:
$x_4 = 0$

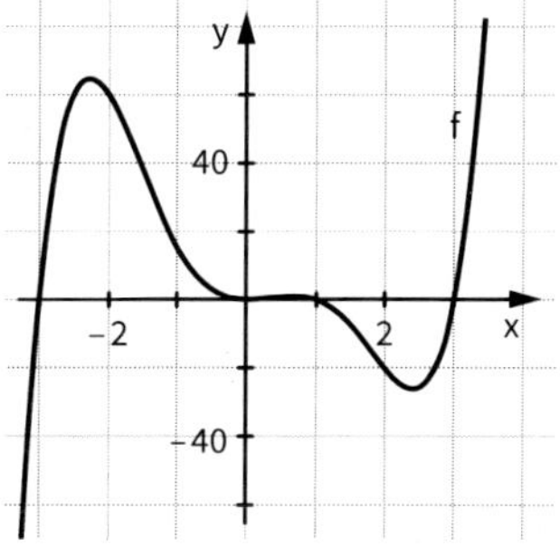

$f(x) = (x^2 - 9)(x - 1)x^2$

f) einfache Nullstellen:
$x_1 = -2$; $x_2 = 2$

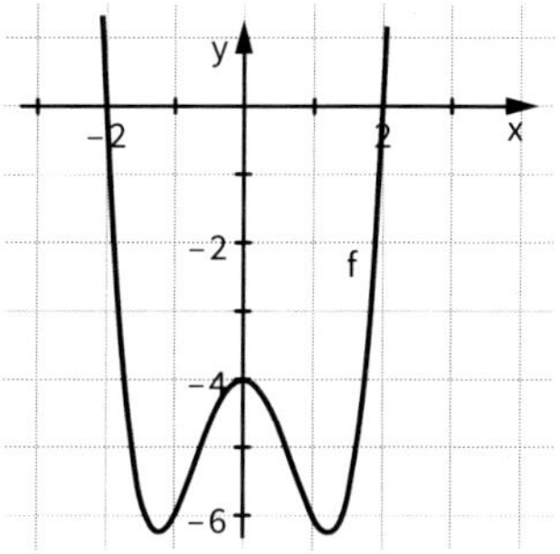

$f(x) = (x^2 - 4)(x^2 + 1)$

153

8. Beispiele:

a) $f(x) = \frac{1}{2} \cdot (x + 3) \cdot (x - 2) \cdot (x^2 + 1)$

b) $f(x) = 2 \cdot (x + 5) \cdot (x + 1) \cdot (x - 3)$

c) $f(x) = -\frac{1}{4} \cdot (x + 1)^2 \cdot (x - 2)$

d) $f(x) = \frac{1}{4} \cdot (x^2 + 5) \cdot (x + 3) \cdot (x - 1) \cdot (x - 4)$

e) $f(x) = 2 \cdot (x^2 + 3) \cdot (x^2 + 8)$

f) $f(x) = \frac{1}{2} \cdot (x + 3)^2 \cdot (x - 2)^2$

9. Nullstellen von f:
einfache Nullstellen: $x_1 = -2$; $x_2 = 1$
doppelte Nullstellen: $x_3 = -1$; $x_4 = 2$; $x_5 = -3$

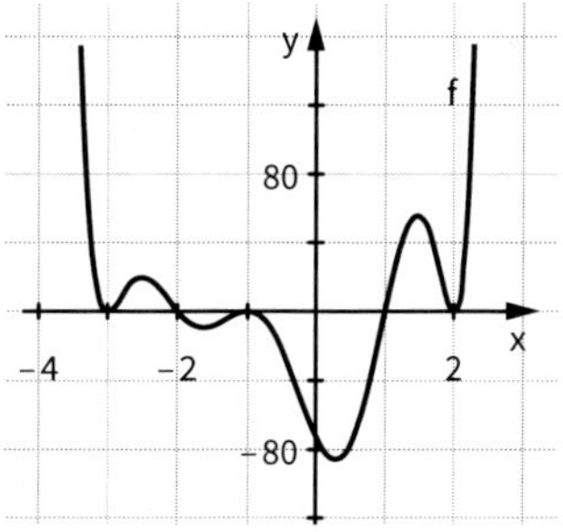

153

10. Nullstellen von f:
einfache Nullstelle: $x_1 = 0$
doppelte Nullstellen: $x_2 = -2$; $x_3 = 2$

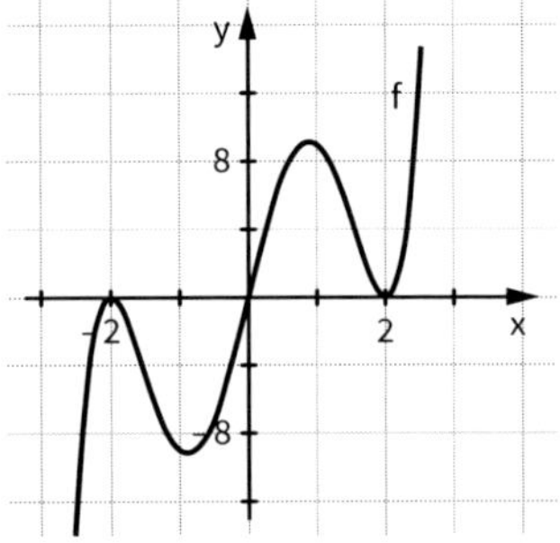

11. ■ Der Graph von f_1 geht durch eine Spiegelung an der x-Achse aus dem Graphen von f hervor.
$f_1(x) = -f(x) = -(x+2)^2 \cdot x^3 \cdot (x-2)$

■ Der Graph von f_2 entsteht aus dem Graphen von f_1 durch eine Spiegelung an der y-Achse, also durch eine Punktspiegelung des Graphen von f am Koordinatenursprung.
$f_2(x) = f_1(-x) = -f(-x)$
$= -(2-x)^2 \cdot (-x)^3 \cdot (-x-2)$
$= -(2-x)^2 \cdot x^3 \cdot (x+2)$

■ Der Graph von f_3 entsteht aus dem Graph von f durch eine Spiegelung an der y-Achse.
$f_3(x) = f(-x) = (2-x)^2 \cdot (-x)^3 \cdot (-x-2)$
$= (2-x) \cdot x^3 \cdot (x+2)$

12. a) $f'(x) = 3x^2 + 6x = 3 \cdot x\,(x+2)$
Nullstellen von f': $x_1 = -2$; $x_2 = 0$

b) $f'(x) = 5x^4 - 45x^2 = 5x^2 \cdot (x^2 - 9)$
Nullstellen von f': $x_1 = 0$; $x_2 = 3$; $x_3 = -3$

c) $f'(x) = 4x^3 - 8x^2 + 2x = 2x\,(2x^2 - 4x + 1)$
Nullstellen von f': $x_1 = 0$; $x_2 = 1 + \frac{\sqrt{2}}{2}$; $x_3 = 1 - \frac{\sqrt{2}}{2}$

d) $f'(x) = 40x^4 - 100x^3 = 20x^3\,(2x - 5)$
Nullstellen von f': $x_1 = 0$; $x_2 = \frac{5}{2}$

e) $f'(x) = 12x^3 + 24x^2 - 36x = 12x\,(x^2 + 2x - 3)$
Nullstellen von f': $x_1 = 0$; $x_2 = 1$; $x_3 = -3$

f) $f'(x) = 15x^4 + 60x^2 = 15x^2\,(x^2 + 4)$
Nullstelle von f': $x = 0$

13. a) $(x+1)(x^2 - 4x + a) = 0$, also
$x + 1 = 0$ oder $x^2 - 4x + a = 0$
$x + 1 = 0 \Rightarrow x_1 = -1$
$x^2 - 4x + a = 0 \Rightarrow x_{2,3} = 2 \pm \sqrt{4 - a}$
Für $a > 4$ gibt es nur die Nullstelle $x_1 = -1$.
Für $a = 4$ gibt es zwei Nullstellen $x_1 = -1$; $x_2 = 2$.
Für $a < 0$ gibt es drei Nullstellen $x_1 = -1$; $x_{2,3} = 2 \pm \sqrt{4 - a}$.

153

13. b) $x^2(x-a)=0$

$\Rightarrow x_1=0;\ x_2=a$

Für $a=0$ eine Nullstelle $x=0$

Für $a\neq 0$ zwei Nullstellen $x_1=0;\ x_2=a$

c) $x^2(x^2-a)=0$

Für $a\leq 0$ eine Nullstelle $x=0$

Für $a>0$ drei Nullstellen $x_1=0;\ x_2=\sqrt{a};\ x_3=-\sqrt{a}$

d) $(x^2+a)\cdot(x-2)^2=0$

Für $a>0$ eine Nullstelle $x=2$

Für $a=0$ zwei Nullstellen $x_1=2;\ x_2=0$

Für $a<0$ drei Nullstellen $x_1=2;\ x_{2,3}=\pm\sqrt{-a}$

e) $(x^2+a)(x^2-1)=0$

Für $a>0$ oder $a=-1$ zwei Nullstellen $x_1=1;\ x_2=-1$

Für $a=0$ drei Nullstellen $x_1=1;\ x_2=-1;\ x_3=0$

Für $a<0$ und $a\neq -1$ vier Nullstellen $x_1=1;\ x_2=-1;\ x_{3,4}=\pm\sqrt{-a}$

f) $x^4-4x^2+a=0$

Substitution $x^2=u$ ergibt $u^2-4u+a=0$

mit den Lösungen $u_1=2+\sqrt{4-a};\ u_2=2-\sqrt{4-a}$ für $a\leq 4$

$x^2=2+\sqrt{4-a}$ zwei Lösungen für $a\leq 4$

$x^2=2-\sqrt{4-a}$ zwei Lösungen $0\leq a\leq 4$

Für $a=0$ drei Nullstellen $x_1=2;\ x_2=-2;\ x_3=0$

Für $a=4$ zwei Nullstellen $x_{1,2}=\pm\sqrt{2}$

Für $a>0$ keine Nullstellen

Für $0<a<4$ vier Nullstellen $x_{1,2}=\pm\sqrt{2+\sqrt{4-a}};\ x_{3,4}=\pm\sqrt{2-\sqrt{4-a}}$

Für $a<0$ zwei Nullstellen $x_{1,2}=\pm\sqrt{2+\sqrt{4-a}}$

3.4 Eigenschaften von Funktionen mithilfe von Ableitungen bestimmen

3.4.1 Monotonie und Extrempunkte

154

Einstiegsaufgabe ohne Lösung

Bis ca. 12:30 Uhr ist die momentane Änderungsrate positiv, d. h. der Pegelstand steigt an.
Um 3:30 Uhr hat die momentane Änderungsrate ein Maximum, zu dieser Zeit ist der Anstieg des Pegels am stärksten. Danach verlangsamt sich der Anstieg bis etwa um 12:30 Uhr. Um diese Uhrzeit ist die momentane Änderungsrate minimal, also ist jetzt die Zunahme des Pegels am geringsten. Ab diesem Zeitpunkt steigt der Pegel wieder stärker an, ein erneuter maximaler Anstieg wird gegen 19:30 Uhr erreicht.
Danach verlangsamt sich der Anstieg wieder. Kurz nach 22 Uhr liegt der maximale Pegelstand vor. Danach nimmt der Pegelstand zum ersten Mal wieder ab.

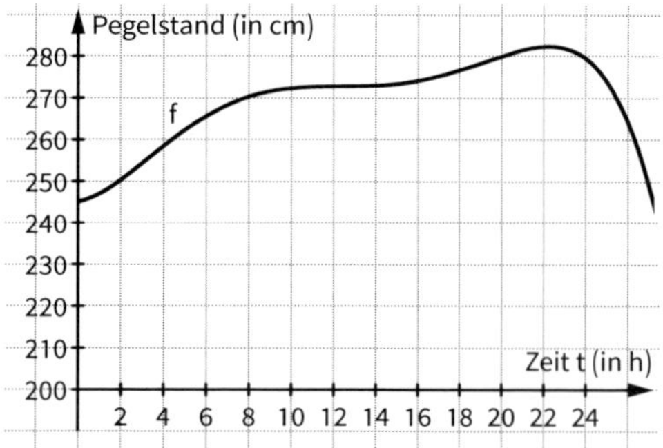

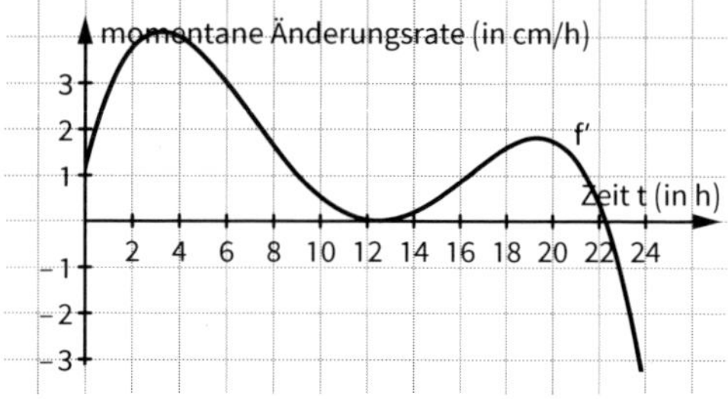

157

1. **a)** Hochpunkt H (0 | 5) lokaler Hochpunkt
   Tiefpunkte T_1 (−3,5 | 0,5); T_2 (3,5 | 0,5) beide Punkte globale Tiefpunkte

   b) Tiefpunkt T (2 | 1) lokaler Tiefpunkt
   Hochpunkt H (4 | 5) lokaler Hochpunkt

   c) Hochpunkt H (1 | 0) lokaler Hochpunkt
   Tiefpunkt T (2 | 2) lokaler Tiefpunkt

2. **a)**

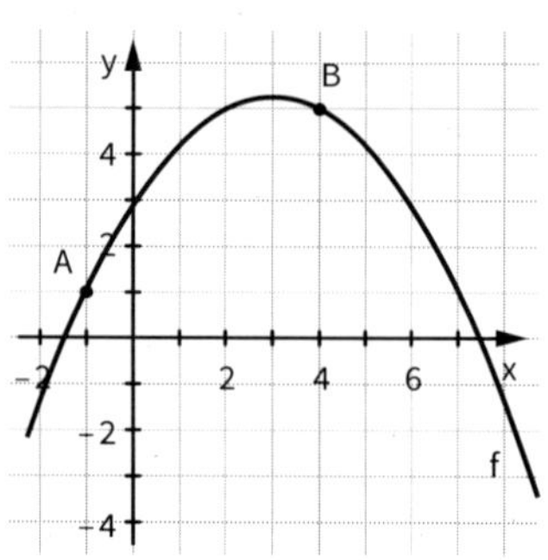

$f(x) = -\frac{4}{15}x^2 + \frac{8}{3}x + \frac{43}{15}$

157

2. b)

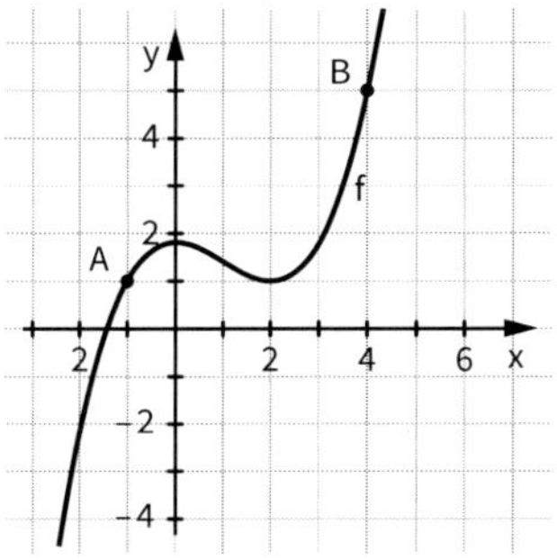

$f(x) = \frac{1}{5}x^3 - \frac{3}{5}x^2 + \frac{9}{5}$

158

3. a) Der Graph von f entsteht aus der Normalparabel durch eine Verschiebung in Richtung der x-Achse um eine Einheit nach links und durch eine Verschiebung in Richtung der y-Achse um 2 Einheiten nach unten.
Die Funktion f ist streng monoton fallend für $x < -1$ und streng monoton wachsend für $x > -1$. An der Stelle $x = -1$ hat der Graph einen Tiefpunkt.

b) Der Graph von f entsteht aus der Normalparabel
- durch eine Verschiebung in Richtung der x-Achse um eine Einheit nach rechts
- durch eine Streckung mit dem Faktor $\frac{1}{2}$
- durch eine Spiegelung an der x-Achse

Die Funktion f ist streng monoton wachsend für $x < 1$ und streng monoton fallend für $x > 1$. An der Stelle $x = 1$ hat der Graph von f einen Hochpunkt.

c) Der Graph von f entsteht aus dem Graphen der Potenzfunktion mit $y = x^3$ durch
- eine Verschiebung in Richtung der x-Achse um 2 Einheiten nach links
- eine Verschiebung in Richtung der y-Achse um eine Einheit nach oben
- eine Streckung mit dem Faktor $\frac{1}{4}$

Die Funktion f ist streng monoton wachsend für alle $x \in \mathbb{R}$.

4. a) (1) Der Graph von f ist eine nach oben geöffnete Parabel mit dem Scheitelpunkt $T(-2\,|-1)$. Dieser ist ein Tiefpunkt.

(2) $f(x) = x^2 - 6x + 5 = x^2 - 6x + 9 - 4 = (x-3)^2 - 4$
Der Graph von f ist eine nach oben geöffnete Normalparabel, die um 3 Einheiten nach rechts und 4 Einheiten nach unten verschoben ist. Der Scheitelpunkt $T(3\,|-4)$ ist ein Tiefpunkt.

(3) Der Graph von f entsteht aus dem Graphen der Funktion mit $y = x^2 - 4$, indem der Teil des Graphen, der unterhalb der x-Achse liegt, an dieser gespiegelt wird.
$|x^2 - 4| \geq 0$ für alle $x \in \mathbb{R}$
Es gilt: $f(-2) = 0$ und $f(2) = 0$.
Somit sind die Punkte $T_1(-2\,|\,0)$ und $T_2(2\,|\,0)$ Tiefpunkte des Graphen.
Der Punkt $H(0\,|\,4)$ ist Hochpunkt des Graphen.

b) (1) Die Funktion f ist streng monoton fallend für $x < -2$ und streng monoton wachsend für $x > -2$.

(2) Die Funktion f ist streng monoton fallend für $x < 3$ und streng monoton wachsend für $x > 3$.

(3) Die Funktion f ist streng monoton fallend für $x < -2$ und für $0 < x < 2$.
Die Funktion f ist streng monoton wachsend für $-2 < x < 0$ und für $x > 2$.

158

5. **a)** f ist streng monoton wachsend für $1 < x < 4$, da in diesem Intervall $f'(x) > 0$ gilt.
f ist streng monoton fallend für $x < 1$ bzw. für $x > 4$, da in diesen Intervallen $f'(x) < 0$ gilt.
An der Stelle $x = 1$ liegt ein Tiefpunkt, da f für $x < 1$ streng monoton fallend und für $x > 1$ streng monoton wachsend ist.
An der Stelle $x = 4$ liegt ein Hochpunkt, da f für $x < 4$ streng monoton wachsend und für $x > 4$ streng monoton fallend ist.

b) f ist streng monoton wachsend für $-1 < x < 1$ oder für $x > 4$, da in diesen Intervallen $f'(x) > 0$ gilt.
f ist streng monoton fallend für $x < -1$ oder für $1 < x < 4$.
An der Stelle $x = -1$ liegt ein Tiefpunkt (f wechselt von einer streng monoton fallenden zu einer streng monoton wachsenden Funktion).
An der Stelle $x = 1$ liegt ein Hochpunkt, an der Stelle $x = 4$ ein Tiefpunkt.

6. **a)** $f'(x) = x^2 - x - 6$
f' hat die Nullstellen $x_1 = -2$; $x_2 = 3$
$f'(0) = -6$, also ist $f'(x) < 0$ für $-2 < x < 3$ und $f'(x) > 0$ für $x < -2$ oder $x > 3$
f ist streng monoton fallend für $-2 < x < 3$ und streng monoton wachsend für $x < -2$ oder $x > 3$

b) $f'(x) = -x^3 + 4x = x(-x^2 + 4) = 0$
$x_1 = 0$; $x_2 = -2$; $x_3 = 2$
Alle drei Nullstellen sind einfache Nullstellen mit VZW $f'(-1) = -3 < 0$, also $f'(x) < 0$ für $-2 < x < 0$
Dann gilt:

Intervalle	f'(x)	f
$x < -2$	> 0	streng monoton wachsend
$-2 < x < 0$	< 0	streng monoton fallend
$0 < x < 2$	> 0	streng monoton wachsend
$x > 2$	< 0	streng monoton fallend

c) $f'(x) = x^3 - 6x^2 + 9x = x(x^2 - 6x + 9) = x(x-3)^2$
$f'(x) = 0$, also $x_1 = 0$ einfache Nullstelle mit VZW
$x_2 = 3$ doppelte Nullstelle ohne VZW
$f(1) = 4 > 0$

Intervalle	f'(x)	f
$x < 0$	< 0	streng monoton fallend
$0 < x < 3$	> 0	streng monoton wachsend
$x > 3$	> 0	streng monoton wachsend

7. **a)** $f'(x) = x^3 - 4x = x(x^2 - 4) = x(x+2)(x-2)$
3 einfache Nullstellen von f': $x_1 = -2$; $x_2 = 0$; $x_3 = 2$

Intervalle	f'(x)	f
$x < -2$	< 0	streng monoton fallend
$-2 < x < 0$	> 0	streng monoton wachsend
$0 < x < 2$	< 0	streng monoton fallend
$x > 2$	> 0	streng monoton wachsend

158

7. b) $f'(x) = x^2 + \frac{7}{2}x - 2$

Nullstellen von f': $x_1 = \frac{1}{2}$; $x_2 = -4$

Beide Nullstellen sind einfache Nullstellen mit VZW.

Intervalle	f'(x)	f
$x < -4$	> 0	streng monoton wachsend
$-4 < x < \frac{1}{2}$	< 0	streng monoton fallend
$x > \frac{1}{2}$	> 0	streng monoton wachsend

c) $f'(x) = 3x^2 + 5 > 0$ für alle $x \in \mathbb{R}$

f ist streng monoton wachsend für alle $x \in \mathbb{R}$

d) $f'(x) = x^3 - 3x^2 - x + 3$

Mit dem GTR erhält man die Nullstellen von f': $x_1 = -1$; $x_2 = 1$; $x_3 = 3$

Intervalle	f'(x)	f
$x < -1$	< 0	streng monoton fallend
$-1 < x < 1$	> 0	streng monoton wachsend
$1 < x < 3$	< 0	streng monoton fallend
$x > 3$	> 0	streng monoton wachsend

159

8. Der Monotoniesatz sagt nicht, dass eine Funktion nur dann streng monoton wachsend ist, falls $f'(x) > 0$ gilt.

Gilt allerdings $f'(x) > 0$ für alle $x \in I$, so kann man sicher sein, dass f auf diesem Intervall streng monoton wachsend ist.

Der Monotoniesatz gibt eine hinreichende, aber keine notwendige Bedingung für eine strenge Monotonie an.

Die Funktion f mit $f(x) = x^3$ ist für alle $x \in \mathbb{R}$ streng monoton wachsend.

Für $x_2 > x_1$ gilt nämlich $x_2^3 > x_1^3$.

9. a)

Intervalle	f
$x < -2$	streng monoton fallend
$-2 < x < 1$	streng monoton wachsend
$1 < x < 4$	streng monoton fallend
$x > 4$	streng monoton wachsend

b)

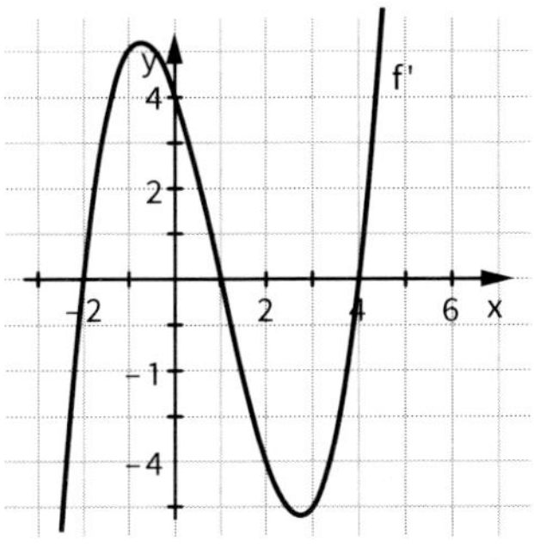

$f'(x) = \frac{1}{2}(x+2)(x-1)(x-4)$

159

10. a) für $x < x_0$: f streng monoton wachsend
für $x > x_0$: f streng monoton fallend

b) für $x < x_0$: f streng monoton fallend
für $x > x_0$: f streng monoton wachsend

c)
- entweder
  für $x < x_0$ und für $x > x_0$: f streng monoton fallend
- oder
  für $x < x_0$ und für $x > x_0$: f streng monoton wachsend

11. a) Zwischen 5 Uhr und 9 Uhr und zwischen 11 Uhr und 13 Uhr ist jeweils die momentane Änderungsrate positiv. In diesen Zeiträumen nehmen die Temperaturen zu.
Zwischen 0 Uhr und 5 Uhr, zwischen 9 Uhr und 11 Uhr sowie nach 13 Uhr ist jeweils die momentane Änderungsrate negativ, in diesen Zeiträumen nehmen die Temperaturen ab.

b) Um 5 Uhr sowie um 11 Uhr ist jeweils ein Tiefstwert erreicht. Um 9 Uhr und um 13 Uhr ist jeweils ein Höchstwert erreicht.

c)

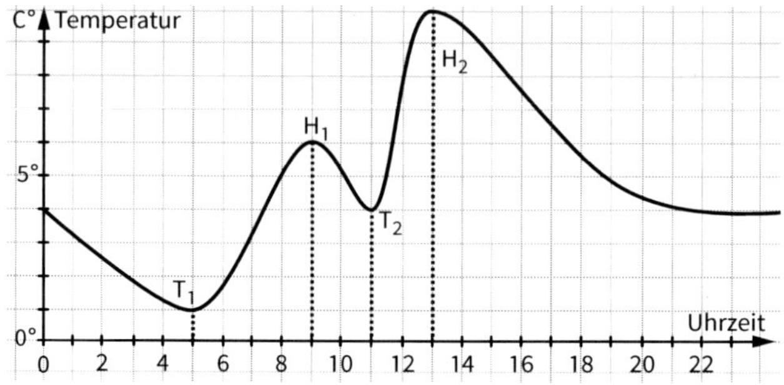

12. a) Die Aussage ist richtig.
f ist für $x < -4$ streng monoton fallend, für $x > -4$ streng monoton wachsend.
Zwischen beiden Bereichen liegt ein Tiefpunkt.

b) Die Aussage ist falsch.
f ist für $x < 8$ und für $x > 8$ streng monoton wachsend.

c) Die Aussage ist richtig.
An der Stelle $x = -4$ liegt ein Tiefpunkt. Dann steigt f streng monoton. An der Stelle $x = 8$ liegt ein Sattelpunkt, für $x > 8$ steigt f weiterhin streng monoton.

d) Die Aussage ist richtig.
Der Graph f′ hat an der Stelle $x = 0$ ein lokales Maximum.

13. a) Die Aussage ist falsch.
Z. B. die Funktion f mit $f(x) = x^3$ hat keine Extremstelle.

b) Die Aussage ist falsch.
Auch die Funktion f mit $f(x) = c$, c konstant, ist eine lineare Funktion, die weder streng monoton wachsend noch streng monoton fallend ist.

159 **13. c)** Die Aussage ist richtig.
Die Ableitungsfunktion ist eine ganzrationale Funktion 3. Grades, die mindestens eine und höchstens drei Nullstellen hat.
D. h. die Funktion f hat mindestens eine und höchstens drei Extremstellen und damit mindestens zwei und höchstens vier Monotonieintervalle.

3.4.2 Kriterien für Extremstellen

160 **Einstiegsaufgabe ohne Lösung**

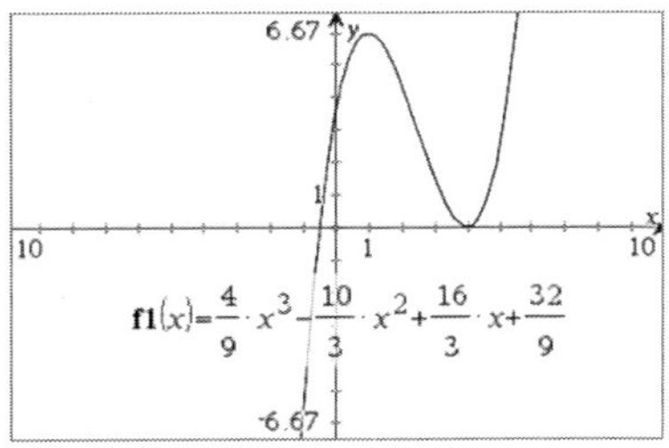

- Am Graphen erkennen wir an der Stelle $x = 1$ einen Hochpunkt und an der Stelle $x = 4$ einen Tiefpunkt. Einen Sattelpunkt scheint der Graph nicht zu haben.
- An den Stellen, an denen der Graph von f Extrempunkte hat, hat die Ableitungsfunktion f′ Nullstellen. Für $x < 1$ wachsen die Funktionswerte f(x), für $1 < x < 4$ fallen sie und für $x > 4$ wachsen sie wieder.
  D. h., das Vorzeichen von f′ wechselt an der Stelle $x = 1$ von + nach – und an der Stelle $x = 4$ von – nach +.
- Wir berechnen die Nullstellen der Ableitungsfunktion f′.
  $f'(x) = \frac{4}{3}\cdot x^2 - \frac{20}{3}\cdot x + \frac{16}{3}$
  Die Gleichung
  $\frac{4}{3}\cdot x^2 - \frac{20}{3}\cdot x + \frac{16}{3} = 0$ hat die Lösungen $x_1 = 1$ und $x_2 = 4$.
  Eine Extremstelle einer Funktion f ist eine Nullstelle der Ableitungsfunktion f′.
  Wechselt an dieser Nullstelle das Vorzeichen von f′ von + nach –, so hat der Graph von f an dieser Stelle einen Hochpunkt.
  Wechselt das Vorzeichen von f′ von – nach +, so hat der Graph von f an dieser Stelle einen Tiefpunkt.

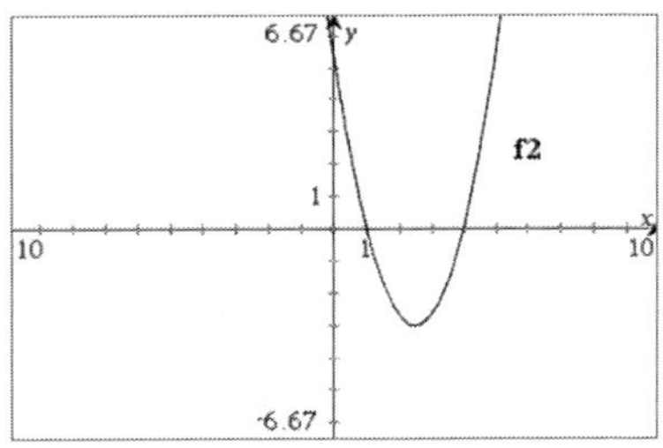

162 **1.**
- An der Stelle $x = -2$ liegt ein Hochpunkt.
  f′ hat an dieser Stelle eine Nullstelle mit einem VZW von + nach –.
- An der Stelle $x = 0$ liegt ein Tiefpunkt.
  f′ hat an dieser Stelle eine Nullstelle mit einem VZW von – nach +.
- An der Stelle $x = 2$ liegt ein Sattelpunkt.
  f′ hat an dieser Stelle eine Nullstelle ohne VZW.

162

2. a) b)

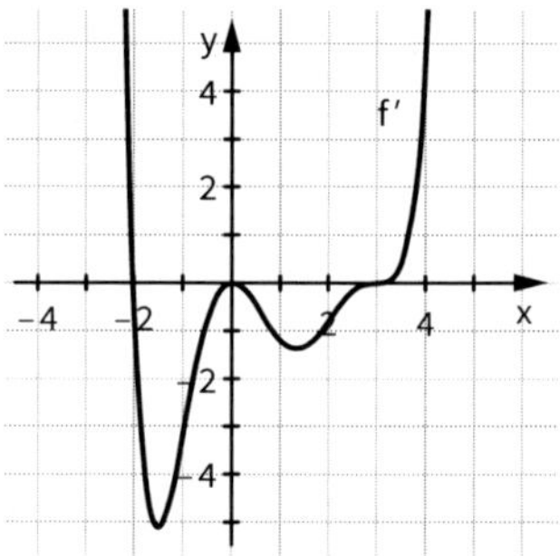

$f(x) = \frac{1}{20}(x + 2) \cdot x^2 \cdot (x - 3)^3$

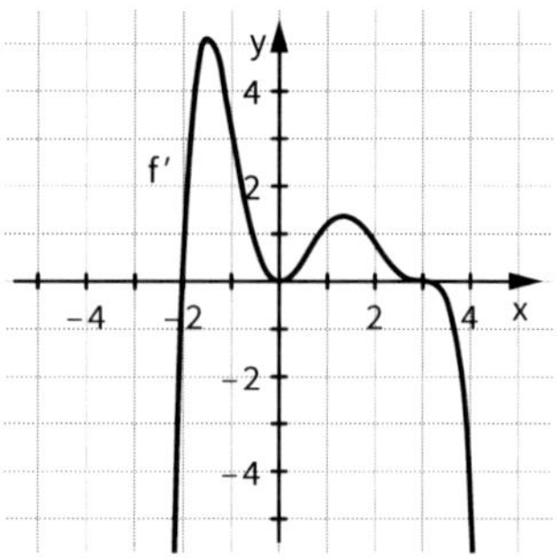

$f(x) = -\frac{1}{20}(x + 2) \cdot x^2 \cdot (3 - x)^3$

Bild 1

Nullstelle von f′	VZW	Graph von f
x = −2	von + nach −	Hochpunkt
x = 0	kein VZW	Sattelpunkt
x = 3	von − nach +	Tiefpunkt

Bild 2

Nullstelle von f′	VZW	Graph von f
x = −2	von − nach +	Tiefpunkt
x = 0	kein VZW	Sattelpunkt
x = 3	von + nach −	Hochpunkt

3. a) $f'(x) = 2x - 3$

Nullstelle von f′: $x = \frac{3}{2}$

für $x < \frac{3}{2}$: $f'(x) < 0$

für $x > \frac{3}{2}$: $f'(x) > 0$

f′ erfährt an der Stelle $x = \frac{3}{2}$ einen VZW von − nach +, also hat der Graph von f an der Stelle $x = \frac{3}{2}$ einen Tiefpunkt.

$f\left(\frac{3}{2}\right) = -\frac{1}{4}$; $T\left(\frac{3}{2} \middle| -\frac{1}{4}\right)$

b) $f'(x) = 6x^2 - 6x - 12$

Nullstellen von f′: $x_1 = -1$; $x_2 = 2$

$f'(x) = 6 \cdot (x + 1) \cdot (x - 2)$

Für $x < -1$: $f'(x) > 0$

Für $-1 < x < 2$: $f'(x) < 0$

Für $x > 2$: $f'(x) > 0$

Somit $H(-1 \mid 1)$ $T(2 \mid -26)$

c) $f'(x) = 4x^3 - 4 = 4 \cdot (x^3 - 1)$

Nullstelle von f′: $x = 1$

für $x < 1$: $f'(x) < 0$

für $x > 1$: $f'(x) > 0$

Also: $T(1 \mid -2)$

162

4. Tiefpunkte an den Stellen $x_1 = -4$ und $x_2 = 3$
Hochpunkt an der Stelle $x_3 = -2$
Sattelpunkt an der Stelle $x_4 = 0$
An den Stellen $x_1 = -4$ und $x_2 = 3$ erfährt f' einen VZW von – nach +.
An der Stelle $x_3 = -2$ erfährt f' einen VZW von + nach –.
An der Stelle $x_4 = 0$ erfährt f' keinen VZW.

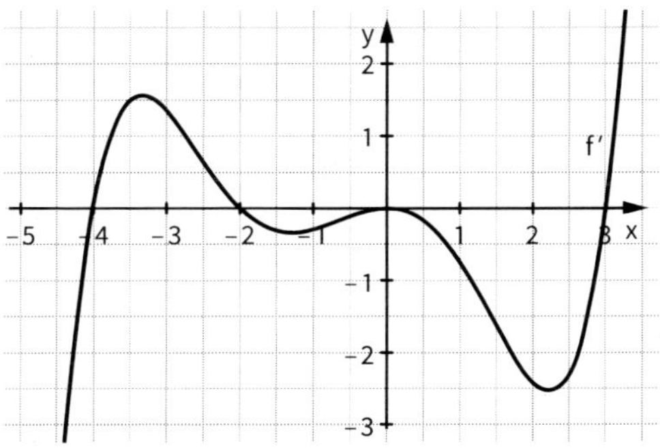

$f'(x) = \frac{(x+4)\cdot x^2 \cdot (x+2)\cdot(x-3)}{10}$

5. a) Somit hat der Graph von f an der Stelle $x = -2$ einen Hochpunkt, an der Stelle $x = 3$ einen Tiefpunkt.

b)
- Achtung: Korrektur an der 1. Auflage
  Es muss heißen: $g(x) = -\frac{1}{16}x^4 - \frac{1}{4}x^3 + 1$
  $g'(x) = -\frac{1}{4}x^3 - \frac{3}{4}x^2 = -\frac{1}{4}x^2 \cdot (x+3)$
  Nullstellen von g': $x_1 = -3$ einfache Nullstelle mit VZW
  $x_2 = 0$ doppelte Nullstelle ohne VZW
  Unter Berücksichtigung des Globalverlaufs des Graphen von g':
  An der Stelle $x_1 = -3$ hat g' einen VZW von + nach –, also der Graph von f einen Hochpunkt.
  An der Stelle $x_2 = 0$ hat f' keinen VZW, also der Graph von f einen Sattelpunkt.
- $h'(x) = x^4 - 4x^2 = x^2(x^2 - 4) = x^2(x+2)(x-2)$
  Nullstellen von h': $x_1 = -2$; $x_2 = 2$ einfache Nullstellen mit VZW
  $x_3 = 0$ doppelte Nullstelle ohne VZW
  Unter Berücksichtigung des Globalverlaufs des Graphen von h':
  An der Stelle $x_1 = -2$: VZW von h' von + nach –, der Graph von h hat an dieser Stelle einen Hochpunkt.
  An der Stelle $x_3 = 0$: kein VZW, der Graph von h hat an dieser Stelle einen Sattelpunkt.
  An der Stelle $x_2 = 2$: VZW von h' von – nach +, der Graph von h hat an dieser Stelle einen Tiefpunkt.

163

6. a) $f'(x) = x + 2$

Nullstelle von f': $x = -2$ mit VZW von – nach +, also $T(-2|1)$

b) $f'(x) = 2x^3 + 16 = 2(x^3 + 8)$

Nullstelle von f': $x = -2$ mit VZW von – nach +, also $T(-2|-25)$

c) $f'(x) = \frac{3}{4}x^2 - 3 = \frac{3}{4}(x^2 - 4)$

Nullstellen von f': $x_1 = -2$, VZW von + nach –

$x_2 = 2$, VZW von – nach +

Also $H(-2|6)$ $T(2|-2)$

d) $f'(x) = x^4 - x^2 - 12$

Nullstellen von f': $x_1 = -2$, VZW von + nach –

$x_2 = 2$, VZW von – nach +

Also $H\left(-2\middle|\frac{409}{15}\right)$ $T\left(2\middle|-\frac{199}{15}\right)$

e) $f'(x) = 4x^3 - 2x = 2x(2x^2 - 1)$

Nullstellen von f': $x_1 = 0$, VZW von + nach –

$x_2 = -\sqrt{\frac{1}{2}}$, VZW von – nach +

$x_3 = \sqrt{\frac{1}{2}}$, VZW von – nach +

Also $H(0|-12)$ $T_1\left(-\sqrt{\frac{1}{2}}\middle|-12{,}25\right)$ $T_2\left(\sqrt{\frac{1}{2}}\middle|-12{,}25\right)$

f) $f(x) = \frac{1}{4}x^4 - 2x^2 + 4$; $f'(x) = x^3 - 4x = x(x+2)(x-2)$

Nullstellen von f': $x_1 = -2$, VZW von – nach +

$x_2 = 0$, VZW von + nach –

$x_3 = 2$, VZW von – nach +

Also $H(0|4)$ $T_1(-2|0)$ $T_2(2|0)$

g) $f(x) = \frac{1}{3}x^3 + \frac{x^2}{2} - 2x$; $f'(x) = x^2 + x - 2$

Nullstellen von f': $x_1 = -2$, VZW von + nach –

$x_2 = 1$, VZW von – nach +

Also $H\left(-2\middle|\frac{10}{3}\right)$ $T\left(1\middle|-\frac{7}{6}\right)$

h) $f'(x) = x^4 - x^2 + 1$

f' hat keine Nullstelle, somit hat der Graph von f weder Hoch- noch Tief- noch Sattelpunkte.

7. a) –

b) $H(-2{,}40|7{,}32)$ $T(3{,}06|-0{,}80)$

c) $H_1(-2{,}22|6{,}97)$ $T_1(-0{,}70|-0{,}83)$

$H_2(0{,}70|2{,}83)$ $T_2(2{,}22|-4{,}97)$

Nullstellen: $N_1(-2{,}75|0)$ $N_2(-1{,}09|0)$ $N_3(-0{,}26|0)$ $N_4(1{,}42|0)$ $N_5(2{,}68|0)$

8. a) $f'(x) = \frac{3}{4}x^2 - 3x + 3 = \frac{3}{4}(x^2 - 4x + 4) = \frac{3}{4}(x-2)^2$

Nullstellen von f': $x = 2$ doppelte Nullstelle ohne VZW

Der Graph von f hat keine Extrempunkte, sondern einen Sattelpunkt $P(2|7)$.

b) $f'(x) = \frac{1}{2}x^3 + \frac{3}{2}x^2 - 2x$

Nullstellen von f': $x_1 = -4$, VZW von – nach +

$x_2 = 0$, VZW von + nach –

$x_3 = 1$, VZW von – nach +

$T_1(-4|-19)$ $H(0|-3)$ $T_2\left(1\middle|-\frac{27}{8}\right)$

163

8. c) $f'(x) = x^2 + x - 6$

Nullstellen von f': $x_1 = -3$, VZW von + nach –
$x_2 = 2$, VZW von – nach +

$H\left(-3 \left| \frac{19}{2}\right.\right)$ $T\left(2 \left| -\frac{34}{3}\right.\right)$

d) Achtung: Änderung an der 1. Auflage: statt … $+ 5x^2$ … jetzt … $+ 5x^3$

$f(x) = x^5 - 5x^4 + 5x^3 + 1$

$f'(x) = 5x^4 - 20x^3 + 15x^2$

Nullstellen von f': $x_1 = 0$, doppelte Nullstelle ohne VZW
$x_2 = 1$, einfache Nullstelle mit VZW von + nach –
$x_3 = 3$, einfache Nullstelle mit VZW von – nach +

Sattelpunkt $P(0|1)$ Hochpunkt $H(1|2)$ Tiefpunkt $T(3|-26)$

[Zur Information: Lösung der Aufgabe in der 1. Auflage:
$f'(x) = 5x^4 - 20x^3 + 10x = 5x \cdot (x^3 - 4x^2 + 2)$
Nullstellen von f': $x_1 \approx 0{,}66$, VZW von + nach –
$x_2 = 0$, VZW von – nach +
$x_3 \approx 0{,}79$, VZW von + nach –
$x_4 \approx 3{,}87$, VZW von – nach +
$H_1(-0{,}66|2{,}10)$ $T_1(0|1)$ $H_2(0{,}79|2{,}48)$ $T_2(3{,}87|-177{,}58)$]

9. a) Nullstellen von f': $x_1 = -1$, VZW von + nach –
$x_2 = 4$, VZW von – nach +
$x_1 = -1$, der Graph von f hat einen Hochpunkt
$x_2 = 4$, der Graph von f hat einen Tiefpunkt

b) $f'(x) = x^2 \cdot (x - 4)$
Nullstellen von f': $x_1 = 0$, kein VZW
$x_2 = 4$, VZW von – nach +
$x_1 = 0$, der Graph von f hat einen Sattelpunkt
$x_2 = 4$, der Graph von f hat einen Tiefpunkt

c) Nullstellen von f': $x_1 = -2$, VZW VZW von + nach –
$x_2 = 1$, kein VZW
$x_3 = 2$, VZW von – nach +
$x_1 = -2$, der Graph von f hat einen Hochpunkt
$x_2 = 1$, der Graph von f hat einen Sattelpunkt
$x_3 = 2$, der Graph von f hat einen Tiefpunkt

10. Durch die Division durch x (falls $x \neq 0$) geht eine Lösung verloren.
Richtig wäre: $x(x^2 - x - 2) = 0$, also $x = 0$ oder $x^2 - x - 2 = 0$
somit $x_1 = 0$; $x_2 = -1$; $x_3 = 2$

164

11. a) Am Graphen von f' erkennt man, dass an der Stelle $x \approx -2{,}34$ ein VZW von – nach + stattfindet.

b) Der Graph von f hat an der Stelle $x \approx 8{,}34$ einen Hochpunkt, da f' an dieser Stelle das Vorzeichen von + nach – wechselt.

164 **12.** Nena hat übersehen, dass $x = 2$ eine doppelte Nullstelle ist. An dieser Stelle hat der Graph von f keinen Extrempunkt, sondern einen Sattelpunkt.

13. a) Der Graph einer Funktion f hat an der Stelle x_0 einen Tiefpunkt, wenn $f'(x_0) = 0$ und f' einen VZW von – nach + erfährt.

b) Wenn $f'(x) > 0$ für alle $x \in I$, dann ist f im Intervall I streng monoton wachsend.

c) Ist x_0 eine doppelte Nullstelle einer Ableitungsfunktion f', dann hat der Graph von f an der Stelle x_0 einen Sattelpunkt.

d) Ist $f'(x) < 0$ für alle $x \in I$, dann ist f im Intervall I streng monoton fallend.

14. a) Die Aussage ist falsch. Die Funktion f mit $f(x) = x^4$ hat nur einen Tiefpunkt.

b) Die Aussage ist falsch. Die Ableitungsfunktion ist eine ganzrationale Funktion 3. Grades, die mindestens eine Nullstelle hat.

c) Die Aussage ist richtig. Die Ableitungsfunktion ist eine ganzrationale Funktion 2. Grades, die entweder keine Nullstelle, eine doppelte Nullstelle oder zwei einfache Nullstellen besitzt.
Hat der Graph von f an der Stelle x_1 einen Hochpunkt, so ist x_1 eine einfache Nullstelle von f' mit einem VZW von + nach –. Es gibt noch eine zweite einfache Nullstelle x_2 mit einem VZW von – nach +.

15. a) Wendepunkte sind Extrempunkte des Graphen der Ableitungsfunktion f'.
$W_1(-1{,}41 \mid -19{,}03)$ $W_2(1{,}41 \mid -4{,}93)$

b) (1) $W_1(0 \mid -4)$ $W_2(2{,}50 \mid -40{,}56)$
(2) $W_1(-0{,}5 \mid -10{,}13)$ $W_2(0{,}5 \mid -5{,}13)$
(3) $W(0 \mid 2)$

3.4.3 Klassifikation ganzrationaler Funktionen 3. Grades

165 **Einstiegsaufgabe ohne Lösung**

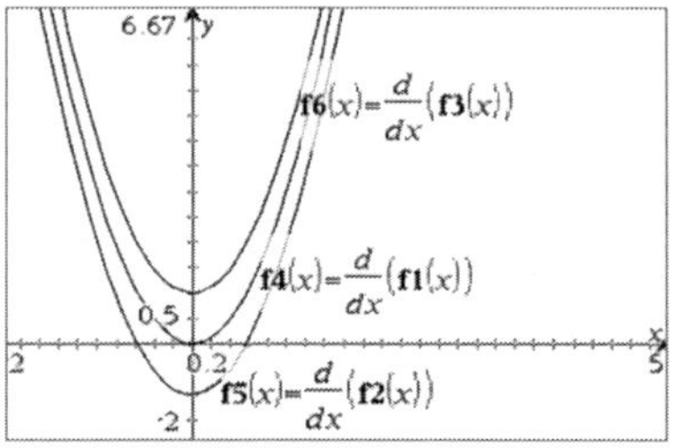

- Alle drei Graphen der Ableitungsfunktionen sind nach oben geöffnete Parabeln.
  - f_1' hat eine Nullstelle ohne Vorzeichenwechsel, d. h. der Graph von f hat keinen Extrempunkt, sondern einen Sattelpunkt an der Stelle $x = 0$.
  - f_2' hat zwei Nullstellen mit Vorzeichenwechsel, an der Stelle $x = -1$ mit einem VZW von + nach – und an der Stelle $x = 1$ mit einem VZW von – nach +.
    Der Graph von f hat also an der Stelle $x = -1$ einen Hochpunkt und an der Stelle $x = 1$ einen Tiefpunkt.
    Dazwischen liegt ein Punkt mit minimaler Steigung, also ein Wendepunkt.
  - f_3' hat keine Nullstelle, d. h. der Graph von f hat keinen Extrempunkt, aber einen Wendepunkt an der Stelle $x = 0$.

165

Fortsetzung

- Der Graph von f′ ist entweder eine nach oben geöffnete oder eine nach unten geöffnete Parabel.
  Für eine nach oben geöffnete Parabel sind drei Fälle zu unterscheiden (siehe auch die Grafiken zur Einstiegsaufgabe mit Lösung im Schülerband auf S. 165):

2 Nullstellen von f′ mit VZW: Der Graph von f hat sowohl einen Hoch- als auch einen Tiefpunkt. Dazwischen liegt ein Wendepunkt.	1 Nullstelle von f′ ohne VZW: Der Graph von f hat keinen Extrempunkt, aber einen Sattelpunkt.	keine Nullstelle von f′: Der Graph von f ′hat keinen Extrempunkt, aber einen Wendepunkt.

Für eine nach unten geöffnete Parabel können entsprechend drei Fälle unterschieden werden (siehe auch die Grafiken zur Einstiegsaufgabe mit Lösung im Schülerband auf S. 166):

2 Nullstellen von f′ mit VZW: Der Graph von f hat sowohl einen Tief- als auch einen Hochpunkt. Dazwischen liegt ein Wendepunkt.	1 Nullstelle von f′ ohne VZW: Der Graph von f hat keinen Extrempunkt, aber einen Sattelpunkt.	keine Nullstelle von f′: Der Graph von f hat keinen Extrempunkt, aber einen Wendepunkt.

166

1. $f'(x) = 3x^2 - k$
$3x^2 - k = 0$ bzw. $x^2 = \frac{k}{3}$
Für $k > 0$ zwei Lösungen $x_{1,2} = \pm\sqrt{\frac{k}{3}}$, zwei Extremstellen
Für $k = 0$ eine Lösung $x = 0$, einen Sattelpunkt
Für $k < 0$ keine Lösung, keine Punkte mit waagerechter Tangente

2. a) Es gilt: $f'(x) > 0$ für alle $x \in \mathbb{R}$, d. h. f ist streng monoton wachsend für alle $x \in \mathbb{R}$. Eine ganzrationale Funktion 3. Grades, die streng monoton wachsend ist, hat genau eine Nullstelle.

b) Da eine kubische Funktion ungeraden Grades ist, hat sie mindestens eine Nullstelle; da ihr Grad 3 ist, hat sie höchstens 3 Nullstellen. Ebenso sind zwei Nullstellen möglich, wie das Beispiel $f(x) = x^2 \cdot (x - 1)$ zeigt.

167

3. a) Die Funktion f hat eine Nullstelle.
Sichtbar sind ein Hoch- und ein Tiefpunkt des Graphen. Aufgrund des Globalverlaufs gilt: $f(x) \to -\infty$ für $x \to \infty$ und $f(x) \to \infty$ für $x \to -\infty$
Somit hat f genau eine Nullstelle im Intervall $]1; \infty[$

b) Der Graph von f hat einen Sattelpunkt an der Stelle $x = -1$ und somit weder Hoch- noch Tiefpunkt.
Für $x \to -\infty$ gilt $f(x) \to -\infty$
Für $x \to \infty$ gilt $f(x) \to \infty$
f hat eine Nullstelle im Intervall $]-\infty; -1[$.

167

3. c) Der Graph von f hat einen Hochpunkt. Es muss deshalb auch einen Tiefpunkt geben, der auf jeden Fall unterhalb der x-Achse liegt. Die Funktion f hat drei Nullstellen.

d) f ist streng monoton fallend und hat genau eine Nullstelle.

4. a) f′ hat zwei einfache Nullstellen $x_1 = 2 - \sqrt{2}$; $x_2 = 2 + \sqrt{2}$

Der Graph von f hat aufgrund des Globalverlaufs von f′ an der Stelle $x_1 = 2 - \sqrt{2}$ einen Hochpunkt und an der Stelle $x_2 = 2 + \sqrt{2}$ einen Tiefpunkt.

b) f′ hat zwei einfache Nullstellen $x_1 = 0$; $x_2 = 1$

Aufgrund des Globalverlaufs von f′ liegt an der Stelle $x_1 = 0$ ein Tiefpunkt und an der Stelle $x_2 = 1$ ein Hochpunkt.

c) f′ hat eine doppelte Nullstelle $x = 0$.

Der Graph von f hat einen Sattelpunkt, aber keinen Hoch- oder Tiefpunkt.

5. a) Der Wendepunkt ist der Mittelpunkt der Strecke $\overline{HT}$.

W(4 | 6)

$\left[f(x) = \frac{1}{16}x^3 - \frac{3}{4}x^2 + \frac{9}{4}x + 5\right]$

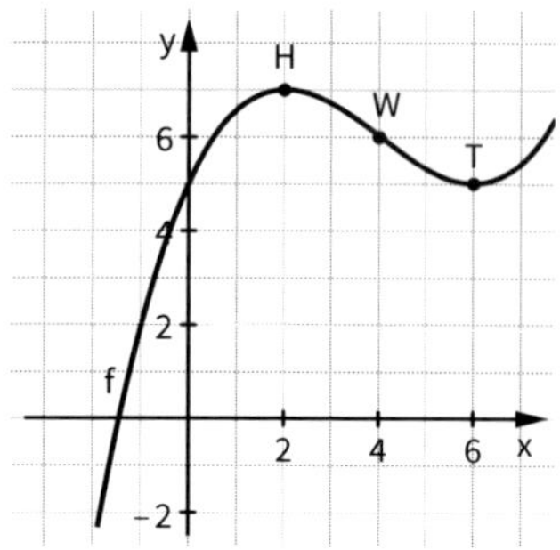

b) Der Wendepunkt ist der Mittelpunkt der Strecke $\overline{HT}$.

Somit gilt: $\frac{-2 + x_T}{2} = 1$ und $\frac{4 + y_T}{2} = 1$.

Also: $x_T = 4$; $y_T = -2$; T(4 | −2)

$\left[f(x) = \frac{1}{18}x^3 - \frac{1}{6}x^2 - \frac{4}{3}x + \frac{22}{9}\right]$

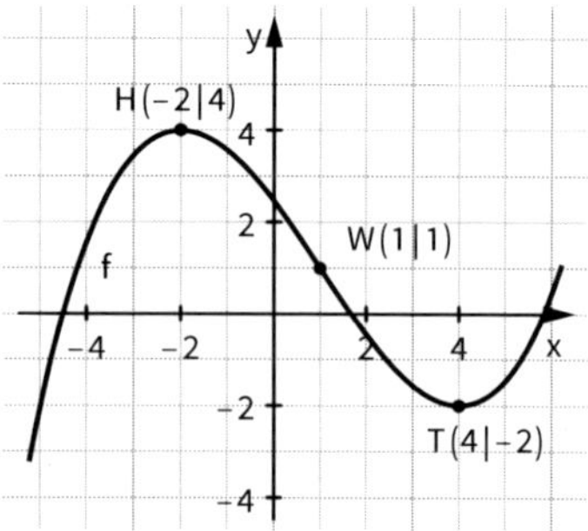

6. $f'(x) = a \cdot (x - 3)^2 - 4$

a) Aus $f'(1) = 0$ folgt $a = 1$, also $f'(x) = (x - 3)^2 - 4$

Nullstellen von f′: $x_1 = 1$; $x_2 = 5$

Der Tiefpunkt des Graphen von f liegt an der Stelle $x = 5$.

b) Die Wendestelle von f ist die Extremstelle von f′, also $x = 3$.

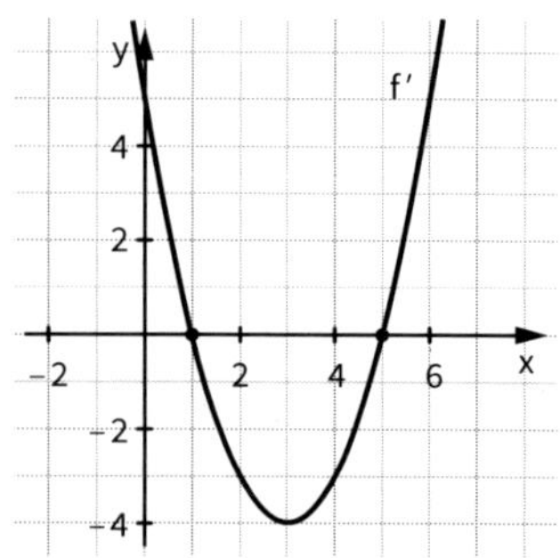

167

6. c) $f'(x) = (x-3)^2 - 4$

Möglicher Funktionsterm von f:

$f(x) = \frac{1}{3}x^3 - 3x^2 + 5x + c$

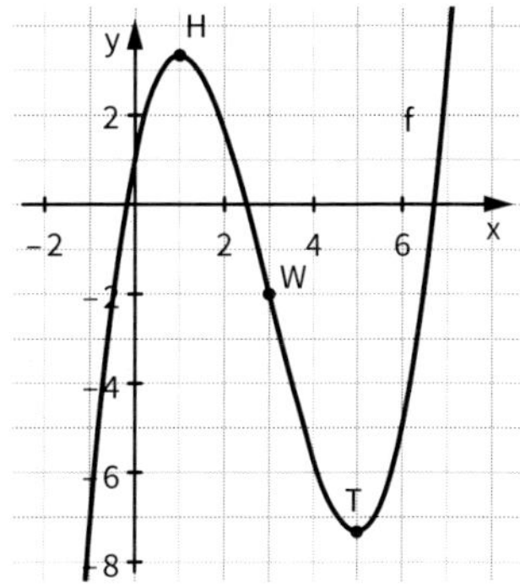

3.4.4 Vermischte Aufgaben

1. $f'(x) = 27x^2 - 5x^4$

Der Graph von f' hat im Intervall [0; 2,3] ein Maximum an der Stelle $x \approx 1{,}64$.
Die Änderungsrate ist ca. 1,64 Tage nach Beobachtungsbeginn maximal. Ab diesem Zeitpunkt verlangsamt sich das Wachstum.

2. a) Im Funktionsterm kommen nur geradzahlige Exponenten der Potenzen von x vor.

b) Der Graph der Funktion mit $y = x^4$ ist achsensymmetrisch zur y-Achse.
Der Graph von f entsteht aus dem Graphen der Funktion mit $y = x^4$ durch eine Veschiebung in Richtung der x-Achse um eine Einheit nach rechts und durch eine Verschiebung in Richtung der y-Achse um 3 Einheiten nach unten.
Er ist deshalb achsensymmetrisch zur Geraden mit der Gleichung $x = 1$.

3. a) $f'(x) = x^2 - x - 2$

Nullstellen von f': $x_1 = -1$; $x_2 = 2$

Der Graph von f hat an den Stellen $x_1 = -1$ und $x_2 = 2$ Punkte mit waagerechter Tangente.

b) Steigung der Tangente im Punkt P:

$m_1 = f'(1) = -2$

Steigung der Normalen in P:

$m_2 = -\frac{1}{m_1} = \frac{1}{2}$

Gleichung der Normalen: $y = \frac{1}{2}x + c$

Der Punkt P liegt auf n, also: $1 = \frac{1}{2} \cdot 1 + c$ bzw. $c = \frac{1}{2}$

n: $y = \frac{1}{2}x + \frac{1}{2}$

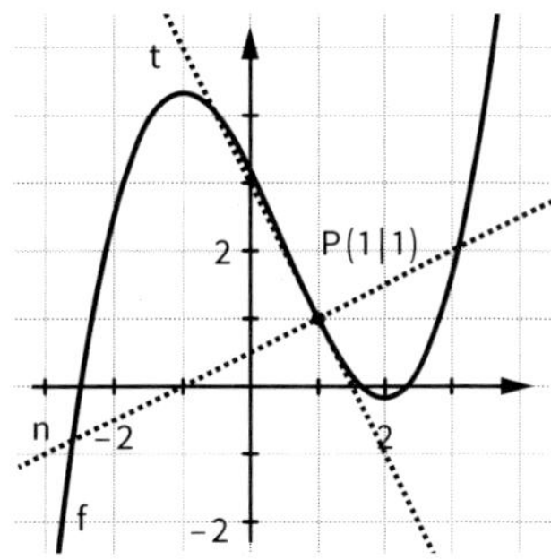

168

4. Spannweite: Abstand der Nullstellen von f

$x_1 = 0,\ x_2 = 40 \Rightarrow$ Spannweite: 40 m

Höhe: Hochpunkt von f für $0 \le x \le 40$ bestimmen:

$f'(x) = -\frac{1}{3750}x^3 + \frac{2}{125}x^2 - \frac{29}{75}x + \frac{52}{15} = 0$

$\Leftrightarrow x = 20$

$f(20) = 24$

Höhe: 24 m

5. $f'(x) = 1{,}125x^2 - 1{,}5 = \frac{9}{8}x^2 - \frac{3}{2}$

Nullstellen von f': $x_1 = -\frac{2}{\sqrt{3}}$ VZW von + nach –

$x_2 = \frac{2}{\sqrt{3}}$ VZW von – nach +

Also Hochpunkt $H\left(-\frac{2}{\sqrt{3}} \middle| \frac{2}{\sqrt{3}}\right)$

Ursprungsgerade durch H: $y = -x$

6. –

7. **a)** Richtig. Es gilt: $f'(x) > 0$ für $x \in [-2; 4]$

b) Falsch. f' hat an der Stelle $x = 6$ eine Nullstelle mit einem VZW von + nach –. Somit liegt an der Stelle $x = 6$ ein Hochpunkt des Graphen von f.

c) Falsch. Für einen Sattelpunkt müsste $f'(0) = 0$ gelten.

d) Falsch. Der Graph von f' hat zwei Extrempunkte, d. h. der Graph von f hat zwei Stellen mit extremaler Steigung, also zwei Wendestellen.
Eine ganzrationale Funktion 3. Grades hat nur eine Wendestelle.

8. **a)** mindestens 3. Grad: Es sind ein Hoch- und ein Tiefpunkt erkennbar, die Ableitungsfunktion hat mindestens 2 Nullstellen.

b) mindestens 4. Grad: Es sind zwei Tiefpunkte und ein Hochpunkt erkennbar, die Ableitungsfunktion hat mindestens 3 Nullstellen.

c) mindestens 5. Grad: Es sind zwei Tief- und zwei Hochpunkte erkennbar, die Ableitungsfunktion hat mindestens 4 Nullstellen.

d) mindestens 4. Grad: Es sind ein Tiefpunkt und zwei Punkte mit extremaler Steigung (= Wendepunkt) erkennbar.

169

9. **a)** Nullstellen von f: $x_1 \approx -5{,}29;\ x_2 = -2;\ x_3 = 2;\ x_4 \approx 5{,}29$

b) $f'(x) = \frac{1}{4}x^3 - 4x = \frac{1}{4}x \cdot (x^2 - 16)$

$= \frac{1}{4}x \cdot (x + 4)(x - 4)$

Nullstellen von f': $x_1 = -4$ VZW von – nach +

$x_2 = 0$ VZW von + nach –

$x_3 = 4$ VZW von – nach +

Tiefpunkte $T_1(-4|-9)$ $T_2(4|-9)$

Hochpunkt $H(0|7)$

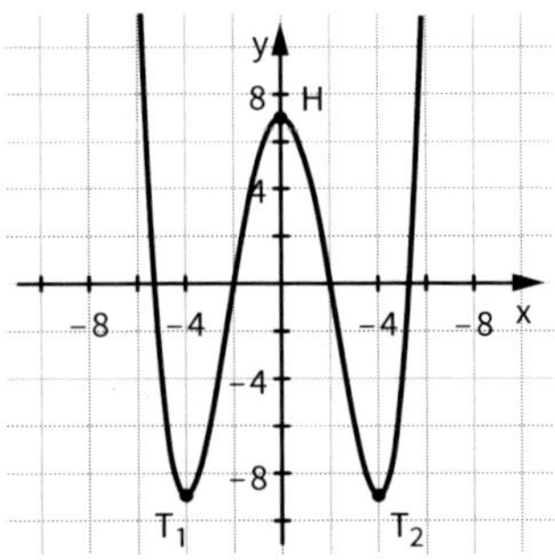

169

10. $f'(x) = -\frac{3}{5}x^2 + 4x - 5$

Nullstellen von f': $x_1 = \frac{5}{3}$; $x_2 = 5$

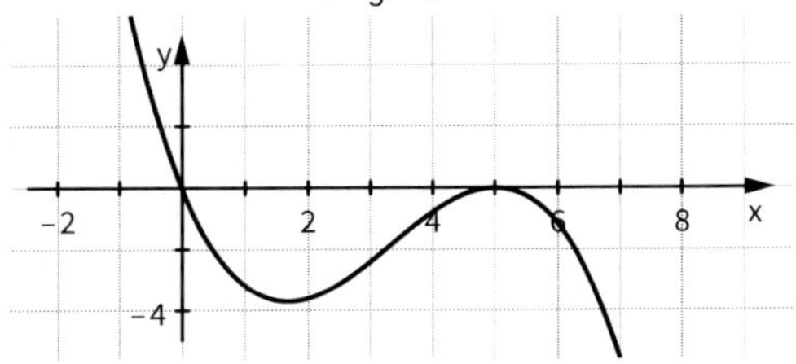

11. Für den Inhalt des Rechtecks gilt:

$A(u) = 2 \cdot u \cdot h(u) = 2u \cdot \left(-\frac{1}{2}u^2 + 4\right),\ u > 0$

$A(u) = -u^3 + 8u,\ u > 0$

$A'(u) = -3u^2 + 8$

Nullstellen von A': $u_1 = -\sqrt{\frac{8}{3}}$; $u_2 = \sqrt{\frac{8}{3}} \approx 1{,}63$

$u_1 < 0$ scheidet als Lösung aus.

A' erfährt an der Stelle $u = \sqrt{\frac{8}{3}}$ einen VZW von + nach −, d. h. der Flächeninhalt wird maximal für $u = \sqrt{\frac{8}{3}}$; $P\left(\sqrt{\frac{8}{3}} \,\middle|\, \frac{8}{3}\right)$

12. a) Die Punkte P(0 | 2) und Q(40 | 0) liegen auf dem Graphen von f. $f(0) = 2$ und $f(40) = 0$ für alle k. Mögliche Flugbahnen kann man mit nach unten geöffneten Parabeln beschreiben $(k < 0)$. Unterschiedliche k-Werte stehen für unterschiedliche Abwurfwinkel.

b) $f'(x) = 2k \cdot x - \left(40k + \frac{1}{20}\right)$

Nullstelle von f': $x = 20 + \frac{1}{40k}$

Für alle $k < 0$ sind die Graphen von f nach unten geöffnete Parbeln, die Scheitelpunkte der Parabeln sind Hochpunkte.

Also $H\left(20 + \frac{1}{40k} \,\middle|\, 1 - 400k - \frac{1}{1600k}\right),\ k < 0$

Die Flugbahn erreicht an der Stelle $x = 20 + \frac{1}{40k},\ k < 0$ ihren höchsten Punkt.

13. $K(x) = 0{,}01x^3 - 3x^2 + 500x + 10\,000$ (Kostenfunktion)

$f(x) = 400x$ (Preisfunktion)

a) $K'(x) = 0{,}03x^2 - 6x + 500$

K' hat keine Nullstellen.

Der Graph von K' ist eine nach oben geöffnete Parabel, die keine Nullstellen hat.

Also gilt: $K'(x) > 0$ für alle $x \in \mathbb{R}$, d. h.

K ist streng monoton wachsend.

Die Zunahme der Kosten ist am größten an der Extremstelle von K', also an der Stelle $x = 100$.

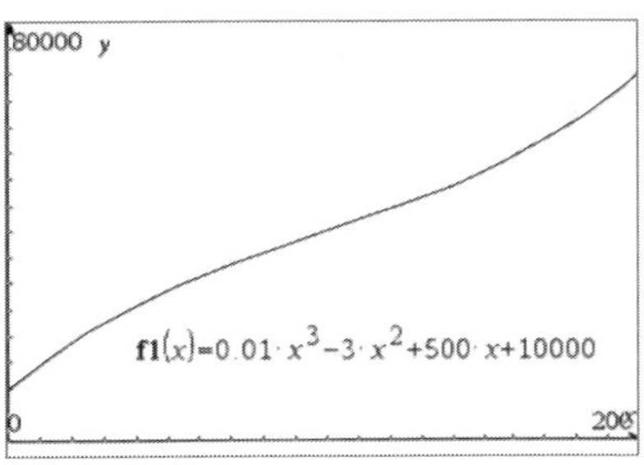

b) $g(x) = f(x) - K(x) = -0{,}01x^3 + 3x^2 - 100x - 10\,000$ (Gewinnfunktion)

c) Für $0 < x < 100$ und $x > 241{,}42$ ist $g(x) < 0$.

169

13. d) $g'(x) = -0{,}03x^2 + 6x - 100 \Rightarrow x_1 = 18{,}35,\ x_2 = 181{,}65$

Der Graph von g' ist eine nach unten geöffnete Parabel.

g' hat somit an der Stelle x_1 einen VZW von – nach +, an der Stelle x_2 einen VZW von + nach –.

Für $x = 181{,}65$ wird der Gewinn maximal.

170

14. a) $f'(x) = -0{,}0056x^3 + 0{,}088x$

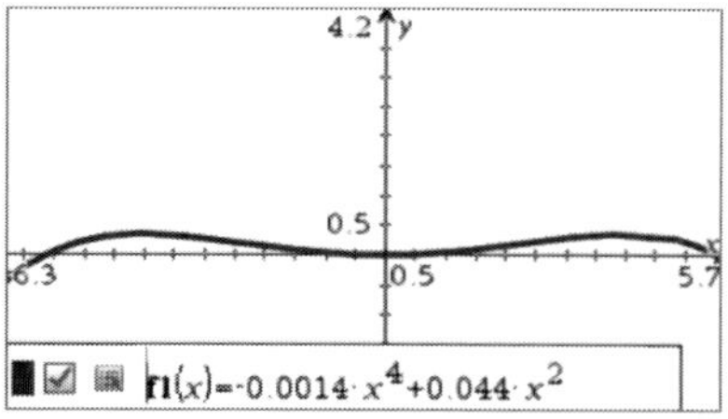

Die Talseiten sind am steilsten an den Extremstellen von f', also an den Stellen $x_1 \approx -2{,}29$ und $x_2 \approx 2{,}29$

An der Stelle x_2 gilt: $m = f'(2{,}29) \approx 0{,}13$, also $\tan(\alpha) \approx 0{,}13$ für $\alpha \approx 7{,}4°$

Die Neigungswinkel an diesen Stellen betragen ca. 7,4°.

b) Höchste Punkte an den Stellen $x = -4$ bzw. $x = 4$

$f(4) \approx 0{,}346$

Der tiefste Punkt des Graphen von f liegt im Koordinatenursprung.

Die beiden höchsten Punkte liegen auf einer Höhe von 593 m ü. NN.

c) $f(x) = 0{,}15$, also $x_1 \approx -1{,}972;\ x_2 \approx 1{,}972$

Die Mauerkrone wäre 3,944 km lang.

15. a) $z(x) > 0$ für $0 < x \le 12$

Die Wassermenge nimmt in den ersten 12 Stunden ständig zu.

Die Funktion z hat ein Maximum an der Stelle $x \approx 3{,}8$, es beträgt 250,3.

Die maximale momentane Zuflussrate beträgt ca. $250\,\frac{\ell}{h}$.

b) $z(x) = 150$, also $x_1 \approx 1{,}29;\ x_2 \approx 7{,}15;$ $x_3 \approx 14{,}06$

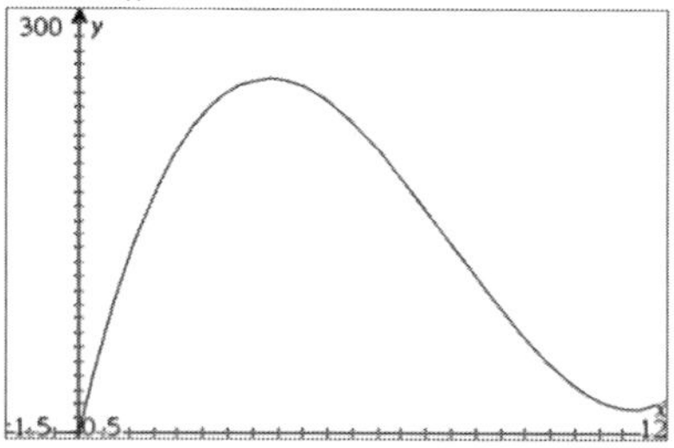

In den ersten 12 Stunden ist die momentane Zuflussrate im Zeitraum [1,29; 7,15] größer als $150\,\frac{\ell}{h}$.

$z'(x) = 3{,}48x^2 - 52{,}2x + 148{,}3$

z' hat ein Minimum an der Stelle $x \approx 7{,}5$.

Nach 7,5 h nimmt die momentane Änderungsrate am stärksten ab.

16. a) $h'(x) = 0{,}012x^2 - 0{,}06x$

$= 0{,}012x \cdot (x - 5) < 0$ für $0 \le x < 5$

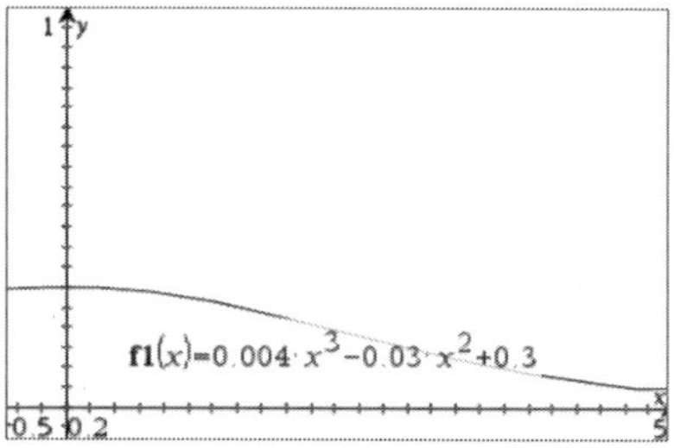

An der Stelle $x = 5$ liegt ein Tiefpunkt von h. Somit ist h streng monoton fallend für $0 \le x \le 5$. Der Fischbestand nimmt in diesem Zeitraum zu, da $h(x) > 0$ für $0 \le x \le 5$.

b) Die momentane Änderungsrate war am größten an der Stelle $x = 0$, am kleinsten an der Stelle $x = 5$. h' hat ein Minimum an der Stelle $x = 2{,}5$.

Die momentane Änderungsrate nimmt nach 2,5 Jahren am stärksten ab.

170

16. c) Bei dieser Beschreibung würde die momentane Änderungsrate schon im Zeitraum zwischen 5 und 10 Jahren sehr stark zunehmen.
Der Fischbestand würde übermäßig zunehmen.

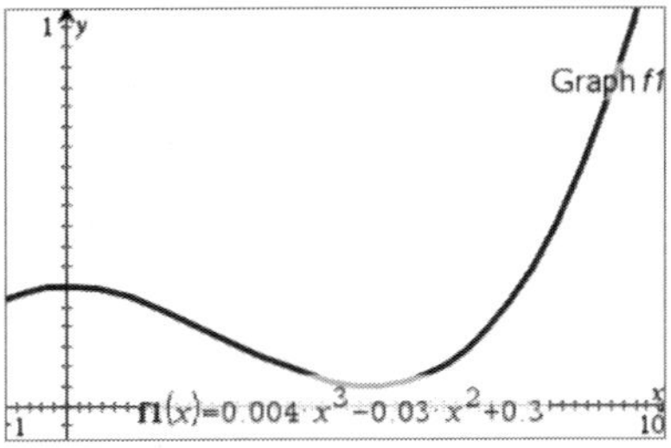

17. a) $f'(x) = \frac{1}{700}(-9x^2 + 162x - 288)$
Die Funktion f' hat ein Maximum an der Stelle $x = 9$.
Die Bevölkerungszunahme war am stärksten im Jahr 1999. Die Bevölkerungszahl betrug zu diesem Zeitpunkt ca. 80,5 Millionen.

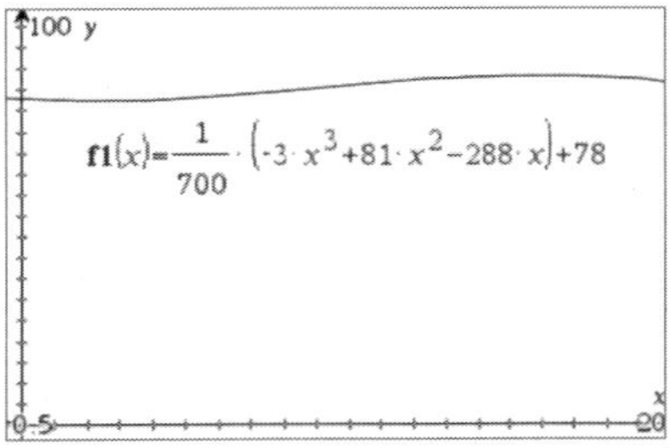

b) Die Funktion f hat ein Maximum an der Stelle $x = 16$. Es beträgt ca. 83,5.
Im Jahr 2006 betrug die Bevölkerungszahl ca. 83,5 Millionen. Die Aussage der Tageszeitung stimmt also nicht.

4 Wahrscheinlichkeitsrechnung

175

Einstiegsseite

Die hier gestellten Fragen könnte man im Prinzip beantworten, wenn der Frauen-Männer-Anteil für den Bachelor-Studiengang angegeben wäre.

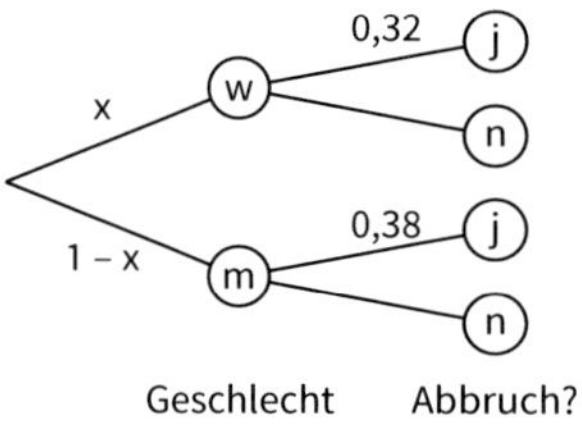

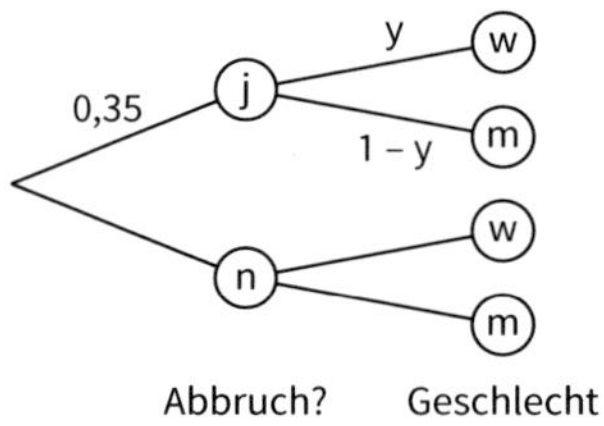

Man kann jedoch wie in der Einstiegsseite auf Seite 175 vorgehen: Für die Pfadwahrscheinlichkeiten gilt: $x \cdot 0{,}32 = 0{,}35 \cdot y$ und $(1-x) \cdot 0{,}38 = 0{,}35 \cdot (1-y)$.

Aus diesem linearen Gleichungssystem ergibt sich $x \approx 50\,\%$; $y \approx 45{,}7\,\% \approx 46\,\%$

Daher gilt:

P_{Mann} (Studium wird abgebrochen) = 38 % (vgl. Baumdiagramm links)

$P_{Abbruch}$ (Mann) ≈ 54 % (vgl. Baumdiagramm rechts)

Noch fit ... im Umgang mit Zufallsversuchen?

176

1. a) Ergebnismenge $S = \{1, 2, 3, 4, 5, 6\}$
Die Wahrscheinlichkeiten sind alle gleich:
$P(1) = P(2) = P(3) = P(4) = P(5) = P(6) = \frac{1}{6}$

b) E_1: „Die geworfene Zahl ist eine gerade Zahl"
$E_1 = \{2, 4, 6\}$; $P(E_1) = \frac{3}{6} = \frac{1}{2}$

c) E_2: „Die geworfene Zahl ist größer als Vier"
$E_2 = \{5, 6\}$; $P(E_2) = \frac{2}{6} = \frac{1}{3}$

d) E_3: „Die geworfene Zahl ist eine Primzahl"
$E_3 = \{2, 3, 5\}$; $P(E_3) = \frac{3}{6} = \frac{1}{2}$

e) E_4: „Die geworfene Zahl ist negativ" ist ein unmögliches Ereignis.
$P(E_4) = 0$
E_5: „Die geworfene Zahl ist kleiner als Sieben" ist ein sicheres Ereignis.
$P(E_5) = 1$

2. a) Wenn es zwei verschiedene mögliche Ergebnisse gibt, heißt das nicht, dass diese mit gleicher Wahrscheinlichkeit auftreten. Die Wahrscheinlichkeit für Lage *Kopf zur Seite* hängt von der Lage des Schwerpunkts ab.

b) Man kann das *empirische Gesetz der großen Zahlen* nutzen und eine Reißzwecke 1000-mal werfen. Die beobachteten relativen Häufigkeiten der beiden Ergebnisse liegen dann in der Nähe der tatsächlichen Wahrscheinlichkeiten.

c) Wenn die Plastikkappe entfernt wird, verlagert sich der Schwerpunkt in Richtung der Nadelspitze und die Wahrscheinlichkeit für Lage *Seite* nimmt zu.

d) $309 : 500 = 0{,}618 = 61{,}8\,\%$; $P(\textit{Seite}) \approx 61{,}8\,\%$; $P(\textit{Kopf}) \approx 38{,}2\,\%$

178 **3.** Es ist kein Grund ersichtlich, warum irgendeines der Ergebnisse eine größere Chance haben könnte aufzutreten (symmetrische Zufallsgeräte in (1) – (3), keine Bevorzugung in (4)). Daher kann man die Zufallsversuche als LAPLACE-Versuche ansehen. Um die Wahrscheinlichkeit für die einzelnen Ergebnisse und für Ereignisse zu berechnen, müssen nur die möglichen Ergebnisse gezählt werden.

(1) Ergebnismenge $S = \{1, 2, 3, 4, 5, 6\}$; Wahrscheinlichkeit für jedes Ergebnis: $\frac{1}{6}$

(2) $S = \{1, 2, 3, 4\}$; Wahrscheinlichkeit für jedes Ergebnis: $\frac{1}{4}$

(3) Ergebnismenge $S = \{0, 1, 2, 3, 4, 5, 6, 7, 8, 9\}$; Wahrscheinlichkeit für jedes Ergebnis: $\frac{1}{10}$

(4) Ergebnismenge S = {Pik-Sieben, Pik-Acht, Pik-Neun, Pik-Zehn, Pik-Bube, Pik-Dame, Pik-König, Pik-Ass, Karo-Sieben, Karo-Acht, Karo-Neun, Karo-Zehn, Karo-Bube, Karo-Dame, Karo-König, Karo-Ass, Kreuz-Sieben, Kreuz-Acht, Kreuz-Neun, Kreuz-Zehn, Kreuz-Bube, Kreuz-Dame, Kreuz-König, Kreuz-Ass, Herz-Sieben, Herz-Acht, Herz-Neun, Herz-Zehn, Herz-Bube, Herz-Dame, Herz-König, Herz-Ass};
Wahrscheinlichkeit für jedes Ergebnis: $\frac{1}{32}$

4. E_1: „Die Augenzahl ist keine Primzahl“;
E_2: „Die Augenzahl ist durch 2 oder durch 3 teilbar“;
E_3: „Die Augenzahl ist durch 4 oder durch 6 teilbar“;
E_4: „Die Augenzahl ist weder durch 4 noch durch 5 teilbar“

	Tetraeder	Hexaeder	Oktaeder	Dodekaeder	Ikosaeder
S	$\{1, 2, 3, 4\}$	$\{1, 2, 3, 4, 5, 6\}$	$\{1, 2, 3, 4, \ldots, 8\}$	$\{1, 2, 3, 4, \ldots, 12\}$	$\{1, 2, 3, 4, \ldots, 20\}$
E_1	$\{1, 4\}$ $P(E_1) = \frac{2}{4} = \frac{1}{2}$	$\{1, 4, 6\}$ $P(E_1) = \frac{3}{6} = \frac{1}{2}$	$\{1, 4, 6, 8\}$ $P(E_1) = \frac{4}{8} = \frac{1}{2}$	$\{1, 4, 6, 8, 9, 10, 12\}$ $P(E_1) = \frac{7}{12}$	$\{1, 4, 6, 8, 9, 10, 12, 14, 15, 16, 18, 20\}$ $P(E_1) = \frac{12}{20} = \frac{3}{5}$
E_2	$\{2, 3, 4\}$ $P(E_2) = \frac{3}{4}$	$\{2, 3, 4, 6\}$ $P(E_2) = \frac{4}{6} = \frac{2}{3}$	$\{2, 3, 4, 6, 8\}$ $P(E_2) = \frac{5}{8}$	$\{2, 3, 4, 6, 8, 9, 10, 12\}$ $P(E_2) = \frac{8}{12} = \frac{2}{3}$	$\{2, 3, 4, 6, 8, 9, 10, 12, 14, 15, 16, 18, 20\}$ $P(E_2) = \frac{13}{20}$
E_3	$\{4\}$ $P(E_3) = \frac{1}{4}$	$\{4, 6\}$ $P(E_3) = \frac{2}{6} = \frac{1}{3}$	$\{4, 6, 8\}$ $P(E_3) = \frac{3}{8}$	$\{4, 6, 8, 12\}$ $P(E_3) = \frac{4}{12} = \frac{1}{3}$	$\{4, 6, 8, 12, 16, 18, 20\}$ $P(E_3) = \frac{7}{20}$
E_4	$\{1, 2, 3\}$ $P(E_4) = \frac{3}{4}$	$\{1, 2, 3, 6\}$ $P(E_4) = \frac{4}{6} = \frac{2}{3}$	$\{1, 2, 3, 6, 7\}$ $P(E_4) = \frac{5}{8}$	$\{1, 2, 3, 6, 7, 9, 11\}$ $P(E_4) = \frac{7}{12}$	$\{1, 2, 3, 6, 7, 9, 11, 13, 14, 17, 18, 19\}$ $P(E_4) = \frac{12}{20} = \frac{3}{5}$

179 **5. a)** (1) P(Der Stein hat zwei gleiche Hälften) $= \frac{7}{28} = \frac{1}{4}$

(2) P(Die Summe der Augen ist gleich 5) $= \frac{3}{28}$

(3) P(Die Summe der Augen ist größer als 9) $= \frac{4}{28} = \frac{1}{7}$

b) (1) P(Der Stein hat zwei gleiche Hälften) $= \frac{6}{21}$

(2) P(Die Summe der Augen ist gleich 5) $= \frac{3}{21} = \frac{1}{7}$

(3) P(Die Summe der Augen ist größer als 9) $= \frac{1}{21}$

179

6. (1) P(Karte ist eine Pik-Karte) $= \frac{8}{32} = \frac{1}{4}$

(2) P(Karte trägt eine Zahl) $= \frac{16}{32} = \frac{1}{2}$

(3) P(Karte ist eine rote Karte) $= \frac{16}{32} = \frac{1}{2}$

(4) P(Karte ist ein schwarzes Ass) $= \frac{2}{32} = \frac{1}{16}$

7. (1) 25 % von 50: ca. 12 bis 13 Spiele.

(2) 25 % von 30: ca. 7 bis 8 Spiele.

(3) 25 % von 100: ca. 25 Spiele.

Die zu erwartende relative Häufigkeit beträgt in allen Fällen ca. 25 %.

8. (1) Diese Aussage ist falsch. Als Mittelwertaussage mit dem Zusatz „im Mittel…“ wäre sie jedoch richtig.

(2) falsch: Es gibt auch Wurfserien von 6 Würfen ohne 3.

(3) falsch: Der Würfel hat kein Gedächtnis.

(4) wahr

(5) falsch: siehe (2)

(6) wahr: So könnte man setzen, da die Wahrscheinlichkeit, dass beim nächsten Wurf keine 3 fällt, (wie bei jedem anderen Wurf) $\frac{5}{6}$ beträgt.

9. Die Wahrscheinlichkeiten sind:

$P(1) = P(3) = \frac{1}{8}$

$P(2) = \frac{1}{4}$

$P(4) = P(5) = P(6) = \frac{1}{6}$

a) Ja, da die Wahrscheinlichkeit für ein weißes Feld über 50 % ist.

b) Ja. Die Wahrscheinlichkeit für eine Zahl größer als 3 ist genau 50 %.

c) Es handelt sich dabei um die gefärbten Sektoren. Die Wahrscheinlichkeit, dass der Zeiger auf einem solchen Sektor stehen bleibt, ist kleiner als 50 % und damit kleiner als die Wahrscheinlichkeiten der in a) und b) betrachteten Ereignisse.

10. (1) „Der Zeiger bleibt …

… auf einem blauen oder einem grünen Sektor stehen. “

… auf einem blauen oder einem roten Sektor stehen.“

… nicht auf einem gelben Sektor stehen.“

(2) „Der Zeiger bleibt …

… auf einem grünen oder einem roten Sektor stehen.“

… auf einem blauen oder einem gelben Sektor stehen.“

4.1 Mehrstufige Zufallsversuche

4.1.1 Mehrstufige Zufallsversuche – Pfadregeln

180 **Einstiegsaufgabe ohne Lösung**

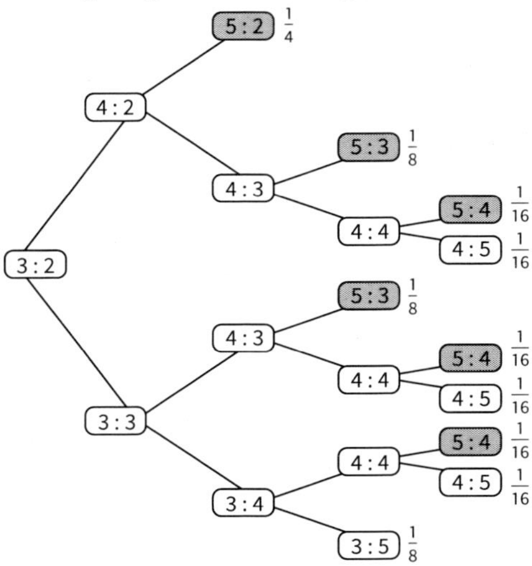

$P(5:2) = \frac{1}{4}$

$P(5:3) = \frac{1}{4}$

$P(5:4) = \frac{3}{16}$

$P(4:5) = \frac{3}{16}$

$P(3:5) = \frac{1}{8}$

P (Mannschaft A gewinnt)
$= \frac{1}{4} + 2 \cdot \frac{1}{8} + 3 \cdot \frac{1}{16} = \frac{11}{16}$

P (Mannschaft B gewinnt)
$= 1 - \frac{11}{16} = \frac{5}{16}$
$\left(\text{oder } = \frac{1}{8} + 3 \cdot \frac{1}{16} = \frac{5}{16}\right)$

Die Aufteilung sollte im Verhältnis 11 : 5 erfolgen.

184 **1.** Wahrscheinlichkeiten an den Glücksrädern:

		gelb	grün	blau
Glücksrad	(1)	$\frac{1}{4}$	$\frac{1}{4}$	$\frac{1}{2}$
	(2)	$\frac{1}{3}$	$\frac{1}{3}$	$\frac{1}{3}$
	(3)	$\frac{5}{12}$	$\frac{1}{3}$	$\frac{1}{4}$
	(4)	$\frac{2}{3}$	$\frac{1}{6}$	$\frac{1}{6}$

	(1)	(2)	(3)	(4)
a)	$\frac{1}{4} \cdot \frac{1}{4} = \frac{1}{16}$	$\frac{1}{3} \cdot \frac{1}{3} = \frac{1}{9}$	$\frac{1}{3} \cdot \frac{5}{12} = \frac{5}{36}$	$\frac{1}{6} \cdot \frac{2}{3} = \frac{1}{9}$
b)	$2 \cdot \frac{1}{4} \cdot \frac{1}{4} = \frac{1}{8}$	$2 \cdot \frac{1}{3} \cdot \frac{1}{3} = \frac{2}{9}$	$2 \cdot \frac{1}{3} \cdot \frac{5}{12} = \frac{5}{18}$	$2 \cdot \frac{1}{6} \cdot \frac{2}{3} = \frac{2}{9}$
c)	$\frac{1}{16} + \frac{1}{4} + \frac{1}{8} = \frac{7}{16}$	$\frac{2}{9} + \frac{1}{3} = \frac{5}{9}$	$\frac{1}{3} + \frac{5}{12} \cdot \frac{1}{3} + \frac{1}{4} \cdot \frac{1}{3} = \frac{5}{9}$	$\frac{2}{3} \cdot \frac{1}{6} + \frac{1}{6} \cdot \frac{1}{6} + \frac{1}{6} = \frac{11}{36}$
d)	$\left(\frac{1}{4}\right)^2 + \left(\frac{1}{4}\right)^2 + \left(\frac{1}{2}\right)^2 = \frac{3}{8}$	$\left(\frac{1}{3}\right)^2 + \left(\frac{1}{3}\right)^2 + \left(\frac{1}{3}\right)^2 = \frac{1}{3}$	$\left(\frac{1}{4}\right)^2 + \left(\frac{5}{12}\right)^2 + \left(\frac{1}{3}\right)^2 = \frac{25}{72}$	$\left(\frac{2}{3}\right)^2 + \left(\frac{1}{6}\right)^2 + \left(\frac{1}{6}\right)^2 = \frac{1}{2}$

2. (1) $\frac{1}{8}$ (3) $\frac{1}{2}$ (5) $\frac{1}{2}$ (7) $\frac{1}{4}$ (9) $\frac{1}{2}$

(2) $\frac{7}{8}$ (4) $\frac{7}{8}$ (6) 0 (8) $\frac{7}{8}$ (10) $\frac{1}{2}$

184 **3. a)**

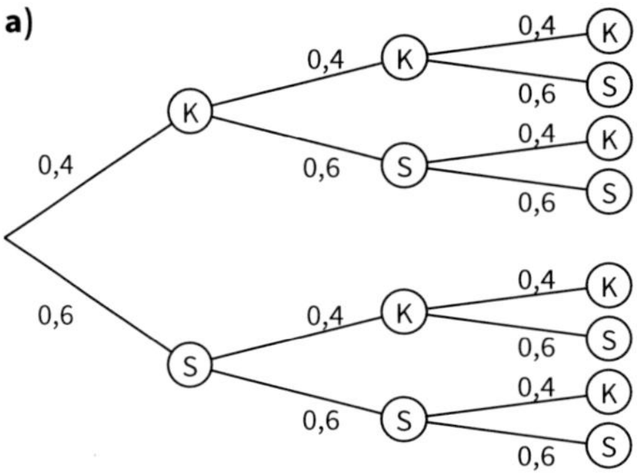

b) $0{,}4 \cdot 0{,}4 \cdot 0{,}6 = 0{,}096$

c) $0{,}4^3 + 3 \cdot 0{,}4^2 \cdot 0{,}6 = 0{,}352$

d) $0{,}4^3 + 0{,}6^3 = 0{,}28$

e) $1 - 0{,}6^3 = 0{,}784$

4. P (Disqualifikation) = p^2 bisheriges Verfahren

P (Disqualifikation) = $p^2 + p \cdot (1 - p) \cdot p$

$= p^2 \cdot (2 - p)$

p	p^2	$p^2 \cdot (2 - p)$
0,25	0,06	0,11
0,5	0,25	0,38
0,75	0,56	0,70
0,9	0,81	0,89

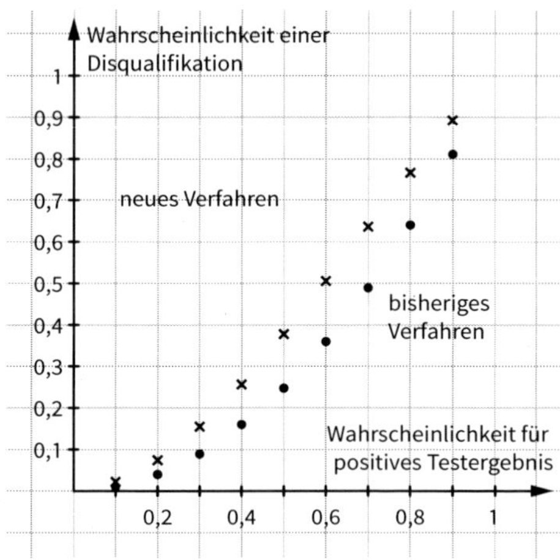

5. a) (1) $\frac{15}{27} \cdot \frac{14}{26} \cdot \frac{12}{25} \approx 14{,}4\,\%$

(2) $3 \cdot \frac{15 \cdot 14 \cdot 12}{27 \cdot 26 \cdot 25} \approx 43{,}1\,\%$

(3) $1 - \frac{15 \cdot 14 \cdot 13}{27 \cdot 26 \cdot 25} \approx 84{,}4\,\%$

b) P (erst zwei Mädchen, dann ein Junge) = $\frac{15}{27} \cdot \frac{14}{26} \cdot 1 \approx 29{,}9\,\%$

P (erst zwei Jungen, dann ein Mädchen) = $\frac{12}{27} \cdot \frac{11}{26} \cdot 1 \approx 18{,}8\,\%$

185 **6.** P (mindestens eine 6 beim 4fachen Würfeln)

$= 1 - P(\text{4-mal keine 6}) = 1 - \left(\frac{5}{6}\right)^4 = 0{,}5177 > 50\,\%$

P (mindestens ein 6er-Pasch beim 24fachen Doppelwurf)

$= 1 - P(\text{24-mal kein 6er-Pasch}) = 1 - \left(\frac{35}{36}\right)^{24} = 0{,}4914 < 50\,\%$

Für eine „kleine Anzahl" von Wiederholungen ist der Unterschied nicht erkennbar, da die Wahrscheinlichkeiten zu dicht beieinander liegen.

185

7. **a)** $P(E_1) = \frac{k^2 + (n-k)^2}{n^2}$; $P(E_2) = 1 - \frac{k^2 + (n-k)^2}{n^2} = \frac{2k(n-k)}{n^2}$

b) E_3 ist das sichere Ereignis, da mindestens zwei Farben übereinstimmen müssen, also $P(E_3) = 1$

c) $P(E_1) = \frac{k \cdot (k-1)}{n \cdot (n-1)} + \frac{(n-k) \cdot (n-k-1)}{n \cdot (n-1)}$; vorausgesetzt wird $k \geq 2$; $n - k \geq 2$

$P(E_2) = 1 - P(E_1)$; $P(E_3) = 1$ (vgl. b)

8. **a)** (1) Man kann davon ausgehen, dass es bzgl. der Blutgruppe keine Rolle spielt, wie alt der Spender ist, und umgekehrt unter den Personen einer Altersgruppe, welche Blutgruppe die betreffende Person hat, d. h. die Verteilung der Blutgruppen ist für alle Altersgruppen gleich.
Daher kann man davon ausgehen, dass etwa 12,9 % $(= 0{,}43 \cdot 0{,}30)$ beide Eigenschaften haben.

(2) In den sprachlichen Fächern werden oft ähnliche Anforderungen gestellt, so dass es oft dieselben Schüler/innen sind, die gute Noten in beiden Fächern erreichen, d. h. der Anteil wird vermutlich deutlich höher sein als 12,9 %.

b) Altersgruppen und Stimmanteile bei Wahlen

9. **a)** (1) P(alle die gleiche Blutgruppe)
$= 0{,}43^3 + 0{,}11^3 + 0{,}05^3 + 0{,}41^3 \approx 0{,}150$

(2) P(alle drei versch. Blutgruppen)
$= 6 \cdot 0{,}43 \cdot 0{,}11 \cdot 0{,}05 + 6 \cdot 0{,}43 \cdot 0{,}11 \cdot 0{,}41 + 6 \cdot 0{,}43 \cdot 0{,}05 \cdot 0{,}41 + 6 \cdot 0{,}11 \cdot 0{,}05 \cdot 0{,}41$
$\approx 0{,}197$

b)

Blutspende für Person mit Blutgruppe	möglicher Spender	Wahrscheinlichkeit P
0	0	0,41
A	A, 0	0,84
B	B, 0	0,52
AB	AB, A, B, 0	1

P(mindestens ein geeigneter Spender)
$= 1 -$ P(drei nicht geeignete Spender) $= 1 - (1 - p)^3$

Patient mit Blutgruppe	P(mindestens ein geeigneter Spender)
0	$1 - 0{,}59^3 = 0{,}795$
A	$1 - 0{,}16^3 = 0{,}996$
B	$1 - 0{,}48^3 = 0{,}889$
AB	$1 - 0^3 = 1$

c) P(mind. 2 Spender für 0) = P(genau 2 Spender für 0) + P(drei Spender für 0)
$= 3 \cdot 0{,}41^2 \cdot 0{,}59 + 0{,}41^3 \approx 36{,}6\,\%$
P(mind. 2 Spender für A)
$= 3 \cdot 0{,}84^2 \cdot 0{,}16 + 0{,}84^3 \approx 93{,}1\,\%$
P(mind. 2 Spender für B)
$= 3 \cdot 0{,}52^2 \cdot 0{,}48 + 0{,}52^3 \approx 53{,}0\,\%$
P(mind. 2 Spender für AB) = 1

186

10. Sorgfältig kontrolliert

Qualität	Wahrscheinlichkeit
1. Wahl	0,612
2. Wahl	0,329
3. Wahl	0,056
Ausschuss	0,003
Kontrolle	1,000

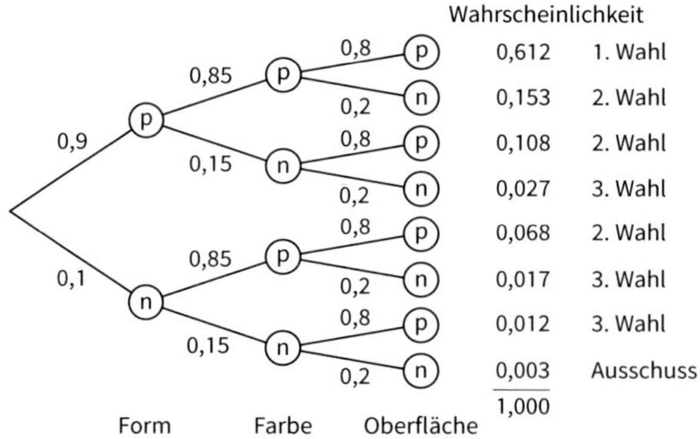

11. a) P(A funktioniert nicht) = 0,05; P(B funktioniert nicht) = 0,1

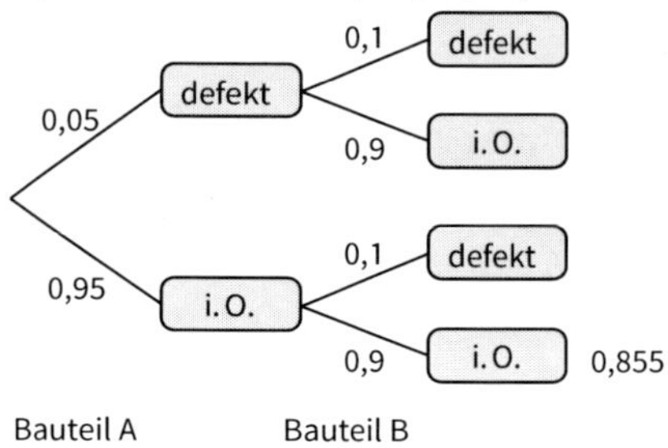

P(Gerät funktioniert nicht) = 1 – 0,855 = 0,145 = 14,5 %

b) Eine Einheit aus zwei parallel geschalteten Bauteilen funktioniert, wenn mindestens eines der Bauteile funktioniert.

(1) P(Einheit A funktioniert nicht) = $0{,}05^2 = 0{,}0025$;

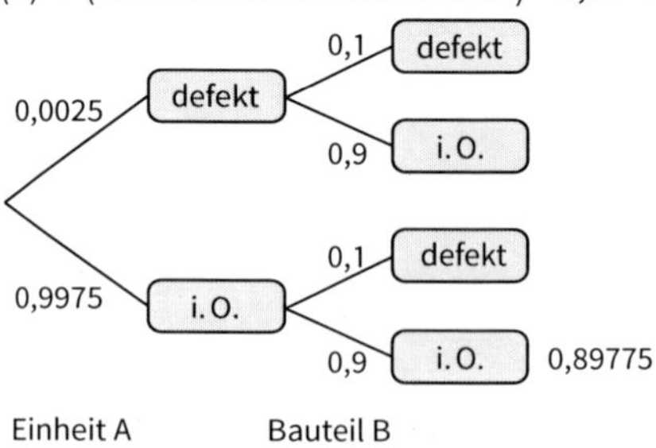

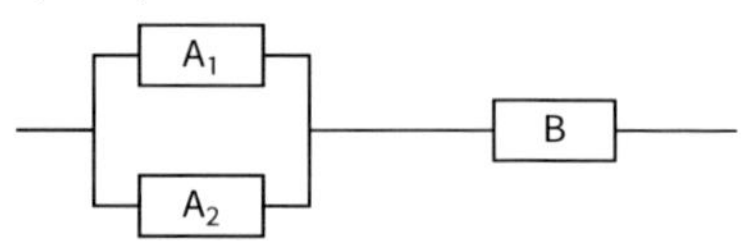

P(Gerät funktioniert nicht) = 1 – 0,89775 = 0,10225 ≈ 10,2 %

186 **11. b)** Fortsetzung

(2) P (Einheit B funktioniert nicht) = $0{,}1^2 = 0{,}01$;

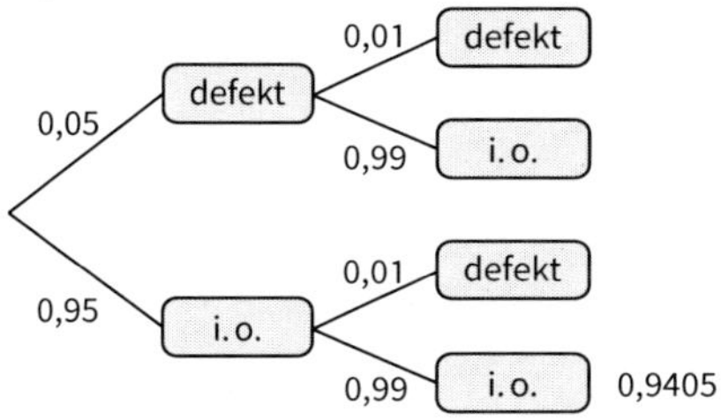

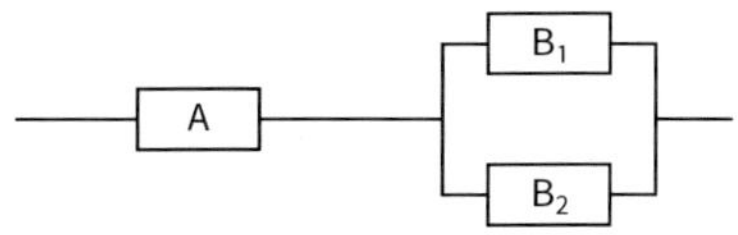

Bauteil A Einheit B

P (Gerät funktioniert nicht) = 1 – 0,9405 = 0,0595 ≈ 6 %

(3)

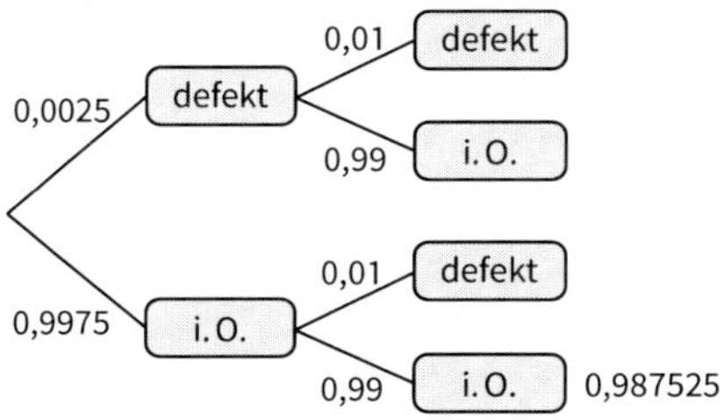

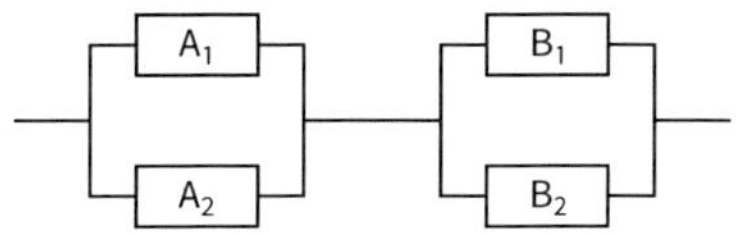

Einheit A Einheit B

P (Gerät funktioniert nicht) = 1 – 0,987525 = 0,012475 ≈ 1,2 %

12. a) $0{,}946 \cdot 0{,}898 \approx 85{,}0\,\%$

b) $0{,}964 \cdot 0{,}019 \approx 1{,}8\,\%$

c) $0{,}946 \cdot 0{,}102 \approx 9{,}6\,\%$

[P (Frau wird 60 J. alt) = 0,946; P (Mann wird nicht 60 J. alt) = 0,102]

Blickpunkt: Simulation von Zufallsversuchen

187 **1. a)** Bei jedem Kauf eines Schokoriegels kann man davon ausgehen, dass die Wahrscheinlichkeit, ein bestimmtes Bild zu bekommen $\frac{1}{12}$ ist. Eine solche Annahme ist berechtigt, da die Gesamtzahl der hergestellten Schokoriegel und Bilder sehr groß ist, es also keine Rolle spielt, ob ein Bild bereits aus der Gesamtheit aller Bilder „entfernt" wurde. Diese Situation ist also vergleichbar mit dem Ziehen mit Zurücklegen.

b) Aufgrund umfangreicher Simulationen kann man feststellen, dass gilt:

k	1	2	3	4	5	6	7	8	9	10	11	12
P(k)	< 0,1 %				1,5 %	9,9 %	28,1 %	35,6 %	19,9 %	4,6 %	0,4 %	< 0,1 %

In den meisten Fällen wird man also nach dem Kauf von 12 Schokoriegeln 8 verschiedene Bilder haben (Mittelwert 7,8 verschiedene Bilder).

c) im Mittel 4,2 fehlende Bilder

188 **2. a)** Beim Wichteln zieht man nacheinander die Namen, ohne die bereits gezogenen zurückzulegen.

b) (1) Stimmen gezogene Nummer und Listennummer überein, dann bedeutet dies, dass die betreffende Person sich selbst beschenken soll.

(2) Aufgrund umfangreicher Simulationen weiß man, dass nur bei ca. 37 von 100 Simulationen niemand dabei ist, der sein eigenes Geschenk zieht.
In der Grafik ist dies ablesbar, wenn es einen Punkt gibt, der auf der Geraden mit $y = x$ liegt (d. h. beide Nummern übereinstimmen).

189 **3.** Man muss den einzelnen Augenzahlen Wappen bzw. Zahl zuordnen, z. B.

$1 \to W$, $2 \to W$, $3 \to W$
$4 \to Z$, $5 \to Z$, $6 \to Z$
oder gerade Augenzahl $\to W$ ungerade Augenzahl $\to Z$

4. (1) Beim Werfen mit einem Hexaeder beachtet man Würfe mit Augenzahl 5 oder 6 nicht.
Beim Werfen mit einem Oktaeder ordnet man die Augenzahlen z. B. wie folgt zu:

$1 \to 1$ $2 \to 2$ $3 \to 3$ $4 \to 4$
$5 \to 1$ $6 \to 2$ $7 \to 3$ $8 \to 4$

oder:

$1 \to 1$ $3 \to 2$ $5 \to 3$ $7 \to 4$
$2 \to 1$ $4 \to 2$ $6 \to 3$ $8 \to 4$

Entsprechende Zuordnungen nimmt man beim Werfen mit einem Dodekaeder vor:

$1 \to 1$ … $4 \to 4$
$5 \to 1$ … $8 \to 4$
$9 \to 1$ … $12 \to 4$

… beim Werfen mit einem Ikosaeder …

$1 \to 1$ … $4 \to 4$
$5 \to 1$ … $8 \to 4$
$9 \to 1$ … $12 \to 4$
$13 \to 1$ … $16 \to 4$
$17 \to 1$ … $20 \to 4$

(2) Analog zu (1) lässt man beim Oktaederwurf Würfe mit Augenzahlen 7, 8 weg bzw. ordnet beim Dodekaeder Augenzahlen zu:

$1 \to 1$ … $4 \to 6$
$7 \to 1$ … $12 \to 6$

bzw. ordnet zu und lässt 19, 20 weg

$1 \to 1$ … $6 \to 6$
$7 \to 1$ … $12 \to 6$
$13 \to 1$ … $18 \to 6$

(3) und (4) analog zu (1) und (2)

189 **5. a)** –

b) Jeweils 5 Zufallszahlen aus der Menge $\{1, 2, 3, \ldots 15\}$ werden ausgewählt (Ziehen mit Wiederholung).
In den 6 Beispielen stellt man fest:
Keine Wiederholung in Simulation 1, 3, 4, 5. Wiederholung der 9 in Simulation 2. Zwei Wiederholungen (6 und 8) in Simulation 6.

c) Die grafische Darstellung lässt unmittelbar erkennen, ob eine Zufallszahl doppelt erzeugt wurde.
Durch umfangreiche Simulationen kann man herausfinden, dass die Wahrscheinlichkeit für mindestens eine Wiederholung beim Kauf von 5 Packungen bereits über 50 % ist!

190 **6.** (1) Aus einer Menge von 20 Namen, die zu den 10 Paaren gehören, werden 10 herausgegriffen. Dann wird geprüft, in wie vielen Fällen beide Partner überleben bzw. beide verstorben sind bzw. nur ein Partner überlebt hat.

(2) Aus der Menge der Zahlen $\{1, 2, 3, \ldots, 20\}$ werden 10 Zahlen ohne Zurücklegen gezogen und diese grafisch dargestellt. Wenn man beispielsweise $(1|2), (3|4), \ldots (19|20)$ als Paare ansieht, dann gilt für das Simulationsbeispiel:

beide überleben	$(1\|2), (7\|8), (15\|16)$	also 3 Paare überleben
beide verstorben	$(13\|14), (17\|18), (19\|20)$	
einzelne überleben	4, 5, 9, 12	

Aufgrund umfangreicher Simulationen weiß man, dass in 12 % nur 1 Ehepaar überlebt, 44 % zwei, 36 % drei, 7 % vier.

7. Das Spiel muss als Ziehen ohne Zurücklegen modelliert werden.
Die beiden Mitspieler ziehen nacheinander jeweils eine Zahl aus der Menge $\{1, 2, 3, \ldots, 32\}$, welche die Karten des Kartenspiels repräsentiert. Das Spiel kann mithilfe des GTR so simuliert werden, dass zunächst die Liste $L1 = \{1, 2, \ldots, 32\}$ erzeugt wird, dann mithilfe des *rand Samp*-Befehls jeweils eine Liste L2 und eine Liste L3, die die gemischten Kartenstapel der beiden Mitspieler darstellen.
Dass gleiche Karten von beiden Mitspielern gezogen werden, kann man daran erkennen, dass bei der Darstellung der Einzelergebnisse als Punkte in einem L2-L3-Koordinatensystem Punkte auftreten, die auf der Geraden mit $y = x$ liegen. Nach einer großen Zahl von Simulationen stellt man fest, dass die Wahrscheinlichkeit dafür, dass mindestens einmal gleichzeitig zwei gleiche Karten aufgedeckt werden, ca. 63 % beträgt.

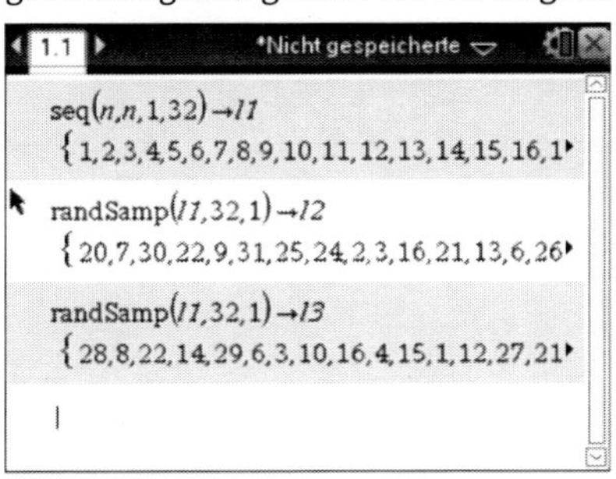

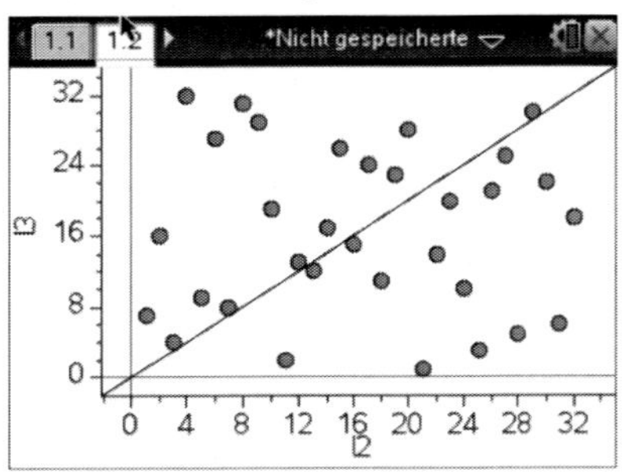

190 **7.** Fortsetzung

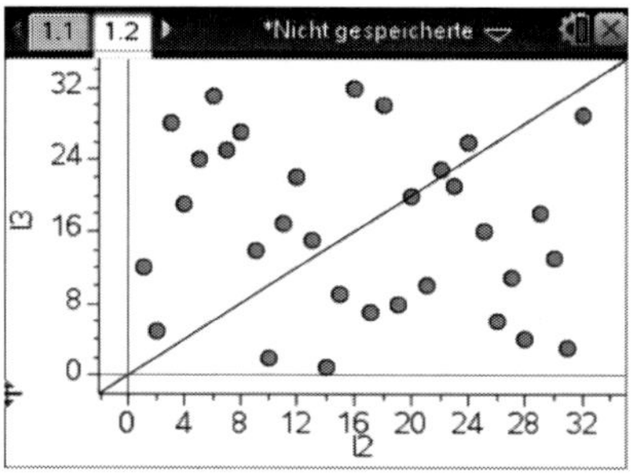

8. a) Sind die notierten Augenzahlen alle unterschiedlich, dann dürfen alle drei Personen ihre Tafel behalten (Fall 1). Stimmen zwei der drei Augenzahlen überein, dann erhält nur die Person eine Tafel, deren Augenzahl nicht mit den übrigen übereinstimmt (Fall 2). Haben alle Personen die gleiche Augenzahl notiert, dann gehen alle leer aus (Fall 3).

b) Unter der Annahme, dass die Augenzahlen jeweils mit der gleichen Wahrscheinlichkeit aufgeschrieben werden, kann man die Situation mit dem GTR als dreimaliges Werfen eines Würfels simulieren.

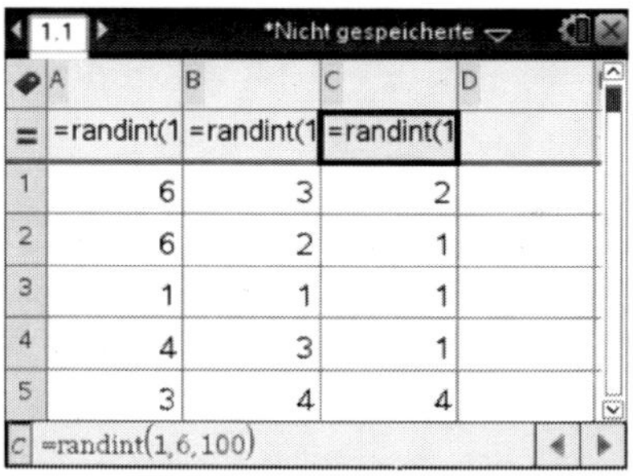

	A	B	C	D
=	=randint(1	=randint(1	=randint(1	
1	6	3	2	
2	6	2	1	
3	1	1	1	
4	4	3	1	
5	3	4	4	

C =randint(1,6,100)

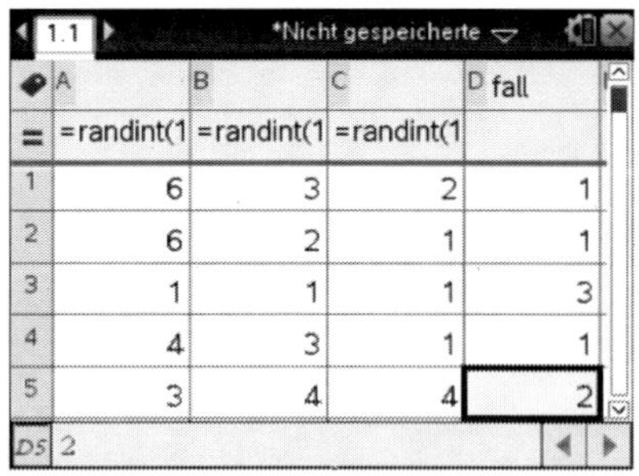

	A	B	C	D fall
=	=randint(1	=randint(1	=randint(1	
1	6	3	2	1
2	6	2	1	1
3	1	1	1	3
4	4	3	1	1
5	3	4	4	2

D5 2

Dann kann in Spalte D eingetragen werden, welcher Fall vorliegt; die Auswertung von Spalte D kann grafisch erfolgen.

Theoretische Wahrscheinlichkeiten:

Die drei Fälle treten mit folgenden Wahrscheinlichkeiten auf:

$P(\text{Fall } 1) = \frac{6}{6} \cdot \frac{5}{6} \cdot \frac{4}{6} = \frac{20}{36} \approx 55{,}6\,\%$;

$P(\text{Fall } 2) = 3 \cdot \frac{6}{6} \cdot \frac{5}{6} \cdot \frac{1}{6} = \frac{15}{36} \approx 41{,}7\,\%$;

$P(\text{Fall } 3) = 6 \cdot \frac{1}{6} \cdot \frac{1}{6} \cdot \frac{1}{6} = \frac{1}{36} \approx 2{,}8\,\%$.

c) Im Mittel werden pro Spielrunde $\frac{20}{36} \cdot 3 + \frac{15}{36} \cdot 1 = \frac{75}{36} \approx 2{,}1$ Schokotäfelchen ausgegeben.

191

9. a) Wir beschriften 18 Spielsteine, je drei mit den Nummern 1, 2, 3, 4, 5, 6. Die Spielsteine werden in ein Gefäß gelegt und gut gemischt. Dann wird so lange aus dem Gefäß gezogen, bis drei Steine gezogen sind, die die gleiche Nummer tragen.

Beispiele für mögliche Ziehungen:

(1) Gezogene Nummern: 5 3 1 5 2 6 5
Der Spieler mit der Glückszahl 5 hat gewonnen.
Die Glückszahl 4 wurde noch nicht gezogen.

(2) Gezogene Nummern: 4 3 4 5 3 4
Der Spieler mit der Glückszahl 4 hat gewonnen.
Die Glückszahlen 1, 2 und 6 wurden noch nicht gezogen.

(3) Gezogene Nummern: 2 4 1 5 1 6 3 4 3 6 1
Der Spieler mit der Glückszahl 1 hat gewonnen.
Alle Glückszahlen wurden mindestens einmal gezogen.

Die Beispielziehungen (1) und (2) gehören zum interessierenden Ereignis E, Beispiel (3) nicht.

Die relativen Häufigkeiten stabilisieren sich zwischen 50 % und 60 %.

b) Eine Menge von Objekten (je dreimal die Zahlen 1, 2, 3, 4, 5, 6) wird eingegeben. Aus dieser wird ohne Zurücklegen gezogen. Da 6 verschiedene Zahlen betrachtet werden, muss spätestens nach der 13. Ziehung eine Zahl dreimal gezogen sein. An der Grafik kann man ablesen, welche der 6 Zahlen als Erste dreimal gezogen wurde. Dann überprüft man, ob bis dahin auch alle übrigen Zahlen gezogen wurden. Im abgebildeten Beispiel wurde die Zahl 1 als Erste dreimal gezogen (bei der 10. Ziehung) – auch die anderen Zahlen wurden bis dahin gezogen.

10. a) Beispielsweise kann man einen Würfel 6-mal werfen und die Ergebnisse „gerade Augenzahl" bzw. „ungerade Augenzahl" unterscheiden.

b) Es gibt $2^6 = 64$ verschiedene W-Z-Folgen, von denen 38 einen Run mindestens der Länge 3 enthalten, d. h. die Wahrscheinlichkeit für ein solches Ereignis beträgt ca. 59 %.

Wenn man den Versuch 100-mal simuliert, wird man in den meisten Fällen eine Sequenz vorliegen haben, in der mindestens ein Run mit mindestens der Länge 3 sein wird.

[Hinweis: Mithilfe eines Binomialansatzes kann man ausrechnen, dass man nur mit einer Wahrscheinlichkeit von ca. 4 % bei einer 100fachen Simulation 50-mal oder weniger oft Sequenzen mit Runs der Länge 3 oder mehr hat.]

4.1.2 Wahrscheinlichkeitsverteilungen und zu erwartende Mittelwerte

192 **Einstiegsaufgabe ohne Lösung**

a) Kombinationstabelle zur Ermittlung der Augensumme

Augenzahl Würfel links \ Augenzahl Würfel rechts	1	3	4	5	6	8
1	2	4	5	6	7	9
2	3	5	6	7	8	10
2	3	5	6	7	8	10
3	4	6	7	8	9	11
3	4	6	7	8	9	11
4	5	7	8	9	10	12

Aus der Kombinationstabelle kann man ablesen:

Augensumme	Auszahlung in €	Wahrscheinlichkeit	zu erwartende Auszahlung in € in 360 Spielen
2	0,20	$\frac{1}{36}$	$10 \cdot 0{,}20 = 2{,}00$
3	0,30	$\frac{2}{36}$	$20 \cdot 0{,}30 = 6{,}00$
4	0,40	$\frac{3}{36}$	$30 \cdot 0{,}40 = 12{,}00$
5	0,50	$\frac{4}{36}$	$40 \cdot 0{,}50 = 20{,}00$
6	0,60	$\frac{5}{36}$	$50 \cdot 0{,}60 = 30{,}00$
7	0,70	$\frac{6}{36}$	$60 \cdot 0{,}70 = 42{,}00$
8	0,80	$\frac{5}{36}$	$50 \cdot 0{,}80 = 40{,}00$
9	0,90	$\frac{4}{36}$	$40 \cdot 0{,}90 = 36{,}00$
10	1,00	$\frac{3}{36}$	$30 \cdot 1{,}00 = 30{,}00$
11	1,10	$\frac{2}{36}$	$20 \cdot 1{,}10 = 22{,}00$
12	1,20	$\frac{1}{36}$	$10 \cdot 1{,}20 = 12{,}00$

b) rechte Spalte: Summe = 252,00 €

Einsatz für 360 Spiele: $360 \cdot 0{,}70 = 252{,}00$ €

Da für 360 Spiele eine Auszahlung zu erwarten ist, die gleich dem Einsatz ist, ist dies ein faires Angebot.

194

1. a) Kombinationstabelle für das Produkt

	1	2	4
1	1	2	4
2	2	4	8
4	4	8	16

b)

Produkt	Wahrscheinlichkeit	
1	$\frac{1}{2}\cdot\frac{1}{2}=\frac{1}{4}$	$=\frac{9}{36}$
2	$2\cdot\frac{1}{2}\cdot\frac{1}{3}=\frac{1}{3}$	$=\frac{12}{36}$
4	$2\cdot\frac{1}{2}\cdot\frac{1}{6}+\frac{1}{3}\cdot\frac{1}{3}=\frac{5}{18}$	$=\frac{10}{36}$
8	$2\cdot\frac{1}{3}\cdot\frac{1}{6}=\frac{1}{9}$	$=\frac{4}{36}$
16	$\frac{1}{6}\cdot\frac{1}{6}$	$=\frac{1}{36}$

Kontrolle: Summe = 1

c) Zu erwartende Produkte in 360 Spielen:

$90\cdot 1+120\cdot 2+100\cdot 4+40\cdot 8+10\cdot 16=1\,210$

Mittelwert pro Spiel $\frac{1\,210}{360}=3{,}36\overline{1}$

2.

Auszahlung (in €)	zugehörige Wahrscheinlichkeit	erw. Anzahl in 60 Spielen	erw. Auszahlung (in €)
1	$\frac{1}{2}$	30	30
2	$\frac{1}{3}$	20	40
5	$\frac{1}{6}$	10	50
	Kontrolle: 1	Kontrolle: 60	gesamt: 120

In 60 Spielen ist eine Auszahlung von 120 € zu erwarten. Wenn der Spieleinsatz 2 € beträgt, dann wird in 60 Spielen ein Betrag von 120 € eingesetzt, d. h. Einsatz und Auszahlung sind dann ungefähr gleich groß.

3.

Auszahlung in €	Wahrscheinlichkeit	erwartete Auszahlung in 1 Spiel in €
1,00	0,4	0,4
2,00	0,3	0,6
3,00	0,2	0,6
4,00	0,1	0,4
erwartete Auszahlung pro Spiel insgesamt:		2,0

Fairer Einsatz: 2,00 €

4. a)

Augenzahl	Wahrscheinlichkeit	erwartete Auszahlung in 1 Spiel in €
1	$\frac{3}{6}$	$\frac{3}{6}$
2	$\frac{2}{6}$	$\frac{4}{6}$
3	$\frac{1}{6}$	$\frac{5}{6}$
erwartete Auszahlung pro Spiel insgesamt:		$\frac{12}{6}=2$

Einsatz für ein faires Spiel: 2,00 €

194

4. b)

Produkt der Augenzahl	Wahrscheinlichkeit	erwartete Auszahlung in 1 Spiel in €
1	$1 \cdot \frac{9}{36} = \frac{9}{36}$	$\frac{9}{36}$
2	$2 \cdot \frac{6}{36} = \frac{12}{36}$	$\frac{24}{36}$
4	$1 \cdot \frac{4}{36} = \frac{4}{36}$	$\frac{16}{36}$
5	$2 \cdot \frac{3}{36} = \frac{6}{36}$	$\frac{30}{36}$
10	$2 \cdot \frac{2}{36} = \frac{4}{36}$	$\frac{40}{36}$
25	$1 \cdot \frac{1}{36} = \frac{1}{36}$	$\frac{25}{36}$
erwartete Auszahlung pro Spiel insgesamt:		$\frac{144}{36} = 4$

(Einsatz für ein faires Spiel: 4,00 €)

195

5. Zu erwartende Kosten pro Gerät:
$0{,}15 \cdot 35{,}00\,€ + 0{,}10 \cdot 25{,}00\,€ + 0{,}02 \cdot 20{,}00\,€ = 8{,}15\,€$

6. a)

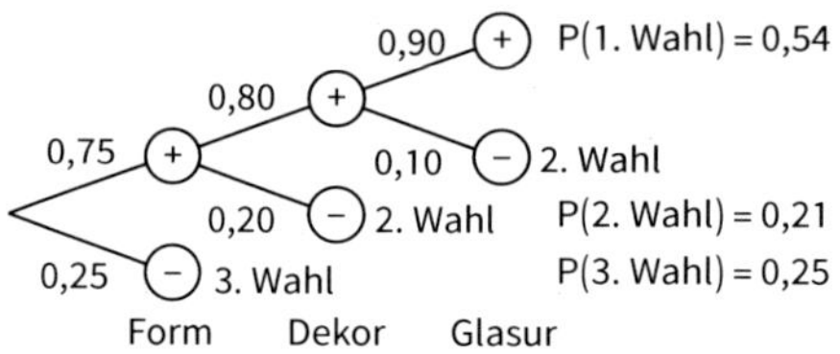

b) Kosten für Vasen 3. Wahl: 5,00 + 8,00 + 2,00 + 3,00 = 18,00 €
Kosten für übrige Vasen: 5,00 + 8,00 + 2,00 + 2 · 3,00 + 12,00 = 33,00 €

Vasen	Wahrscheinlichkeit	Kosten	Einnahmen	zu erwartender Gewinn pro Vase
1. Wahl	0,54	33 €	59,95 €	14,553 €
2. Wahl	0,21	33 €	29,95 €	– 0,6405 €
3. Wahl	0,25	18 €	14,95 €	– 0,7625 €
zu erwartender Gewinn pro Vase insgesamt:				13,15 €

7. Berechnung des zu erwartenden Gewinns bei der Herstellung von 15 Packungen:

Anzahl der verkauften Packungen	Gewinn in €	Wahrscheinlichkeit	zu erwartender Gewinn pro Packung
10	$10 \cdot 4 - 5 \cdot 6 = 10$	0,05	0,5
11	$11 \cdot 4 - 4 \cdot 6 = 20$	0,15	3,0
12	$12 \cdot 4 - 3 \cdot 6 = 30$	0,30	9,0
13	$13 \cdot 4 - 2 \cdot 6 = 40$	0,25	10,0
14	$14 \cdot 4 - 1 \cdot 6 = 50$	0,15	7,5
15	$15 \cdot 4 = 60$	0,10	6,0
insgesamt zu erwartender Gewinn pro Tag:			36,0

195 **7.** Fortsetzung

Berechnung des zu erwartenden Gewinns bei der Herstellung von 14 Packungen:

Anzahl der verkauften Packungen	Gewinn in €	Wahrscheinlichkeit	zu erwartender Gewinn pro Packung
10	$10 \cdot 4 - 4 \cdot 6 = 16$	0,05	0,8
11	$11 \cdot 4 - 3 \cdot 6 = 26$	0,15	3,9
12	$12 \cdot 4 - 2 \cdot 6 = 36$	0,30	10,8
13	$13 \cdot 4 - 1 \cdot 6 = 46$	0,25	11,5
14	$14 \cdot 4 = 56$	0,25	14,0
		insgesamt zu erwartender Gewinn pro Tag:	41,0

Berechnung des zu erwartenden Gewinns bei der Herstellung von 13 Packungen:

Anzahl der verkauften Packungen	Gewinn in €	Wahrscheinlichkeit	zu erwartender Gewinn pro Packung
10	$10 \cdot 4 - 3 \cdot 6 = 22$	0,05	1,1
11	$11 \cdot 4 - 2 \cdot 6 = 32$	0,15	4,8
12	$12 \cdot 4 - 1 \cdot 6 = 42$	0,30	12,6
13	$13 \cdot 4 = 52$	0,50	26,0
		insgesamt zu erwartender Gewinn pro Tag:	44,5

Berechnung des zu erwartenden Gewinns bei der Herstellung von 12 Packungen:

Anzahl der verkauften Packungen	Gewinn in €	Wahrscheinlichkeit	zu erwartender Gewinn pro Packung
10	$10 \cdot 4 - 2 \cdot 6 = 28$	0,05	1,4
11	$11 \cdot 4 - 1 \cdot 6 = 38$	0,15	5,7
12	$12 \cdot 4 = 48$	0,80	38,4
		insgesamt zu erwartender Gewinn pro Tag:	45,5

Berechnung des zu erwartenden Gewinns bei der Herstellung von 11 Packungen:

Anzahl der verkauften Packungen	Gewinn in €	Wahrscheinlichkeit	zu erwartender Gewinn pro Packung
10	$10 \cdot 4 - 1 \cdot 6 = 34$	0,05	1,7
11	$11 \cdot 4 = 44$	0,95	41,8
		insgesamt zu erwartender Gewinn pro Tag:	43,5

Der Gewinn ist also am größten, wenn 12 Sushi-Packungen hergestellt werden.

4.2 Bedingte Wahrscheinlichkeiten

4.2.1 Baumdiagramm und Vierfeldertafeln

196 **Einstiegsaufgabe ohne Lösung**

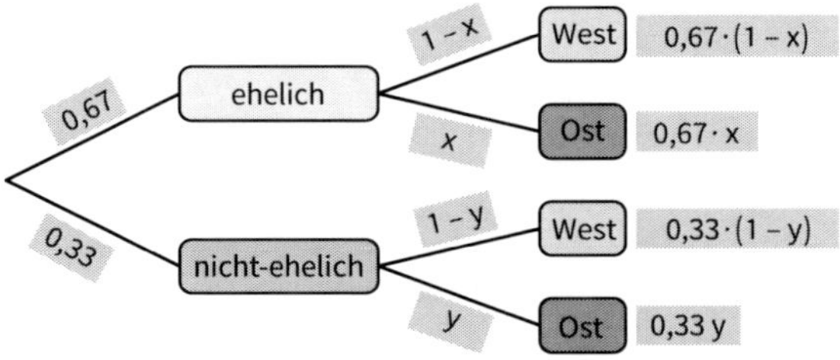

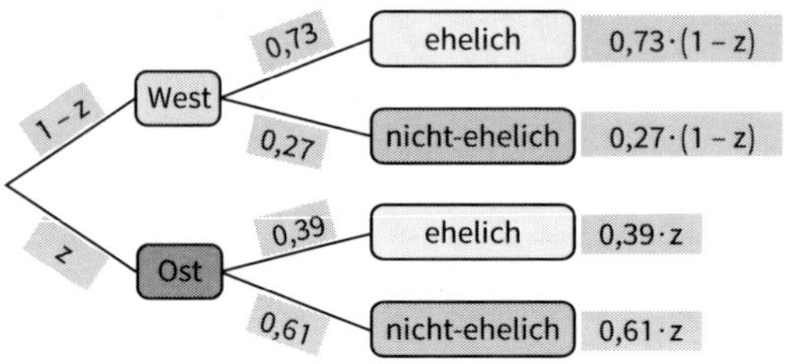

Folgende Pfadwahrscheinlichkeiten stimmen überein:

(1) $0{,}67 \cdot (1 - x) = 0{,}73 \cdot (1 - z)$

(2) $0{,}67 \cdot x = 0{,}39 \cdot z$

(3) $0{,}33 \cdot (1 - y) = 0{,}27 \cdot (1 - z)$

(4) $0{,}33 \cdot y = 0{,}61 \cdot z$

Aus (2), (4) ergibt sich: $x = \frac{0{,}39}{0{,}67} \cdot z \approx 0{,}582 \cdot z$; $y = \frac{0{,}61}{0{,}33} \cdot z \approx 1{,}848 \cdot z$

Einsetzen in (1) ergibt: $0{,}67 \cdot (1 - 0{,}582\,z) = 0{,}73 \cdot (1 - z) \Rightarrow z \approx 0{,}176 \approx 18\,\%$

Hieraus folgt: $x \approx 0{,}102 \approx 10\,\%$; $y \approx 0{,}325 \approx 33\,\%$

[Einsetzen in (3) ergibt: $0{,}33 \cdot (1 - 1{,}848\,z) = 0{,}27 \cdot (1 - z) \Rightarrow z \approx 0{,}176$]

Informationen aus dem Baumdiagramm links/rechts:
67 % der Neugeborenen kommen ehelich zur Welt, davon ca. 10 % in Ostdeutschland.
Bei den nichtehelichen Neugeborenen beträgt der Anteil der Kinder aus Ostdeutschland ca. 33 %.
Etwa 18 % der Neugeborenen wird in Ostdeutschland geboren, davon 39 % ehelich.
Dagegen sind 73 % der Neugeborenen in Westdeutschland ehelich geboren.

200

1.

		Geschlecht		
		Männer	Frauen	gesamt
Studienfach	MINT	(26,9 %)	10,6 %	37,5 %
	andere Fächer	(25,8 %)	(36,7 %)	62,5 %
	gesamt	52,7 %	47,3 %	1

◯ ergänzt zu 100 %

☐ $28{,}2\,\%$ von $37{,}5\,\% = 0{,}282 \cdot 0{,}375 \approx 0{,}106$

( ) ergänzt nach Berechnung von ☐

2. **a)** 46,4 % aller befragten Personen einer Untersuchung waren männlichen Geschlechts, darunter 35,1 % Raucher.
Der Anteil der Raucher unter den befragten Frauen betrug nur 20,6 %.

b) Die Pfadwahrscheinlichkeiten ergeben die inneren Werte der Vierfeldertafel (z. B. $0{,}464 \cdot 0{,}351 = 0{,}163 = 16{,}3\,\%$)

		Raucher		
		ja	nein	gesamt
Geschlecht	m	16,3 %	30,1 %	46,4 %
	w	11,0 %	42,6 %	53,6 %
gesamt		27,3 %	72,7 %	100 %

3. (1)

	SPD	CDU/CSU	Grüne	FDP	Linke	sonstige	gesamt
neue Länder und Berlin Ost	3,82 %	7,60 %	1,25 %	0,58 %	4,26 %	2,59 %	20,1 %
alte Länder und Berlin West	21,89 %	33,96 %	7,19 %	4,15 %	4,31 %	8,39 %	79,9 %
gesamt	25,71 %	41,56 %	8,44 %	4,73 %	8,57 %	10,98 %	100 %

200 **3.** (2)

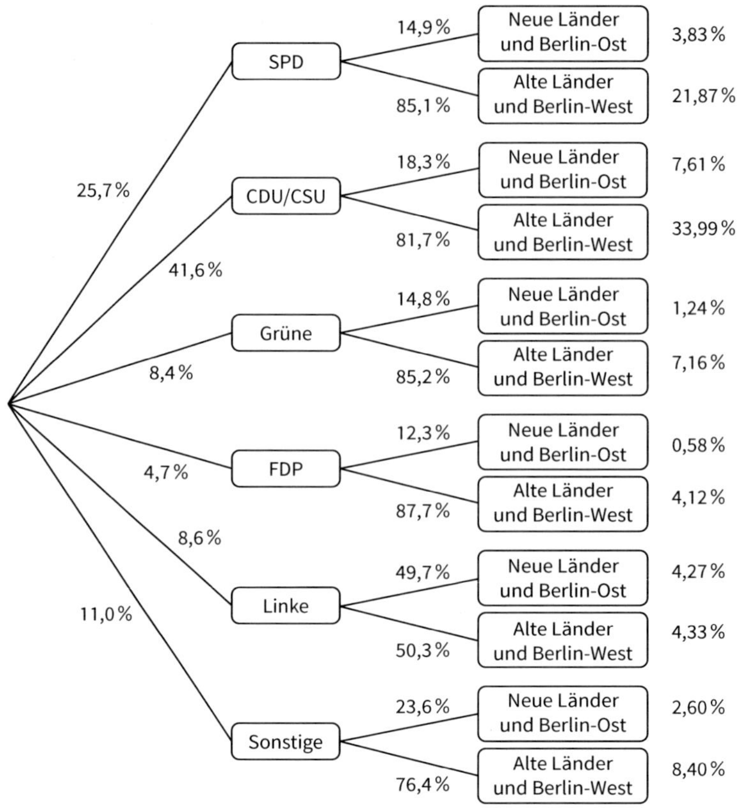

Die Parteien SPD, CDU/CSU, Die Grünen und FDP haben in den neuen Ländern durchweg unterrepräsentativ viele Stimmen gewonnen. Demgegenüber erzielte die Partei Die Linke fast 50 % ihres Gesamtergebnisses aus den neuen Ländern und ist damit verhältnismäßig immer noch deutlich stärker als in den alten Ländern.

201 **4. a)**

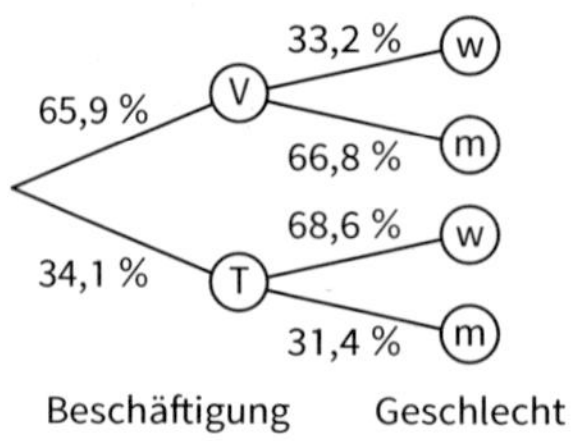

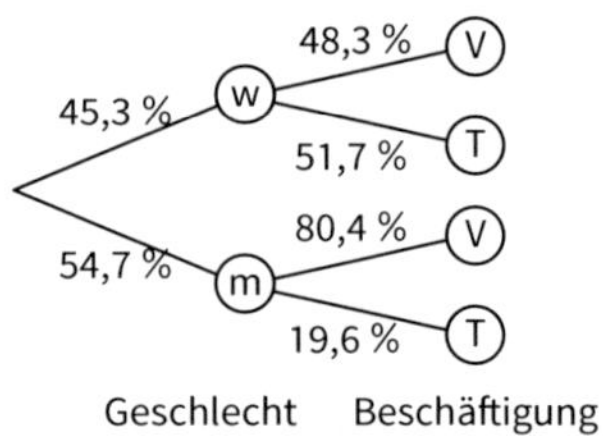

b) (1) Von 1 000 Erwerbstätigen sind 453 weiblich und 547 männlich. Von den weiblichen Erwerbstätigen sind 48,3 % in Vollzeit beschäftigt. Von den männlichen Erwerbstätigen sind 80,4 % in Vollzeit beschäftigt.

(2) Von 1 000 Erwerbstätigen haben 659 einen Vollzeit-Job und 341 eine Teilzeit-Beschäftigung. Unter den Vollzeitbeschäftigten sind 33,2 % weiblich. Unter den Teilzeitbeschäftigten sind 68,6 % weiblich.

201 **5. a)**

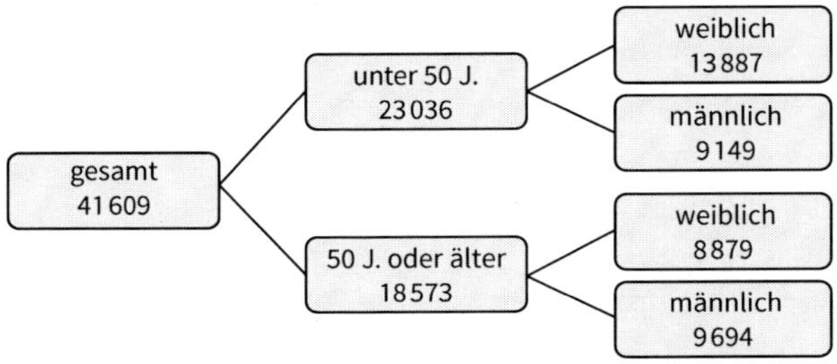

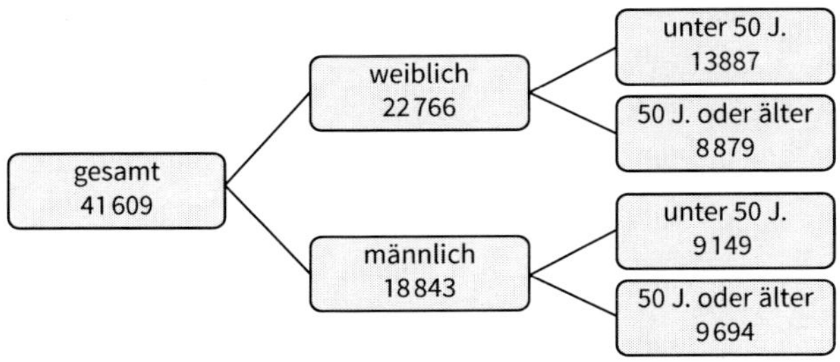

b)

	weiblich	männlich	gesamt
unter 50 J.	13 887	9 149	23 036
50 J. oder älter	8 879	9 694	18 573
gesamt	22 766	18 843	41 609

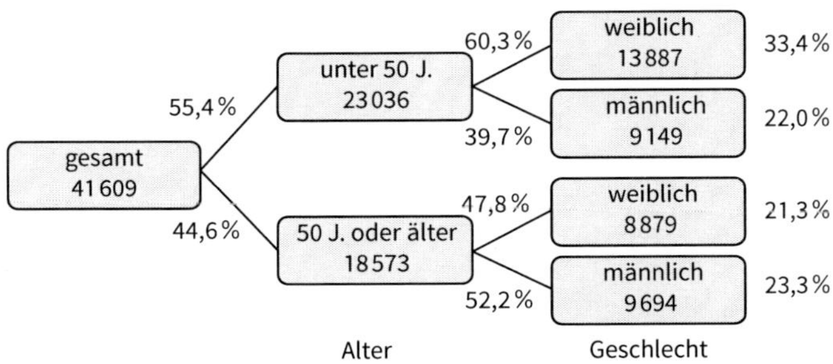

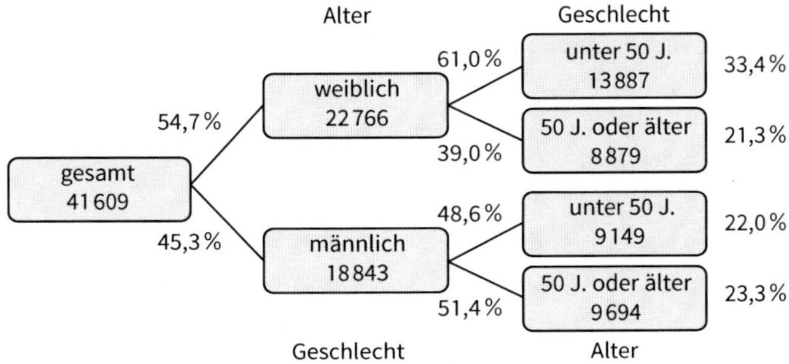

201

6. Es ergibt sich folgende Vierfeldertafel mit relativen Häufigkeiten:

		Röntgen-Untersuchung		gesamt
		kariös	gesund	
klinische Untersuchung	kariös	3,0 %	0,1 %	3,1 %
	gesund	6,7 %	90,2 %	96,9 %
gesamt		9,7 %	90,3 %	100 %

Man erhält damit folgende Baumdiagramme für die verschiedenen Reihenfolgen der Untersuchungen:

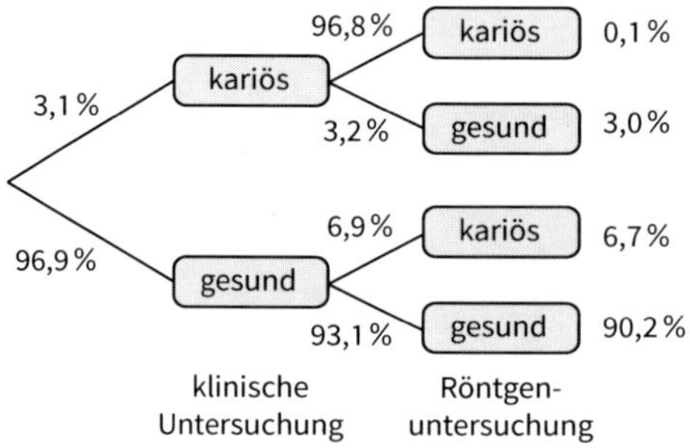

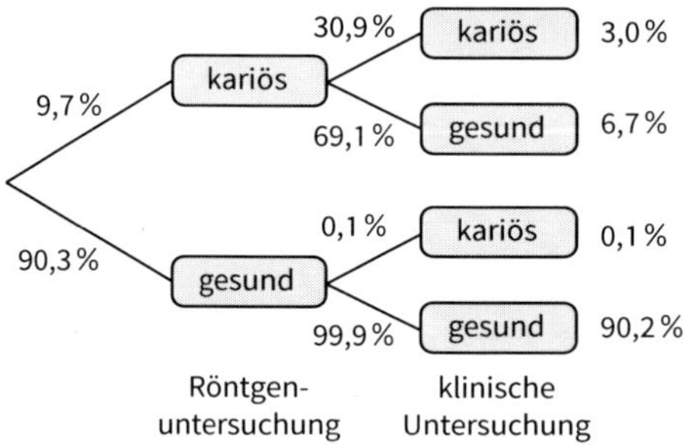

In 3,1 % der klinischen Untersuchungen wird bei Patienten Karies festgestellt; jedoch stellt sich bei einer Röntgenkontrolle nur in 3,2 % der Fälle heraus, dass tatsächlich Karies vorliegt. Andererseits haben 6,9 % Karies, obwohl diese Personen aufgrund der klinischen Analyse als „gesund" bezeichnet wurden.
9,7 % der untersuchten Personen haben Kariesschäden, jedoch wird dies nur bei 30,9 % der Personen durch eine klinische Untersuchung festgestellt. Andererseits vermuten Ärzte bei 0,1 % der Personen, die tatsächlich keine Kariesschäden haben, einen Kariesbefall.

202 **7. a)**

		männlich	weiblich	gesamt
Führerschein entzogen	ja	20,5 %	2,5 %	23,0 %
	nein	61,5 %	15,5 %	77,0 %
gesamt		82,0 %	18,0 %	100,0 %

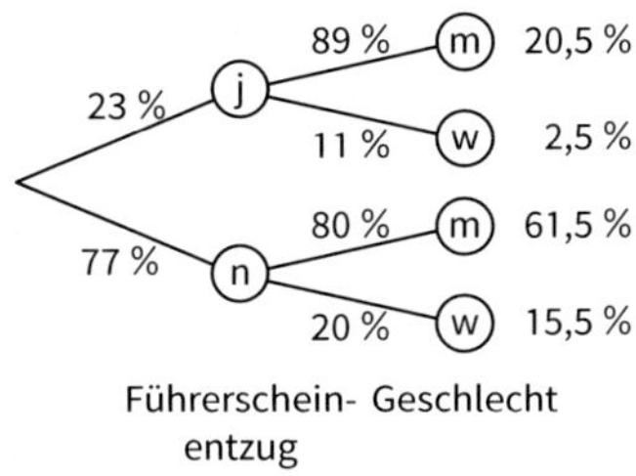

Bei 23 % der im Flensburger Zentralregister erfassten Personen war der Führerschein entzogen worden; hiervon waren 89 % männlich. Unter den übrigen erfassten Personen sind „nur“ 80 % Männer.

8. a) (1)

	Urne	Brief	gesamt
CDU	105 369	66 020	171 389
übrige	234 003	113 997	348 000
gesamt	339 372	180 017	519 389

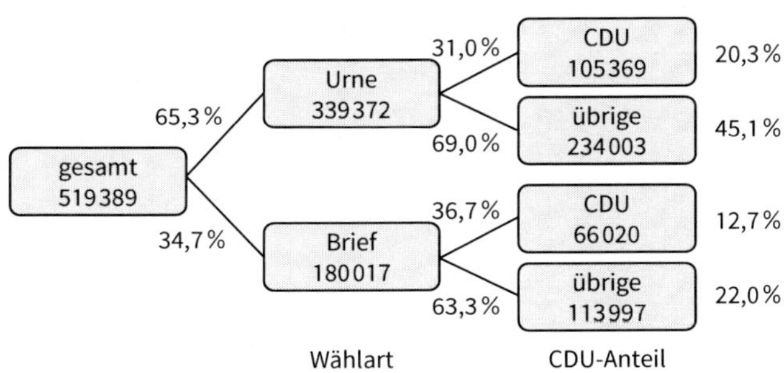

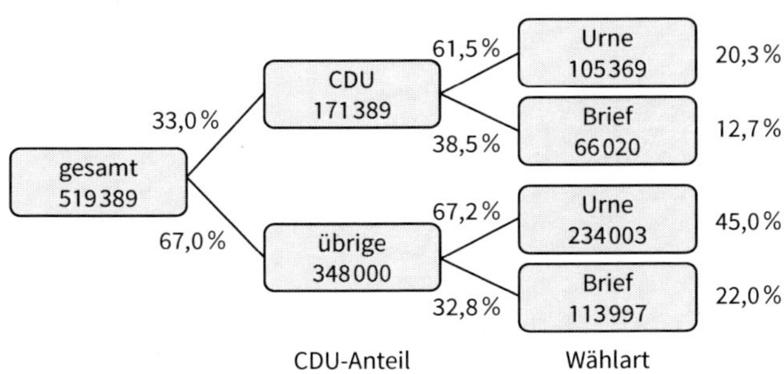

202

8. Fortsetzung

a) (2)

	Urne	Brief	gesamt
SPD	104 495	50 239	154 734
übrige	234 877	129 778	364 655
gesamt	339 372	180 017	519 389

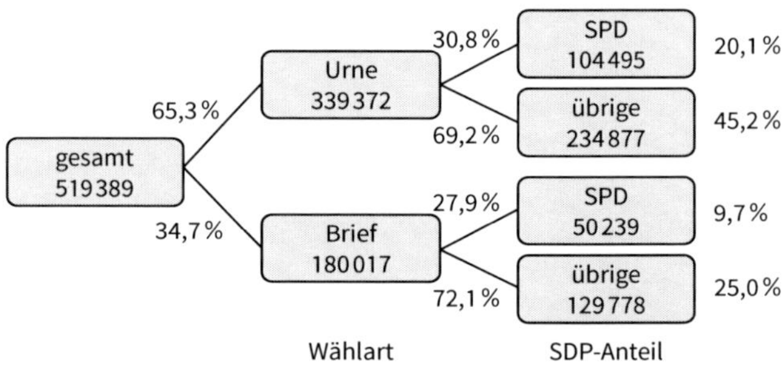

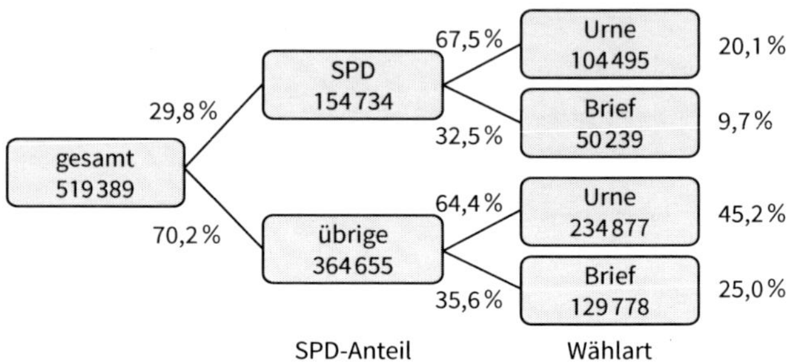

(3)

	Urne	Brief	gesamt
FDP	18 010	13 266	31 276
übrige	321 362	166 751	488 113
gesamt	339 372	180 017	519 389

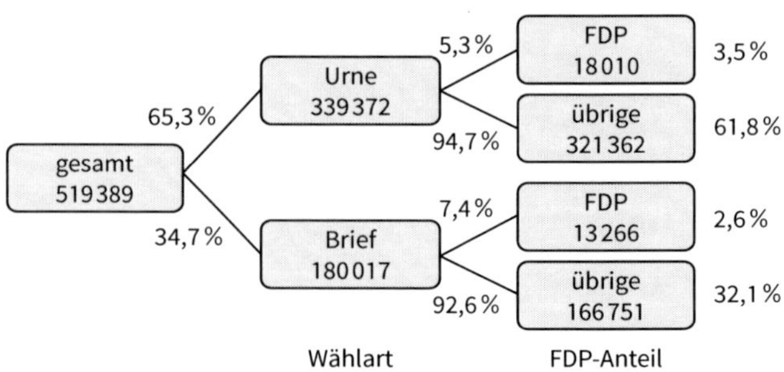

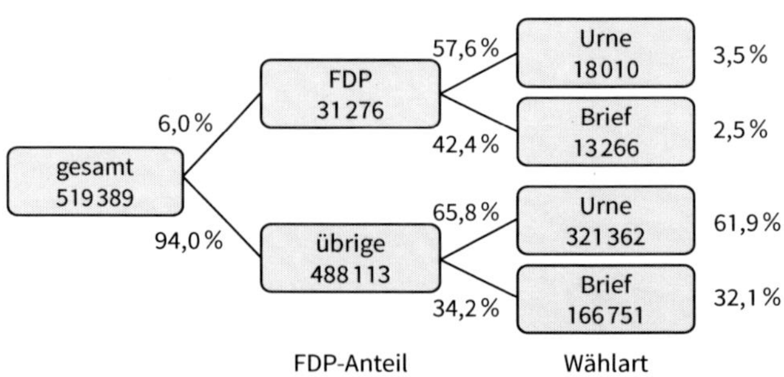

202 **8.** Fortsetzung

a) (4)

	Urne	Brief	gesamt
Grüne	48 151	25 242	73 393
übrige	291 221	154 775	445 996
gesamt	339 372	180 017	519 389

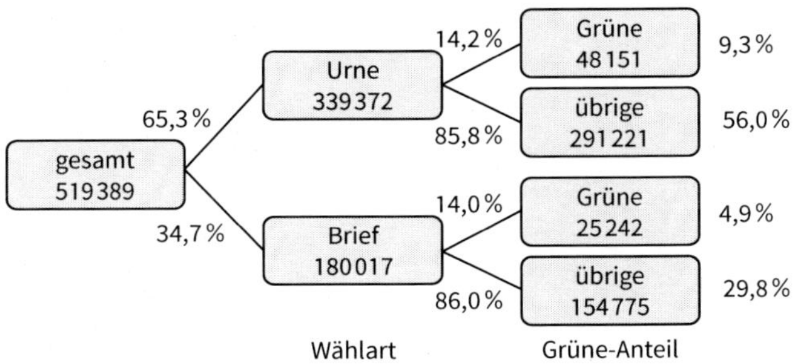

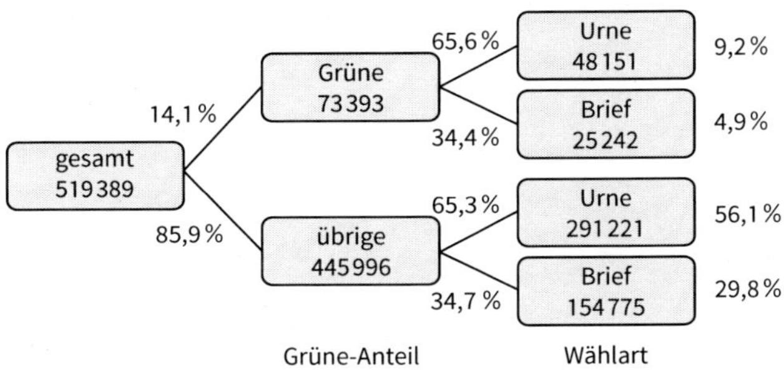

202

8. b) Die Aussage bezieht sich jeweils auf das unten stehende Baumdiagramm.
Bei der SPD waren es 32,5 % Briefwähler, bei den Linken 25,4 %.

	Urne	Brief	gesamt
Linke	31 358	10 685	42 043
übrige	308 014	169 332	477 346
gesamt	339 372	180 017	519 389

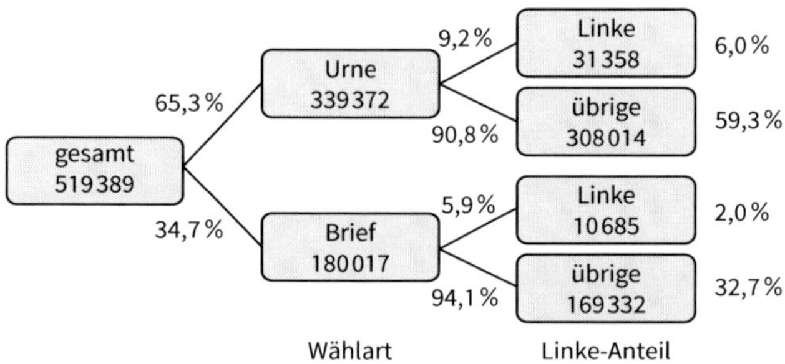

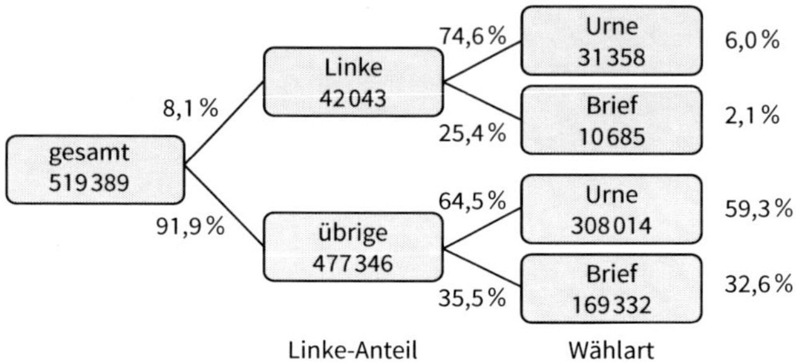

9.

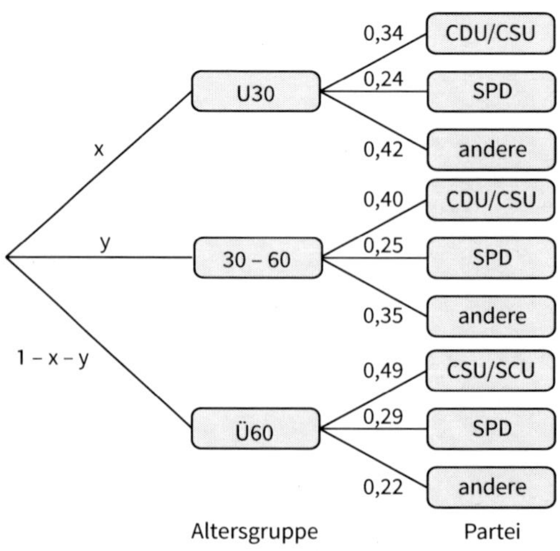

Das Gesamtwahlergebnis für die Parteien ergibt sich wie folgt:

$0{,}34\,x + 0{,}40\,y + 0{,}49\,(1 - x - y) = 0{,}415$

$0{,}24\,x + 0{,}25\,y + 0{,}29\,(1 - x - y) = 0{,}257$

$0{,}42\,x + 0{,}35\,y + 0{,}22\,(1 - x - y) = 0{,}328$

202 **9.** Fortsetzung

Umformungen führen auf das lineare Gleichungssystem

$0{,}15\,x + 0{,}09\,y = 0{,}075$

$0{,}05\,x + 0{,}04\,y = 0{,}033$

$0{,}20\,x + 0{,}13\,y = 0{,}108$

Die 3. Gleichung ergibt sich aus der Summe der 1. und 2. Gleichung und braucht daher nicht beachtet zu werden. Dass diese Gleichung keine neuen Informationen enthält, ist klar, denn die 3. Gleichung ergab sich aus den jeweils zu 100 % ergänzten Wahrscheinlichkeiten.

Lösung des Gleichungssystems: $x \approx 0{,}02$; $y \approx 0{,}8$

Diese Lösung passt zwar zu den o. g. Bedingungen, kann aber nicht den Anteilen der verschiedenen Wählergruppen entsprechen. Daher ist zu vermuten, dass Angaben aus der Befragung nicht stimmen. Da sie aus der Wahltagsbefragung stammen, sind sie mit großen Ungenauigkeiten verbunden (tatsächliche Anteile 13,5 % für U30, 36,5 % für Ü60). Nach Angaben der offiziellen Wahlstatistik (Januar 2014) haben ca. 34 % der unter 30 Jahre alten Wähler CDU/CSU gewählt und ca. 23 % SPD; bei den über 60 Jahre alten Wählern wählten ca. 48 % CDU/CSU und ca. 28 % SPD.

203 **10.** Baumdiagramm zum ersten Zeitungsartikel

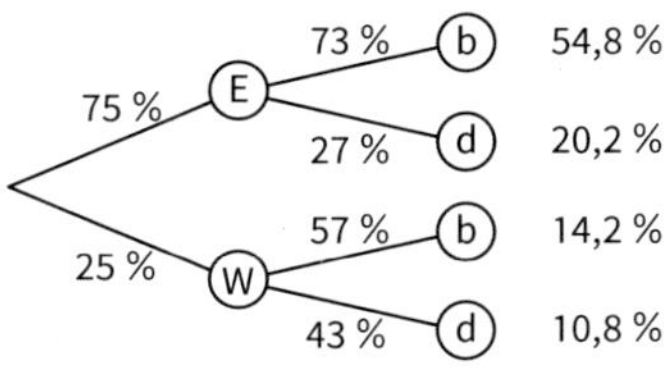

Baumdiagramm zum zweiten Zeitungsartikel

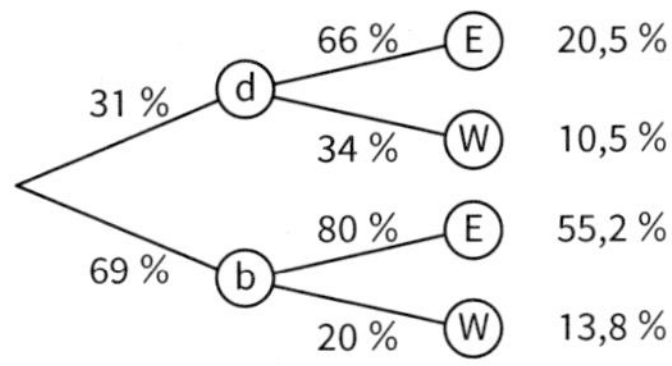

Folgende Vierfeldertafel mit gerundeten Werten passt zu beiden Baumdiagrammen:

Führerscheinprüfung	bestanden	durchgefallen	gesamt
Erstanmeldung	55 %	20 %	75 %
Wiederholungsprüfung	14 %	11 %	25 %
gesamt	69 %	31 %	100 %

11.

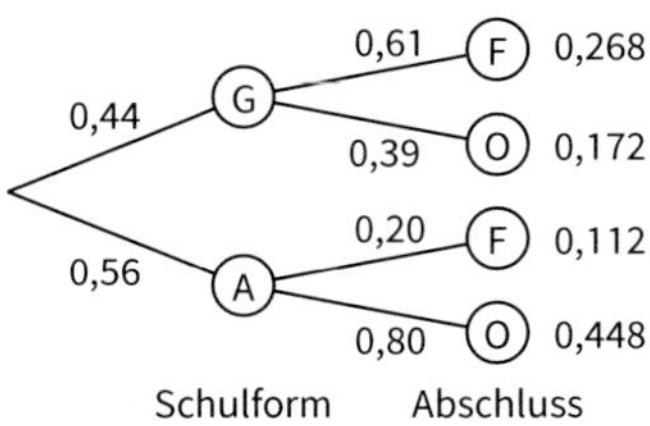

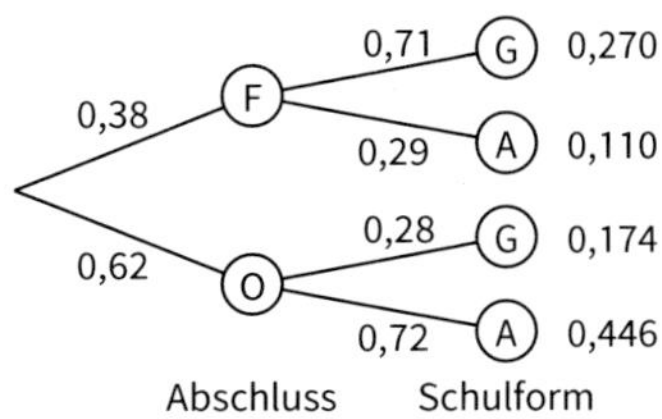

G = besuchen ein Gymnasium }
A = eine andere Schulform } Schulform Kinder

F = mind. ein Elternteil hat FHR }
O = beide Elternteile haben keine FHR } Abschluss Eltern

Während im ersten Artikel der Blick von den Kindern auf die Elternhäuser erfolgt, ist im zweiten Artikel die Abfolge der Generationen herausgestellt (und die Abhängigkeit der Schulform der Kinder vom Schulabschluss der Eltern).

203

12.

	bestanden	nicht bestanden	gesamt
Erstprüfung	605 616	246 389	852 005
Wiederholungspr.	230 476	116 739	347 215
gesamt	836 092	363 128	1 199 220

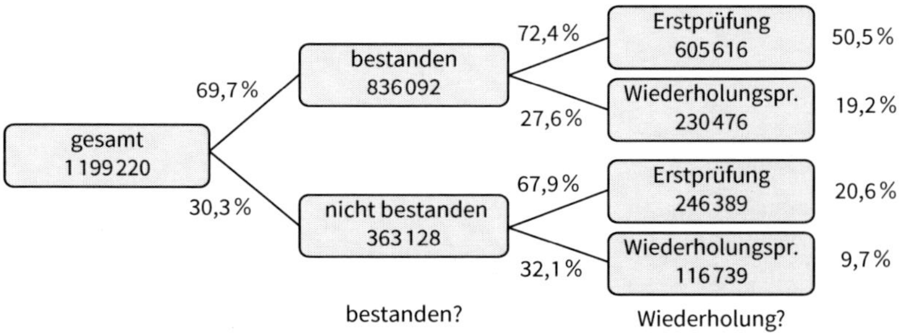

69,7 % der praktischen Führerscheinprüfungen verlaufen positiv, davon sind 72,4 % Erstprüfungen. Von den nicht bestandenen Prüfungen waren 32,1 % Wiederholungsprüfungen.

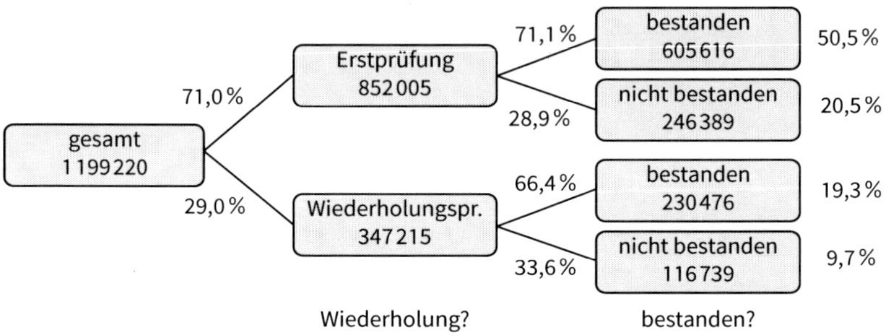

71,0 % der praktischen Führerscheinprüfungen sind Erstprüfungen, davon werden 71,1 % bestanden. Von den Wiederholungsprüfungen werden 66,4 % bestanden.

13.

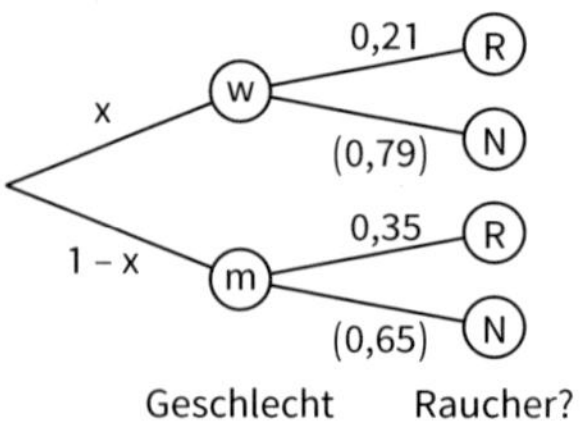

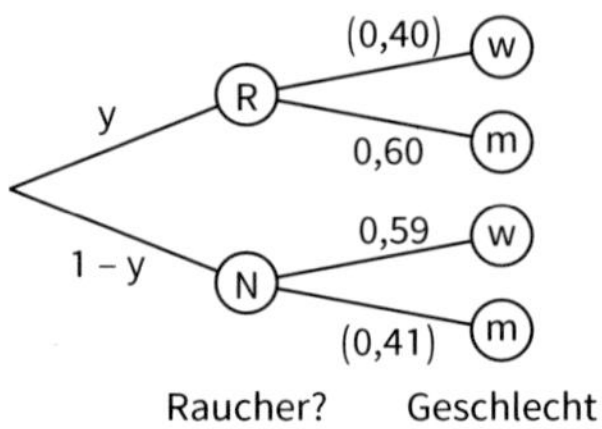

Die Angaben des Zeitungsartikels sind in den beiden Baumdiagrammen eingetragen, die Ergänzungen zu 100 % jeweils in Klammern. Hieraus ergeben sich folgende Gleichungen:

$$x \cdot 0{,}21 = y \cdot 0{,}40$$
$$x \cdot 0{,}79 = (1-y) \cdot 0{,}59$$
$$(1-x) \cdot 0{,}35 = y \cdot 0{,}60$$
$$(1-x) \cdot 0{,}65 = (1-y) \cdot 0{,}41$$

Hieraus folgt: $y \approx 0{,}28$; $x \approx 0{,}54$ (gerundet auf 2 Stellen)

4.2.2 Stochastische Unabhängigkeit – bedingte Wahrscheinlichkeiten

204 **Einstiegsaufgabe ohne Lösung**

Die Mehrfeldertafel mit relativen Häufigkeiten ergibt sich wie folgt:

	evang.	kath.	islam.	sonstige	ohne	gesamt
GY	0,136	0,198	0,024	0,014	0,045	0,416
sonstige	0,164	0,223	0,097	0,030	0,070	0,584
gesamt	0,299	0,421	0,121	0,044	0,115	1,000

Man kann ablesen, dass sich die Anteile in den einzelnen Gruppen sehr unterscheiden; daher kann man sagen, dass die Wahl der Schulform sehr stark von der Konfessionszugehörigkeit abhängt:

$P(GY) = 41{,}6\,\%$

$P_{evang}(GY) = 45{,}5\,\%$; $P_{kath}(GY) = 47{,}0\,\%$; $P_{islam}(GY) = 19{,}8\,\%$; $P_{sonst}(GY) = 31{,}8\,\%$;

$P_{ohne}(GY) = 39{,}1\,\%$

208 **1.**

abs. H.	NRW	andere Länder	gesamt
deutsch	15 931 171	58 109 466	74 040 637
ausländisch	1 607 080	4 562 280	6 169 360
gesamt	17 538 251	62 671 746	80 209 997

rel. H.	NRW	andere Länder	gesamt
deutsch	19,86 %	72,45 %	92,31 %
ausländisch	2,00 %	5,69 %	7,69 %
gesamt	21,87 %	78,13 %	100,00 %

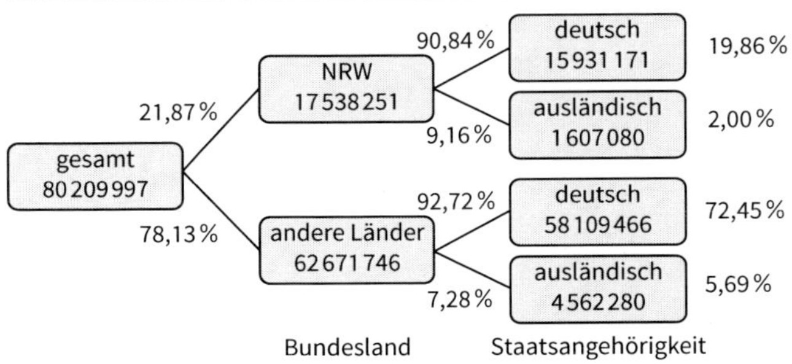

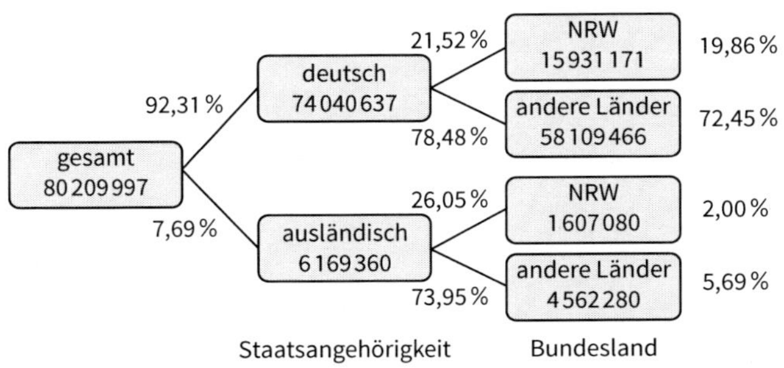

9,16 % der Einwohner von NRW besitzen eine ausländische Staatsangehörigkeit; in den anderen Bundesländern beträgt der Anteil (durchschnittlich) 7,28 %.

21,52 % der Einwohner Deutschlands mit deutscher Staatsangehörigkeit leben in NRW; bei den Einwohnern Deutschlands mit ausländischer Staatsangehörigkeit beträgt der Anteil 26,05 %.

208 **2. a)**

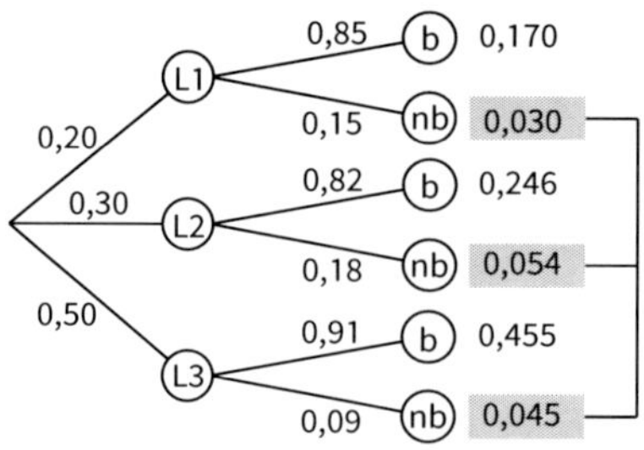

Anteil der unbrauchbaren Scheibenwischer 12,9 %.

b)

	Lieferant 1	Lieferant 2	Lieferant 3	gesamt
Scheibenwischer nicht brauchbar	3 %	5,4 %	4,5 %	12,9 %
Scheibenwischer brauchbar	17 %	24,6 %	45,5 %	87,1 %
gesamt	20 %	30 %	50 %	100 %

$P_{nb}(L_1) = \frac{0{,}030}{0{,}129} = 0{,}233 = 23{,}3\,\%$

$P_{nb}(L_2) = \frac{0{,}054}{0{,}129} = 0{,}419 = 41{,}9\,\%$

$P_{nb}(L_3) = \frac{0{,}045}{0{,}129} = 0{,}349 = 34{,}9\,\%$

3.

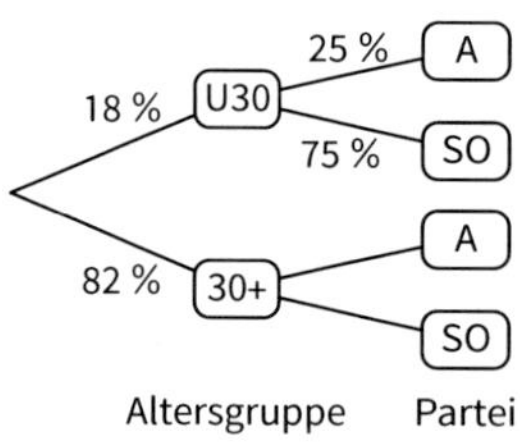

Jeder vierte Wähler unter 30 wählte Partei A.

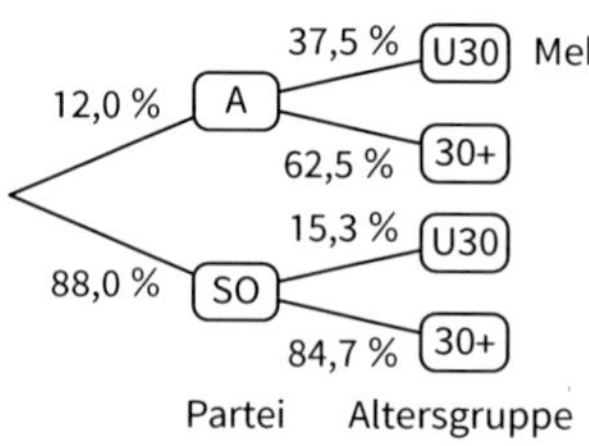

Mehr als jeder dritte Wähler der Partei A ist unter 30.

4. (1) von allen Männern haben 10 % Partei A gewählt
(2) von allen Wählern der Partei A sind 10 % männlich
(3) unter allen Personen sind 10 % männlich und haben Partei A gewählt
(4) wie (1)
(5) wie (2)

209

5.

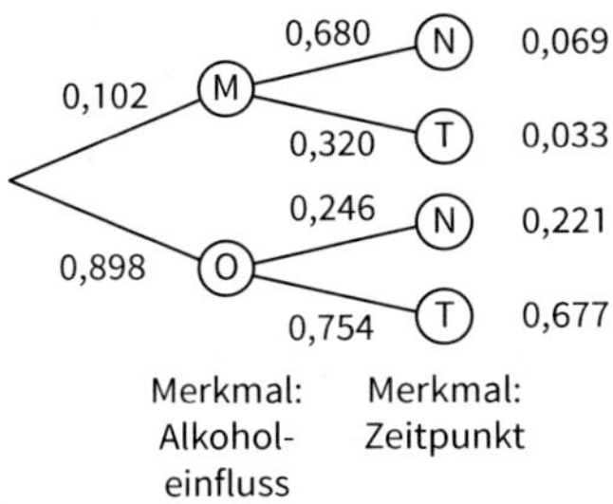

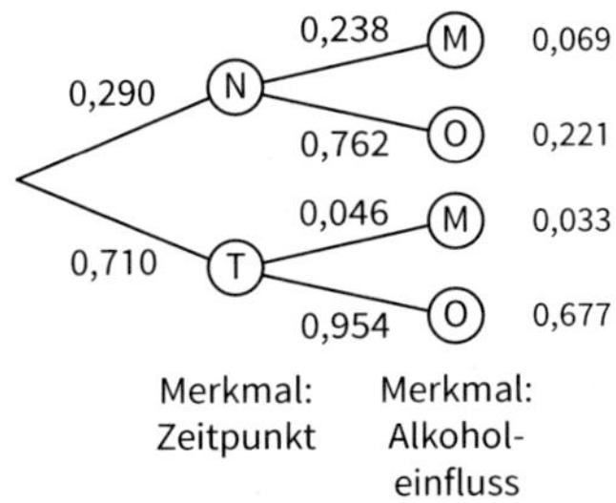

a)

		Merkmal: Alkoholeinfluss		Summe
		mit	ohne	
Merkmal: Zeitpunkt	nachts	0,069	0,221	0,290
	tags	0,033	0,677	0,710
Summe		0,102	0,898	1,000

29 % aller Verkehrsunfälle mit Personenschaden ereignen sich zwischen 18 Uhr abends und 4 Uhr morgens, davon 23,8 % unter Alkoholeinfluss. Bei den Unfällen, die sich in der übrigen Zeit ereignen, spielt Alkohol nur in 4,6 % der Fälle eine Rolle.

b) (1) $P_T(M) = 0{,}046$ (2) $P_M(T) = 0{,}324$

6. a)

		Beschichtung		gesamt
		Silber	Gold	
Qualität	fehlerhaft	15	9	24
	in Ordnung	217	158	375
gesamt		232	167	399

b) (1) $\frac{24}{399} \approx 6\,\%$ (3) $\frac{15}{24} \approx 62{,}5\,\%$

(2) $\frac{15}{232} \approx 6{,}5\,\%$ (4) $\frac{9}{24} \approx 37{,}5\,\%$

7. a)

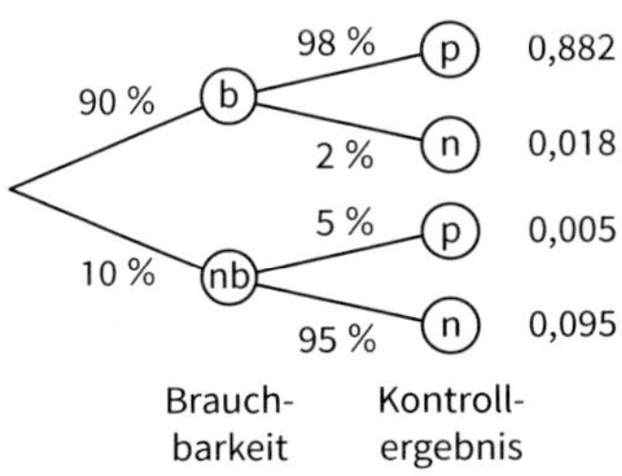

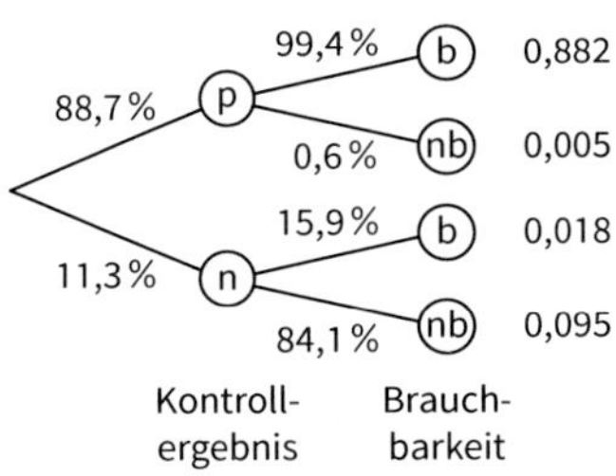

(2) Mit einer Wahrscheinlichkeit von 99,4 % ist es brauchbar.

(1) Mit einer Wahrscheinlichkeit von 81,4 % ist das Bauteil nicht zu gebrauchen.

209 **7. b)**

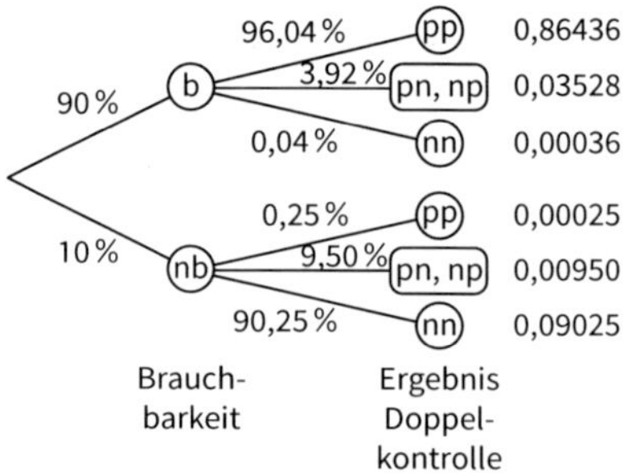

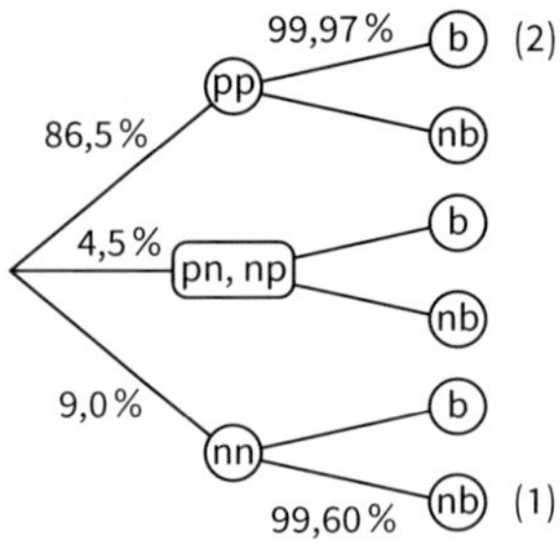

8.

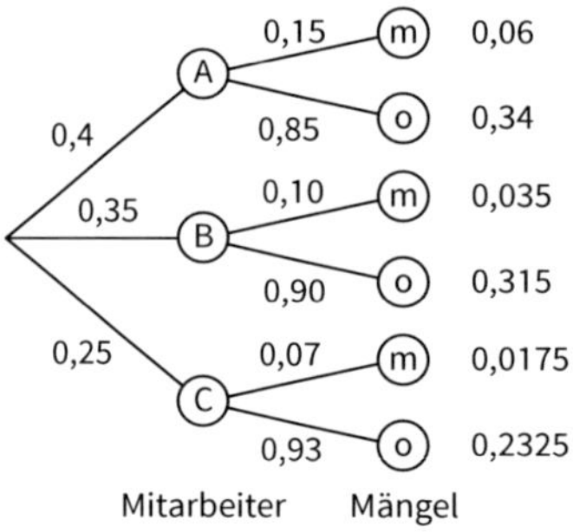

$P(m) = 0{,}06 + 0{,}035 + 0{,}0175 = 0{,}1125$
$P(o) = 1 - 0{,}1125 = 0{,}8875$

(1) $P_o(A) = \frac{0{,}34}{0{,}8875} \approx 38{,}3\,\%$; $P_o(B) = \frac{0{,}315}{0{,}8875} \approx 35{,}5\,\%$; $P_o(C) = \frac{0{,}2325}{0{,}8875} \approx 26{,}2\,\%$

(2) $P_m(A) = \frac{0{,}06}{0{,}1125} \approx 53{,}3\,\%$; $P_m(B) = \frac{0{,}035}{0{,}1125} \approx 31{,}1\,\%$; $P_m(C) = \frac{0{,}0175}{0{,}1125} \approx 15{,}6\,\%$

210 **9. a)** Im Text ist beschrieben, mit welchen Wahrscheinlichkeiten der HIV-Test positiv bzw. negativ bei Infizierten bzw. Nicht-Infizierten reagiert. Daher muss auf der 1. Stufe das Merkmal *Vorliegen der Infektion* mit den Merkmalsausprägungen *ja* bzw. *nein* betrachtet werden, auf der 2. Stufe dann das Merkmal *Testreaktion* mit den Merkmalsausprägungen *positiv* bzw. *negativ*.
Die Pfadwahrscheinlichkeiten des Baumdiagrammes bestimmen die inneren Felder der zugehörigen Vierfeldertafel.
Anmerkung: Die Zahlen können fälschlicherweise vorspiegeln, dass Aussagen mit 6-stelliger Genauigkeit möglich sind. Dies ist sicherlich nicht der Fall. Die 6 Stellen nach dem Komma ergeben sich zwangsläufig aus dem kleinsten auftretenden Wert von 0,000001 (ein Millionstel).

b) Die Wahrscheinlichkeit, dass bei einer zufällig ausgewählten Person tatsächlich eine HIV-Infektion vorliegt, nachdem der HIV-Test eine positive Reaktion gezeigt hatte, beträgt nur 25 %. Die Chancen dafür, dass eine Person mit negativem Testergebnis dennoch HIV-infiziert ist, stehen wie 1 zu 1 Million (Wahrscheinlichkeit 0,000001).
Die berechnete Wahrscheinlichkeit von 25 % für das tatsächliche Vorliegen einer HIV-Infektion scheint im Widerspruch zur angegebenen Sensitivität von 99,9 % zu stehen, die doch eine hohe Sicherheit des Testverfahrens zu versprechen scheint. Insbesondere an den absoluten Häufigkeiten lesen wir jedoch ab, welche quantitativen Auswirkungen die 0,3 % falschen Reaktionen bei der großen Zahl der Nicht-Infizierten haben.

210 **10. a)**

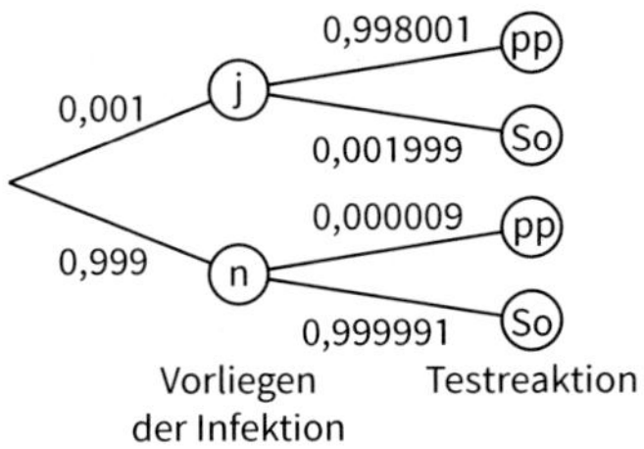

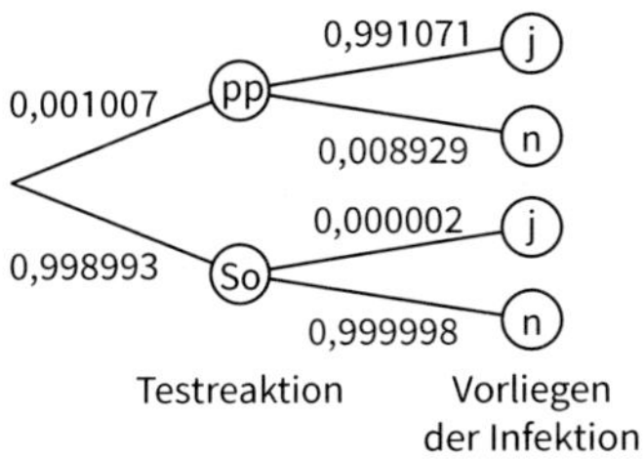

Wenn zweimal hintereinander eine positive Testreaktion erfolgte, dann ist die Wahrscheinlichkeit 99,1 %, dass eine Infektion vorliegt.

b)

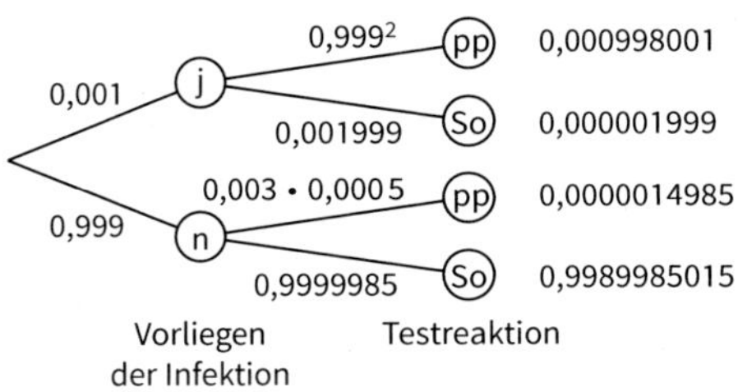

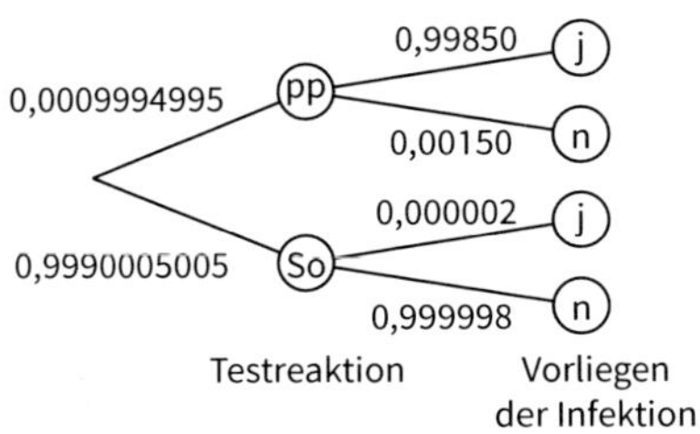

Wenn beide Tests mit positivem Ergebnis enden, dann ist die Wahrscheinlichkeit, dass tatsächlich eine Infektion vorliegt, gleich 99,85 %.

211

11.

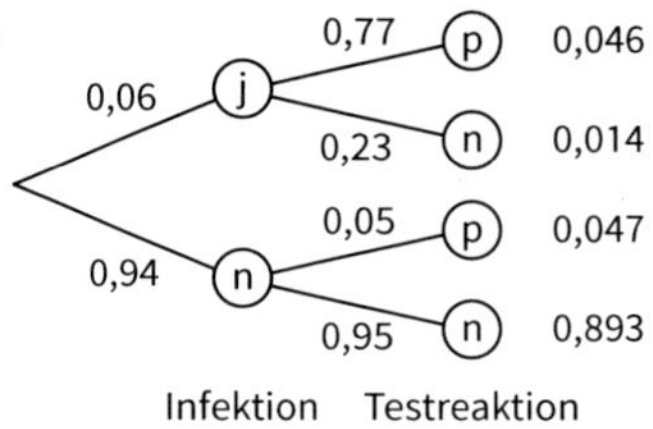

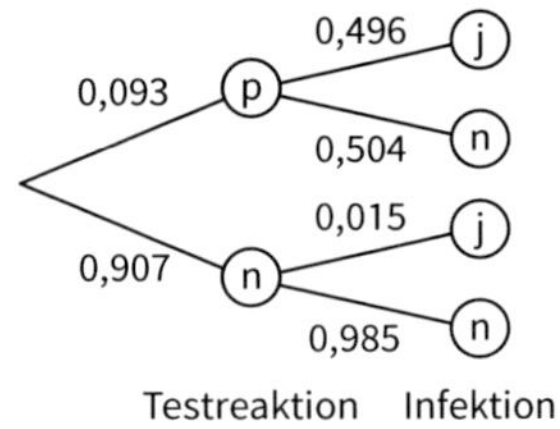

$P_{\text{Test positiv}}(\text{infiziert}) = 0{,}496$; $P_{\text{Test negativ}}(\text{nicht infiziert}) = 0{,}985$

12. P (Test positiv) = 0,2745

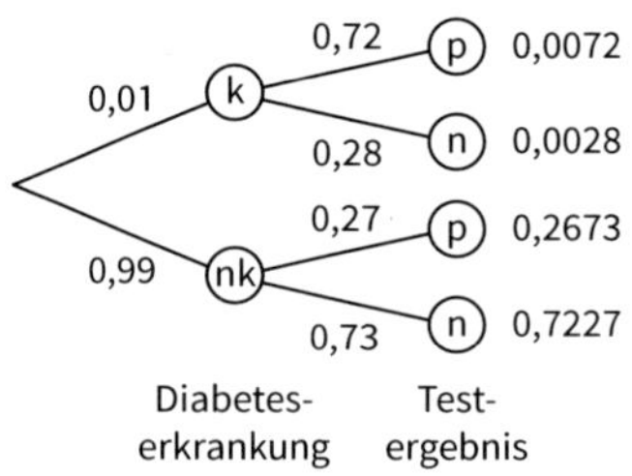

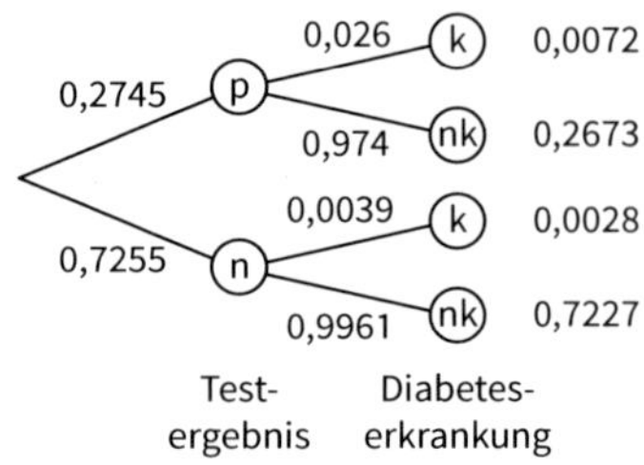

$P_{\text{Test positiv}}(\text{krank}) = \frac{0{,}0072}{0{,}2745} = 0{,}026$;

d. h. nur bei 2,6 % aller positiv getesteten Patienten liegt tatsächlich eine Krankheit vor. Der Test ist brauchbar, weil bei Vorliegen eines negativen Testergebnis fast sicher (mit Wahrscheinlichkeit 99,6 %) eine Erkrankung ausgeschlossen werden kann.

13. a) 30 % falsch-negative Befunde bedeutet, dass von den Tuberkulose-Kranken 30 % bei der Reihenuntersuchung einen negativen Befund erhalten, d. h. ihre Krankheit wird nicht entdeckt. 2 % falsch-positive Befunde bedeutet, dass 2 % der Untersuchten trotz eines positiven Befundes gesund sind.

b)

	positiv	negativ	gesamt
krank	140	60	200
gesund	2 000	97 800	99 800
gesamt	2 140	97 860	100 000

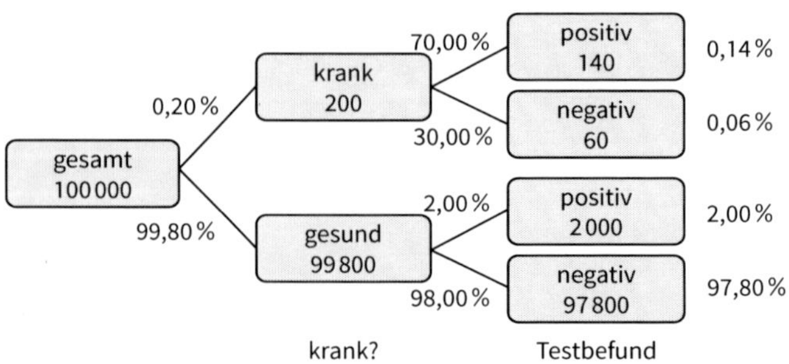

211 **13. b)** Fortsetzung

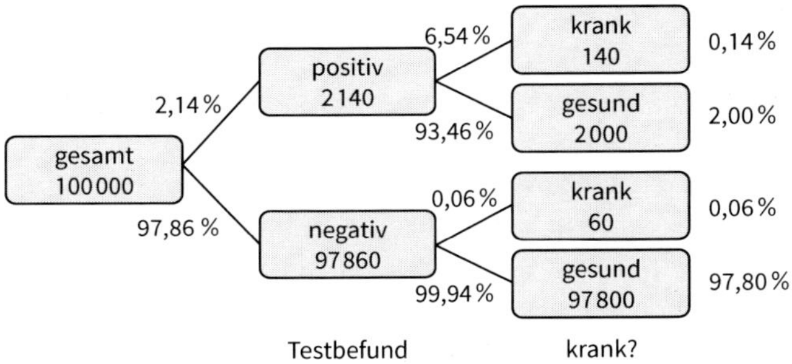

c) Ist das Ergebnis der Röntgenuntersuchung positiv, dann ist die Wahrscheinlichkeit, dass die Person tatsächlich an Tuberkulose leidet, 6,5 %. Ist das Ergebnis der Röntgenuntersuchung negativ, dann ist die Wahrscheinlichkeit, dass die Person tatsächlich nicht an Tuberkulose leidet, 99,94 %.

5 Punkte und Vektoren im Raum

5.1 Lage von Punkten im Raum beschreiben

216 **Einstiegsaufgabe ohne Lösung**

Hinweis: Als Koordinatenursprung sollte man eine untere Ecke des Klassenraumes wählen. Zwei Schüler/innen sollten dann möglichst mit einem Maßband die Koordinaten bestimmen. Bei den Messungen ist darauf zu achten, dass das Maßband orthogonal zu den beiden Achsen am Boden bzw. bei der Höhe orthogonal zum Fußboden gehalten wird. Die Schüler/innen sollten bei den Messungen ihr Vorgehen beschreiben. Bei der Gelegenheit können die Begriffe Ursprung, Koordinaten-Achsen und Koordinaten-Ebene eingeführt werden.

218 **1. a)** A(6|4|−1); B(−2|0|1,5); C(2|5|1)

b) Die Koordinaten des Punktes D könnten beispielsweise D(4|5|0) lauten. Auch die Punkte R(2|4|−1) oder S(0|3|−2) erscheinen im Schrägbild an der Stelle D.
An der Stelle E erscheinen im Schrägbild zum Beispiel die Punkte
E(2|−2|3), T(0|−3|2), Q(−2|−4|1).

c) D(−6|0|−5); E(−4|−5|0)

219 **2. a)**

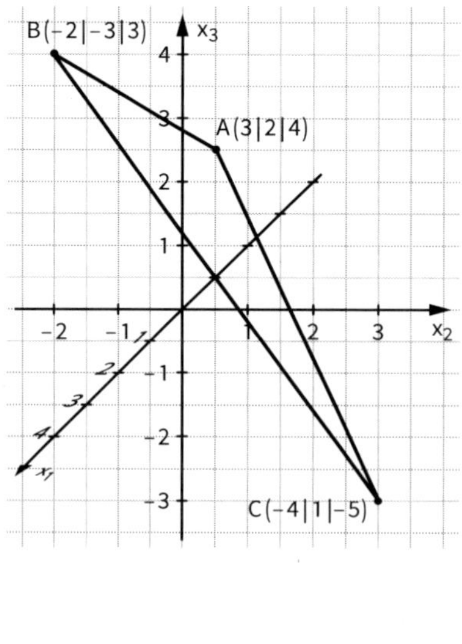

219 **2. b)**

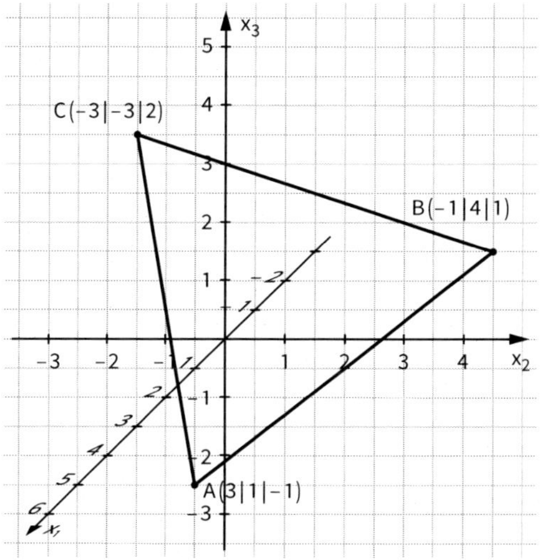

c) Beim Zeichnen des Koordinatensystems wie gewöhnlich, liegen die Punkte E und F übereinander und die Gerade lässt sich nicht einzeichnen.

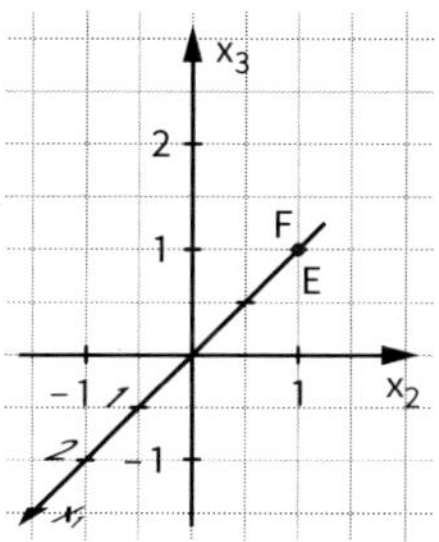

3. Lina hat das perspektivische Zeichnen beim Abtragen der x_2- und x_3-Koordinaten missachtet und dementsprechend diese zu lang gezeichnet.

4. *Beispiel*

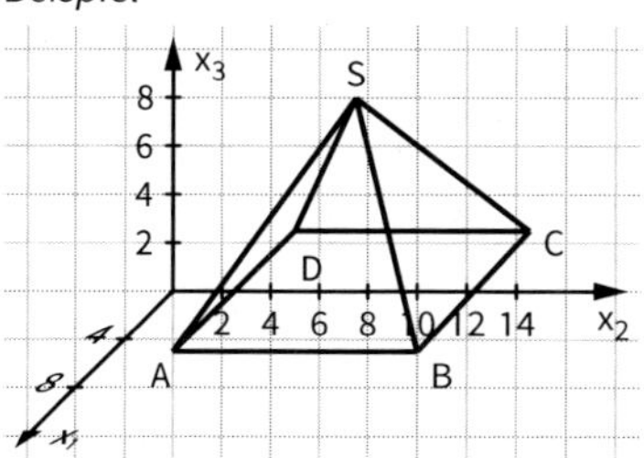

Eckpunkte:
A(5 | 2,5 | 0); B(5 | 12,5 | 0); C(−5 | 2,5 | 0); D(−5 | 12,5 | 0); S(0 | 7,5 | 8)

219

5. **a)** Schrägbild siehe Schülerbuch; Wahl der Achsen wie auf S. 217
A(4|0|0); B(4|4|0); C(0|4|0); D(0|0|0); E(4|0|6); F(4|4|6);
G(0|4|6); H(0|0|6); S(2|2|9)

b) A(2|−2|0); B(2|2|0); C(−2|2|0); D(−2|−2|0); E(2|−2|6);
F(2|2|6); G(−2|2|6); H(−2|−2|6); S(0|0|9)

c) Die x_3-Koordinaten sind gleich. Jeweils die x_1- und x_2-Koordinate ist bei a) um 2 Einheiten größer als bei b).
Dies entspricht gerade der Verschiebung von D zu M.

6. **a)**

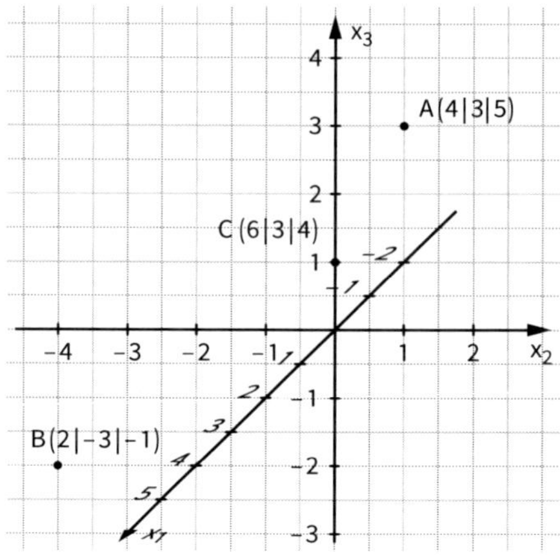

b) Punkte, die an derselben Stelle erscheinen wie Punkt
– A: z. B. (−2|0|2), (0|1|3)
– B: z. B. (4|−2|0), (−2|−5|−3)
– C: z. B. (0|0|1), (−2|−1|0)

220

7.

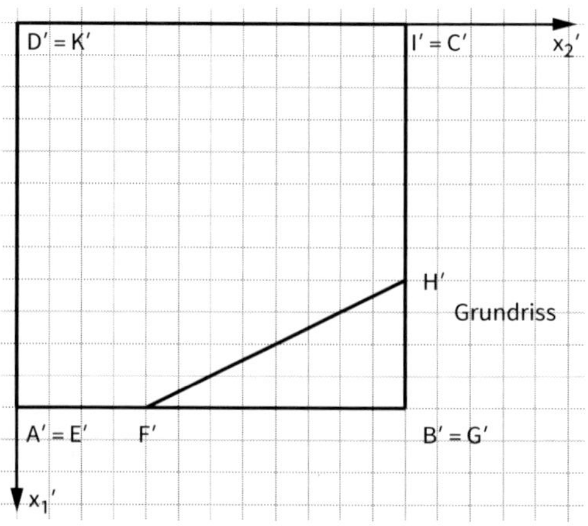

A(6|0|0); B(6|6|0); C(0|6|0); D(0|0|0); E′(6|0|0); F′(6|2|0); G′(6|6|0); H′(4|6|0);
I′(0|6|0); K′(0|0|0)
E(6|0|6); F(6|2|6); G(6|6|2); H(4|6|6); I(0|6|6); K(0|0|6)

220

8. **a)** Auf der x_2x_3-Ebene.
b) Auf der x_1x_3-Ebene.
c) Auf der x_1x_2-Ebene.
d) Auf der x_3-Achse.
e) Auf einer Ebene parallel zur x_1x_2-Ebene mit der x_3-Koordinate 3.
f) Auf einer Geraden parallel zur x_3-Achse durch den Punkt P(2|3|0).

9. **a)** A(17|−15|0) B(17|−15|8) C(17|0|8)
D(0|0|8) E(0|22|8) F(−12|22|8)
G(−12|22|0) H(0|22|0) I(0|0|0)
J(17|0|0)
b) x_1x_2-Ebene: A, G, H, I, J
x_2x_3-Ebene: D, E, H, I
x_1x_3-Ebene: C, D, I, J
c) A(37|17|0) B(37|17|8) C(22|17|8)
D(22|0|8) E(0|0|8) F(0|−12|8)
G(0|−12|0) H(0|0|0) I(22|0|0)
J(22|17|0)
x_1x_2-Ebene: A, G, H, I, J
x_2x_3-Ebene: E, F, G, H
x_1x_3-Ebene: D, E, H, I

10. Aus der Darstellung eines 3-dimensionalen Koordinatensystems auf einer 2-dimensionalen Zeichenfläche kann man nicht eindeutig die Koordinaten von Punkten ablesen, z. B. könnten die Punkte auch durch
P(−2|2|1) und Q(1|−2|−1) beschrieben werden.
Erst durch weitere Informationen bzw. Lagebeziehungen kann Eindeutigkeit erreicht werden.

11. **a)** P′(2|0|4)
b) x_1x_2-Ebene: (2|3|0) x_2x_3-Ebene: (0|3|4)
c) Spiegelung an x_1x_3-Ebene: (2|−3|4)

12. **a)** P′(−4|0|0); Q′(0|3|0); R′(3|−2|−4); S′(−8|5|3)
b) P″(−4|0|0); Q″(0|−3|0); R″(3|2|4); S″(−8|−5|−3)
c) P‴(4|0|0); Q‴(0|3|0); R‴(−3|−2|4); S‴(8|5|−3)
d) P⁗(4|0|0); Q⁗(0|−3|0) ; R⁗(−3|2|−4); S⁗(8|−5|3)

5.2 Vektoren

221 **Einstiegsaufgabe ohne Lösung**

Richtung x_1-Achse: 5 Einheiten
Richtung x_2-Achse: 7 Einheiten
Richtung x_3-Achse: 1,5 Einheiten
Die Verschiebung auf G angewandt, ergibt G′(– 12 | 30,5 | 4).

223 **1.** Das Dreieck A′B′C′ muss mit dem Vektor $\begin{pmatrix} -4 \\ 2 \\ 0 \end{pmatrix}$ verschoben werden.

2. Man kann jeden Vektor im Raum durch einen Quader mit den Seitenlängen aus den Verschiebungskoordinaten darstellen.
Der Quader hat rechte Winkel, sodass die Länge des Vektors durch zweimalige Anwendung des Satzes des Pythagoras berechnet werden kann:
$d^2 = 5^2 + 7^2 = 74$
$|\vec{v}|^2 = d^2 + (1{,}5)^2 = 76{,}25$
$|\overline{AA'}| = |\vec{v}| = \sqrt{76{,}25} \approx 8{,}7$

224 **3. a)** A′(11 | 7 | 1) **b)** A′(10,6 | 5,4 | – 10,9)
c) A′(6 | 4 | –3) **d)** A′(0 | 0 | 0)

4. a)

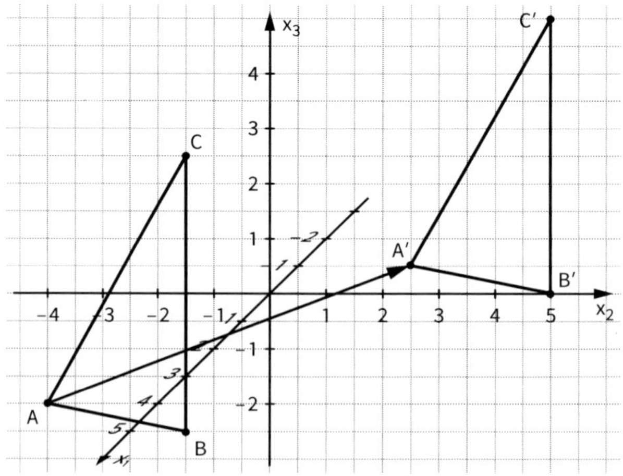

b) Das Dreieck wurde mit dem Vektor $\vec{v} = \begin{pmatrix} -3 \\ 5 \\ 1 \end{pmatrix}$ verschoben.
Der Gegenvektor ist $-\vec{v} = \begin{pmatrix} 3 \\ -5 \\ -1 \end{pmatrix}$.

5. (1) $-\vec{v} = \begin{pmatrix} -1 \\ 2 \\ -3 \end{pmatrix}$ (2) $-\vec{v} = \begin{pmatrix} 2 \\ 0 \\ -1 \end{pmatrix}$ (3) $-\vec{v} = \begin{pmatrix} -r \\ s \\ -t \end{pmatrix}$ (4) $-\vec{v} = \begin{pmatrix} 0 \\ 0 \\ 0 \end{pmatrix}$

224

6. a) Z. B.

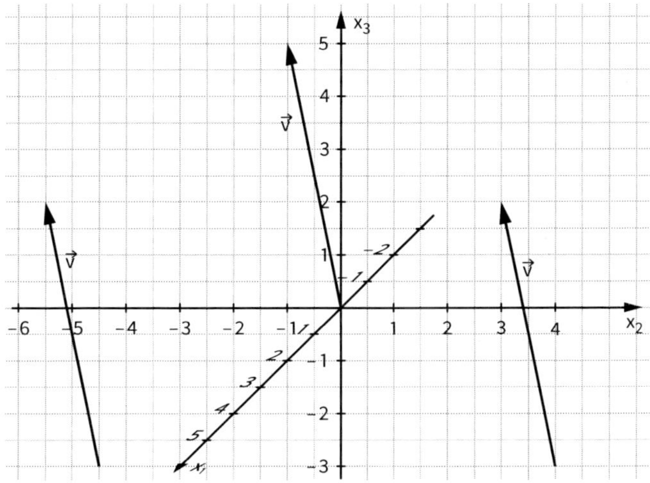

b) A′(−1 | 2 | 5); B(−4 | 20 | −26)

c) Q um $\vec{v}$ verschoben gibt Q′(8 | 11 | 4) ≠ P(8 | 11 | −4)
P ist kein Bildpunkt von Q unter $\vec{v}$.

7. a) Q(9 | −6 | 24)
b) P(−3 | 13 | 18)
c) Q(−4 | −1 | −8)
d) P(q + 3 | q − 7 | 3q + 3)

8. a) $\overrightarrow{OA} = \begin{pmatrix} 4 \\ 0 \\ 0 \end{pmatrix}$; $\overrightarrow{OB} = \begin{pmatrix} 4 \\ 6 \\ 0 \end{pmatrix}$; $\overrightarrow{OC} = \begin{pmatrix} 0 \\ 6 \\ 0 \end{pmatrix}$; $\overrightarrow{OD} = \begin{pmatrix} 0 \\ 0 \\ 0 \end{pmatrix}$; $\overrightarrow{OE} = \begin{pmatrix} 4 \\ 0 \\ 4 \end{pmatrix}$; $\overrightarrow{OF} = \begin{pmatrix} 4 \\ 6 \\ 4 \end{pmatrix}$; $\overrightarrow{OG} = \begin{pmatrix} 0 \\ 6 \\ 4 \end{pmatrix}$; $\overrightarrow{OH} = \begin{pmatrix} 0 \\ 0 \\ 4 \end{pmatrix}$

b) Zum selben Vektor gehören
- $\overrightarrow{DC}$; $\overrightarrow{AB}$ und $\overrightarrow{EF}$
- $\overrightarrow{HF}$ und $\overrightarrow{DB}$

225

9. a) Es gibt 5 verschiedene Vektoren.
$\overrightarrow{AB} = \overrightarrow{DE}$; $\overrightarrow{AC}$; $\overrightarrow{BC} = \overrightarrow{EF}$; $\overrightarrow{AD} = \overrightarrow{CF} = \overrightarrow{BE}$; $\overrightarrow{FD}$

b) $\overrightarrow{AC} = \overrightarrow{JL}$; $\overrightarrow{AB} = \overrightarrow{IL}$; $\overrightarrow{BC} = \overrightarrow{ED} = \overrightarrow{GH} = \overrightarrow{JI}$; $\overrightarrow{IJ} = \overrightarrow{HG} = \overrightarrow{DE} = \overrightarrow{CB}$; $\overrightarrow{CG} = \overrightarrow{DJ}$

10. a) $\vec{a} = \overrightarrow{AB} = \overrightarrow{ED} = \overrightarrow{FM} = \overrightarrow{MC}$
$\vec{b} = \overrightarrow{BM} = \overrightarrow{ME} = \overrightarrow{CD} = \overrightarrow{AF}$
$\vec{d} = \overrightarrow{DM} = \overrightarrow{MA} = \overrightarrow{EF} = \overrightarrow{CB}$

b) Da es sich bei ABCDEF um ein regelmäßiges Sechseck handelt, sind alle angegebenen Vektoren gleich lang, es gilt also $|\vec{a}| = |\vec{b}| = |\vec{d}|$.

11. a) $\vec{v} = \begin{pmatrix} 7 \\ -6 \\ -4 \end{pmatrix}$; $|\vec{v}| = \sqrt{101} \approx 10{,}05$

b) $\vec{v} = \begin{pmatrix} 3 \\ -4 \\ 3 \end{pmatrix}$; $|\vec{v}| = \sqrt{34} \approx 5{,}83$

c) $\vec{v} = \begin{pmatrix} 19 \\ -9 \\ 11 \end{pmatrix}$; $|\vec{v}| = \sqrt{563} \approx 23{,}73$

d) $\vec{v} = \begin{pmatrix} 8 \\ -8 \\ 8 \end{pmatrix}$; $|\vec{v}| = \sqrt{192} \approx 13{,}86$

225 **12.** Max hat die einzelnen Einträge des Vektors nicht quadriert.
Laura dagegen hat zwar den ersten und dritten Eintrag des Vektors quadriert, beim zweiten Eintrag allerdings das Minus nicht ins Quadrat gesetzt. Die richtige Lösung lautet:
$|\vec{v}| = \sqrt{4^2 + (-2)^2 + 3^2} = \sqrt{29} \approx 5{,}39.$

13. a) $b_3 = 7$ oder $b_3 = 3$
b) $a_2 = 0$ oder $a_2 = 6$
c) $b_1 = 6 + \sqrt{6}$; $b_1 = 6 - \sqrt{6}$
d) $b_2 = 23$ oder $b_2 = 19$

14. a) P wird auf den Bildpunkt P′(1 | −3 | −8) abgebildet. Es gilt:
$\overrightarrow{PP'} = \begin{pmatrix} 0 \\ 0 \\ -16 \end{pmatrix}$ und $|\overrightarrow{PP'}| = \sqrt{0^2 + 0^2 + (-16)^2} = 16.$

b) A wird auf den Punkt A′(−4 | 5 | 0) abgebildet. Es gilt:
$\overrightarrow{AA'} = \begin{pmatrix} 0 \\ 0 \\ -9 \end{pmatrix}$ und $|\overrightarrow{AA'}| = \sqrt{0^2 + 0^2 + (-9)^2} = 9.$

5.3 Addition und Subtraktion von Vektoren

226 **Einstiegsaufgabe ohne Lösung**

- Die erste Verschiebung lässt sich durch den Vektor $\vec{v} = \begin{pmatrix} 10 \\ -7 \\ -5 \end{pmatrix}$, die zweite durch den Vektor $\vec{w} = \begin{pmatrix} -8 \\ -6 \\ 8 \end{pmatrix}$ beschreiben.
- Bei der Verschiebung mit dem Vektor $\vec{v}$ ändert sich die erste Koordinate von A um 10. Wird anschließend der Bildpunkt A′ mit dem Vektor $\vec{w}$ verschoben, dann wird die erste Koordinate von A′ um −8 verändert. Insgesamt ändert sich bei der Hintereinanderausführung der beiden Verschiebungen die erste Koordinate von A um $10 + (-8)$, also um 2. Entsprechend ändert sich die zweite Koordinate von A um $-7 + (-6) = -13$ und die dritte um $-5 + 8 = 3$. Dies gilt für jeden Punkt des Containers.

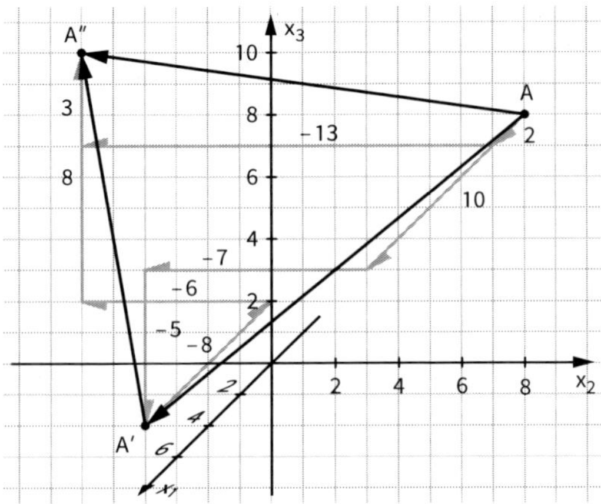

Die Hintereinanderausführung zweier Verschiebungen ist wieder eine Verschiebung.
Der Vektor $\vec{z}$ der Hintereinanderausführung hat somit die Koordinaten $\begin{pmatrix} 2 \\ -13 \\ 3 \end{pmatrix}$.
Offensichtlich erhält man die Koordinaten des Vektors $\vec{z}$, indem man die Koordinaten von $\vec{w}$ zu den Koordinaten des Vektors $\vec{v}$ addiert, also $\vec{z} = \begin{pmatrix} 10 + (-8) \\ -7 + (-6) \\ -5 + 8 \end{pmatrix} = \begin{pmatrix} 2 \\ -13 \\ 3 \end{pmatrix}$.

228

1. $\overrightarrow{AB} = \begin{pmatrix} 1-4 \\ 5-2 \\ -1-(-1) \end{pmatrix}$, also

$\overline{AB} = \left|\overrightarrow{AB}\right| = \sqrt{(1-4)^2 + (5-2)^2 + \left(-1-(-1)\right)^2} = \sqrt{18} \approx 4{,}24$

$\overrightarrow{AC} = \begin{pmatrix} 1-4 \\ 2-2 \\ 2-(-1) \end{pmatrix}$, also

$\overline{AC} = \left|\overrightarrow{AC}\right| = \sqrt{(1-4)^2 + (2-2)^2 + \left(2-(-1)\right)^2} = \sqrt{18} \approx 4{,}24$

$\overrightarrow{BC} = \begin{pmatrix} 1-1 \\ 2-5 \\ 2-(-1) \end{pmatrix}$, also

$\overline{BC} = \left|\overrightarrow{BC}\right| = \sqrt{(1-1)^2 + (2-5)^2 + \left(2-(-1)\right)^2} = \sqrt{18} \approx 4{,}24$

Es handelt sich also um ein gleichseitiges Dreieck.

2. **a)** $\begin{pmatrix} 2 \\ 3 \\ 5 \end{pmatrix} + \begin{pmatrix} 1 \\ 4 \\ -4 \end{pmatrix} = \begin{pmatrix} 3 \\ 7 \\ 1 \end{pmatrix}$

b) $\begin{pmatrix} 6 \\ 9 \\ 3 \end{pmatrix} + \begin{pmatrix} -9 \\ -5 \\ 4 \end{pmatrix} = \begin{pmatrix} -3 \\ 4 \\ 7 \end{pmatrix}$

c) $\begin{pmatrix} 8 \\ -5 \\ 3 \end{pmatrix} + \begin{pmatrix} -6 \\ -1 \\ -3 \end{pmatrix} = \begin{pmatrix} 2 \\ -6 \\ 0 \end{pmatrix}$

d) $\begin{pmatrix} -3 \\ 2 \\ -4 \end{pmatrix} + \begin{pmatrix} -1 \\ -4 \\ 6 \end{pmatrix} + \begin{pmatrix} 2 \\ 5 \\ -3 \end{pmatrix} = \begin{pmatrix} -2 \\ 3 \\ -1 \end{pmatrix}$

e) $\begin{pmatrix} 1 \\ 2 \\ 4 \end{pmatrix} - \begin{pmatrix} 3 \\ -1 \\ -1 \end{pmatrix} = \begin{pmatrix} -2 \\ 3 \\ 5 \end{pmatrix}$

f) $\begin{pmatrix} -3 \\ 2 \\ 1 \end{pmatrix} - \begin{pmatrix} 6 \\ -8 \\ -9 \end{pmatrix} = \begin{pmatrix} -9 \\ 10 \\ 10 \end{pmatrix}$

g) $\begin{pmatrix} 1 \\ -2 \\ 3 \end{pmatrix} - \begin{pmatrix} 5 \\ 4 \\ -2 \end{pmatrix} = \begin{pmatrix} -4 \\ -6 \\ 5 \end{pmatrix}$

h) $\begin{pmatrix} -3 \\ 5 \\ -2 \end{pmatrix} - \begin{pmatrix} -7 \\ -1 \\ 3 \end{pmatrix} - \begin{pmatrix} 3 \\ -2 \\ -4 \end{pmatrix} = \begin{pmatrix} 1 \\ 8 \\ -1 \end{pmatrix}$

229

3.

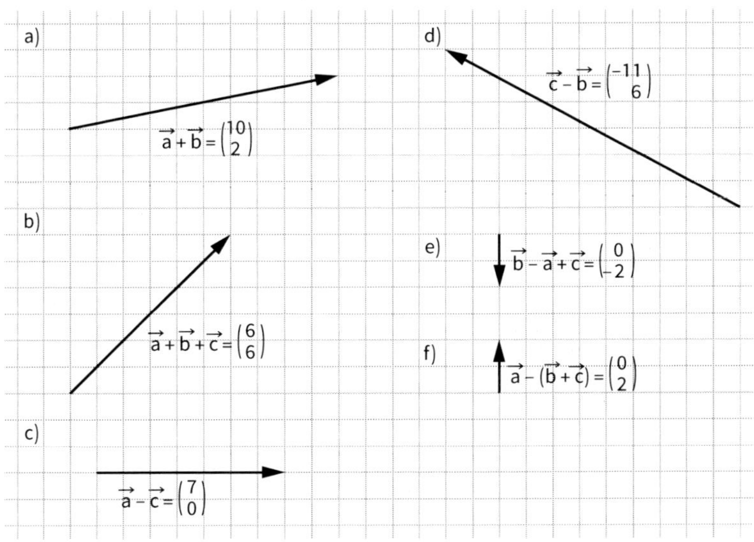

4. **a)** $\vec{a} + \vec{b} = \overrightarrow{AC} = \overrightarrow{EG}$

b) $\vec{a} - \vec{b} = \overrightarrow{DB} = \overrightarrow{HF}$

c) $\vec{b} - \vec{a} = \overrightarrow{BD} = \overrightarrow{FH}$

d) $\vec{a} - \vec{c} = \overrightarrow{EB} = \overrightarrow{HC}$

e) $\vec{b} + \vec{c} = \overrightarrow{AH} = \overrightarrow{BG}$

f) $\vec{b} - \vec{c} = \overrightarrow{ED} = \overrightarrow{FC}$

g) $\vec{a} + \vec{b} + \vec{c} = \overrightarrow{AG}$

h) $\vec{a} - \left(\vec{b} + \vec{c}\right) = \overrightarrow{AB} - \overrightarrow{AH} = \overrightarrow{HB}$

229

5. $\overrightarrow{AC} = -\vec{u}$, $\overrightarrow{AD} = -\vec{u} + \vec{s}$, $\overrightarrow{AE} = \vec{r} + \vec{t}$, $\overrightarrow{BA} = -\vec{r}$, $\overrightarrow{BC} = -\vec{r} - \vec{u}$,
$\overrightarrow{BD} = -\vec{r} - \vec{u} + \vec{s}$, $\overrightarrow{CB} = \vec{u} + \vec{r}$, $\overrightarrow{CE} = \vec{u} + \vec{r} + \vec{t}$, $\overrightarrow{DA} = -\vec{s} + \vec{u}$,
$\overrightarrow{DB} = -\vec{s} + \vec{u} + \vec{r}$, $\overrightarrow{DE} = -\vec{s} + \vec{u} + \vec{r} + \vec{t}$

6. **a)** $|\overrightarrow{AB}| = \sqrt{(8-(-3))^2 + (-3-5)^2 + (0-2)^2} = \sqrt{189} \approx 13{,}75$

b) $|\overrightarrow{AB}| = \sqrt{(3-6)^2 + (0-6)^2 + (-2-6)^2} = \sqrt{109} \approx 10{,}44$

c) $|\overrightarrow{AB}| = \sqrt{(-4-0)^2 + (3-0)^2 + (-5-0)^2} = \sqrt{50} \approx 7{,}07$

d) $|\overrightarrow{AB}| = \sqrt{(3-(-2))^2 + (-5-(-1))^2 + (2-(-5))^2} = \sqrt{90} \approx 9{,}49$

7. **a)** $|\overrightarrow{AB}| = \sqrt{(2-0)^2 + (-2-0)^2 + (7-3)^2}$
$= \sqrt{24} \approx 4{,}9$

$|\overrightarrow{BC}| = \sqrt{(0-2)^2 + (-4-(-2))^2 + (4-7)^2}$
$= \sqrt{17} \approx 4{,}1$

$|\overrightarrow{AC}| = \sqrt{(2-2)^2 + (-2-2)^2 + (4-3)^2}$
$= \sqrt{17} \approx 4{,}12$

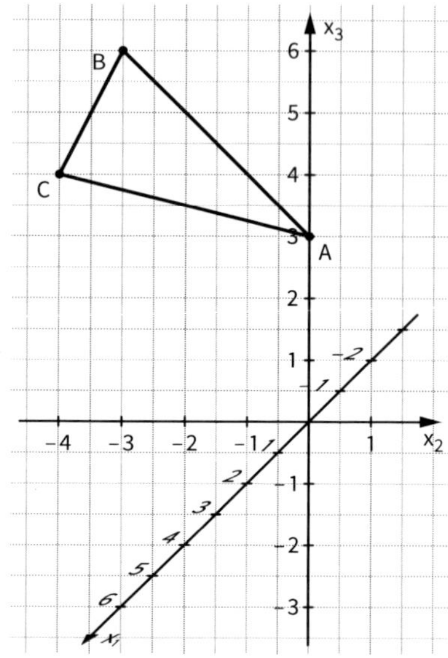

b) $|\overrightarrow{AB}| = \sqrt{(0-4)^2 + (-3-1)^2 + (1-0)^2}$
$= \sqrt{33} \approx 5{,}74$

$|\overrightarrow{BC}| = \sqrt{(6-0)^2 + (-1-(-3))^2 + (2-1)^2}$
$= \sqrt{41} \approx 6{,}4$

$|\overrightarrow{AC}| = |\overrightarrow{AB} + \overrightarrow{BC}|$
$= \sqrt{(-4+6)^2 + (-4+2)^2 + (1+1)^2}$
$= \sqrt{12} \approx 3{,}46$

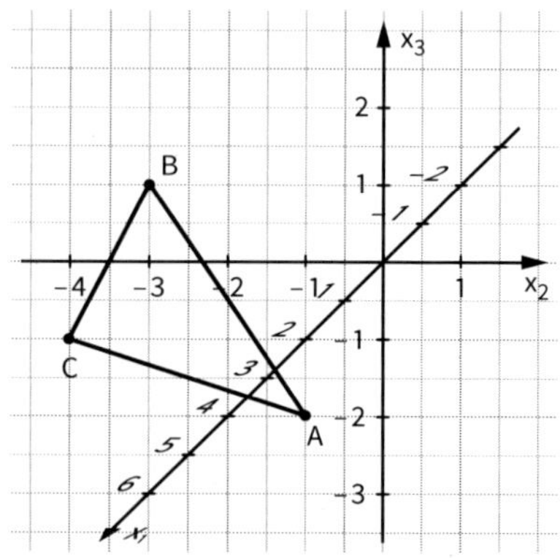

8. Die Überlegung ist falsch. Nach der Dreiecksregel kann man nur einen inneren gemeinsamen Punkt streichen.

229

9. a) $\overrightarrow{AB} + \overrightarrow{BC} + \overrightarrow{CD} = \overrightarrow{AC} + \overrightarrow{CD} = \overrightarrow{AD}$

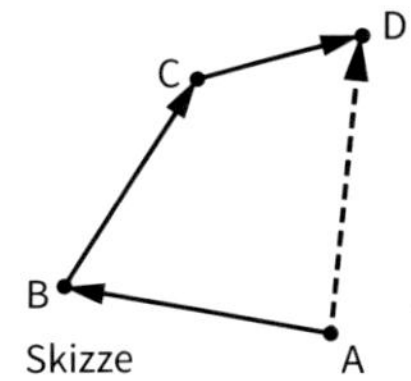

Skizze

b) $\overrightarrow{AB} - \overrightarrow{CB} + \overrightarrow{CA} = \overrightarrow{AB} + \overrightarrow{BC} + \overrightarrow{CA} = \overrightarrow{AC} + \overrightarrow{CA} = \vec{o}$

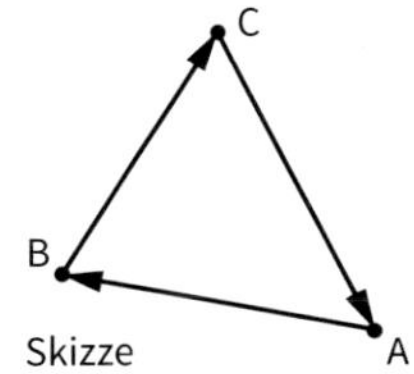

Skizze

c) $\overrightarrow{RS} + \overrightarrow{SR} = \overrightarrow{RR} = \vec{o}$

Skizze

d) $\overrightarrow{RP} - \left(\overrightarrow{RP} - \overrightarrow{PQ}\right) + \overrightarrow{QS}$
$= \overrightarrow{RP} - \overrightarrow{RP} + \overrightarrow{PQ} + \overrightarrow{QS} = \vec{o} + \overrightarrow{PS} = \overrightarrow{PS}$

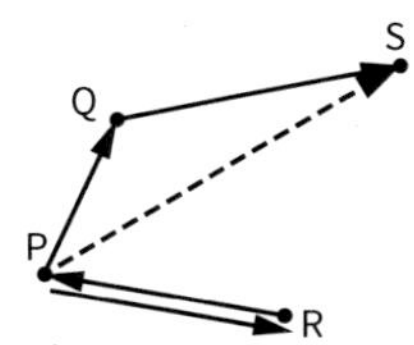

Skizze

e) $\overrightarrow{FG} + \overrightarrow{GH} - \overrightarrow{FI} = \overrightarrow{FH} - \overrightarrow{FI} = \overrightarrow{IH}$

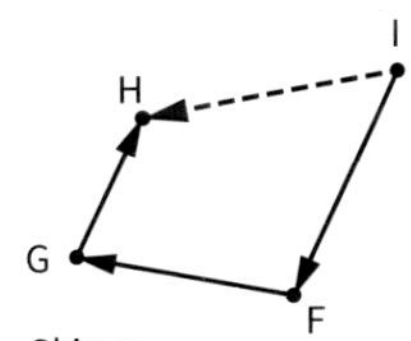

Skizze

f) $\overrightarrow{PQ} - \left(\overrightarrow{SR} - \overrightarrow{QR}\right) + \overrightarrow{SP} = \overrightarrow{PQ} - \overrightarrow{SR} + \overrightarrow{QR} + \overrightarrow{SP}$
$= \overrightarrow{PQ} + \overrightarrow{QR} - \overrightarrow{SR} + \overrightarrow{SP}$
$= \overrightarrow{PR} + \overrightarrow{RS} + \overrightarrow{SP} = \overrightarrow{PS} + \overrightarrow{SP} = \vec{o}$

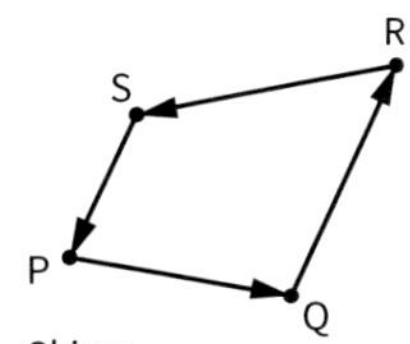

Skizze

229 **10. a)** C(0|2|7); D(3| − 1|2)

b) Seiten als Vektoren darstellbar:

$\overrightarrow{AB} = \begin{pmatrix} -5 \\ 4 \\ 5 \end{pmatrix}$ $|\overrightarrow{AB}| = \sqrt{66} \approx 8{,}12$

$\overrightarrow{BC} = \begin{pmatrix} 2 \\ -3 \\ 4 \end{pmatrix}$ $|\overrightarrow{BC}| = \sqrt{29} \approx 5{,}39$

$\overrightarrow{DC} = \begin{pmatrix} -3 \\ 3 \\ 5 \end{pmatrix}$ $|\overrightarrow{DC}| = \sqrt{43} \approx 6{,}56$

$\overrightarrow{AD} = \begin{pmatrix} 0 \\ -2 \\ 4 \end{pmatrix}$ $|\overrightarrow{AD}| = \sqrt{20} \approx 4{,}47$

Das Viereck ABCD ist kein Parallelogramm!

Gründe: 1) $\overrightarrow{AB} \neq \overrightarrow{CD}$

2) $\overrightarrow{BC} \neq \overrightarrow{AD}$

230 **11. a)**

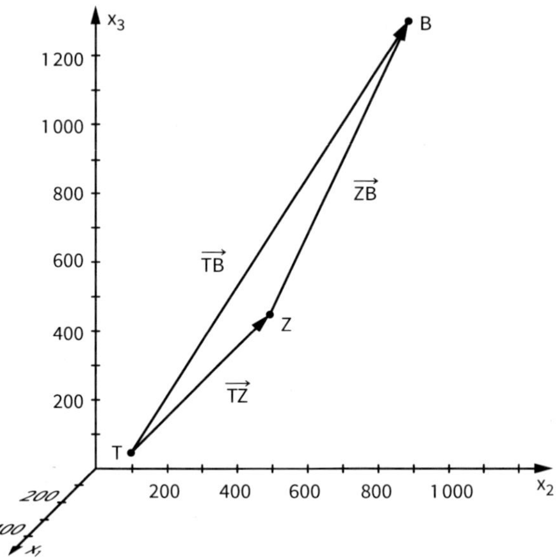

$\overrightarrow{TB} = \begin{pmatrix} 1\,725 \\ 1\,649 \\ 2\,116 \end{pmatrix}$

b) $\overrightarrow{Z_{neu}B} = \begin{pmatrix} 1\,237 \\ 1\,115 \\ 1\,471 \end{pmatrix}$

c) Es gilt: $|\overrightarrow{TZ}| + |\overrightarrow{ZB}| \approx 1\,113{,}13 + 2\,086{,}46 = 3\,199{,}59$

$|\overrightarrow{TZ}_{neu}| + |\overrightarrow{Z_{neu}B}| \approx 969{,}19 + 2\,222 = 3\,191{,}19$

Vor der Verlegung der Zwischenstation war der Weg von der Tal- zur Bergstation 3 199,59 m lang. Nach der Verlegung ist der Weg mit 3 191,19 m Länge etwas kürzer.

12. a) T(375|251|1 314)

b) $|\vec{v}| = \sqrt{150^2 + 600^2 + 1\,200^2} = 1\,350$,

In den ersten 5 Minuten erreicht der Ballon eine Durchschnittsgeschwindigkeit von $\frac{1{,}350\text{ m}}{5\text{ min}} = 270\,\frac{\text{m}}{\text{min}} = 16{,}2\,\frac{\text{km}}{\text{h}}$.

230 **13. a)** in Richtung x_1: –4 Einheiten
in Richtung x_2: 14 Einheiten
in Richtung x_3: – 12 Einheiten
$\left.\right\} \begin{pmatrix} -4 \\ 14 \\ -12 \end{pmatrix}$

b) $H'(74|42|91)$

c) $\sqrt{356} \approx 18{,}87$

231 **14. a)** $D(0|2|9)$, $|\overrightarrow{AB}| = |\overrightarrow{DC}| = \sqrt{41} \approx 6{,}4$,
$|\overrightarrow{AD}| = |\overrightarrow{BC}| = \sqrt{50} \approx 7{,}07$

b) $D(9|7|14)$, $|\overrightarrow{AB}| = |\overrightarrow{DC}| = \sqrt{77} \approx 8{,}77$,
$|\overrightarrow{AD}| = |\overrightarrow{BC}| = \sqrt{35} \approx 5{,}92$

c) $D(6|8|-4)$,
$|\overrightarrow{AB}| = |\overrightarrow{DC}| = \sqrt{116} \approx 10{,}77$,
$|\overrightarrow{AD}| = |\overrightarrow{BC}| = \sqrt{29} \approx 5{,}39$

15. a) $\overrightarrow{DC} = \begin{pmatrix} -2 \\ 1 \\ -4 \end{pmatrix}$; $\overrightarrow{AB} = \overrightarrow{DC}$
ABCD ist ein Parallelogramm.

b) $\overrightarrow{DC} = \begin{pmatrix} 5 \\ 4 \\ 1 \end{pmatrix}$, $\overrightarrow{AB} \neq \overrightarrow{DC}$
ABCD ist kein Parallelogramm. Allerdings ist das Viereck ABDC ein Parallelogramm.

c) $\overrightarrow{DC} = \begin{pmatrix} 3 \\ 1 \\ 3 \end{pmatrix}$; $\overrightarrow{AB} = \overrightarrow{DC}$
ABCD ist ein Parallelogramm.

16.

Dreieck	Eigenschaften
Gleichseitiges Dreieck	Alle drei Seiten sind gleich lang. Alle drei Winkel haben 60°.
Gleichschenkliges Dreieck	Zwei Winkel sind gleich groß. Die anliegenden Schenkel sind gleich lang.
Rechtwinkliges Dreieck	Ein Winkel hat 90°. Ein Dreieck ist genau dann rechtwinklig, wenn der Satz des Pythagoras gilt.

17. a) $|\overrightarrow{AB}| = \sqrt{41}$, $|\overrightarrow{AC}| = \sqrt{41}$, $|\overrightarrow{BC}| = \sqrt{122}$
$41 + 41 = 82 \neq 122$, das Dreieck ist gleichschenklig, aber nicht rechtwinklig.

b) $|\overrightarrow{AB}| = \sqrt{68}$, $|\overrightarrow{AC}| = \sqrt{85}$, $|\overrightarrow{BC}| = \sqrt{17}$
$68 + 17 = 85$, das Dreieck ist rechtwinklig.

c) $|\overrightarrow{AB}| = \sqrt{20}$, $|\overrightarrow{AC}| = \sqrt{16{,}25}$, $|\overrightarrow{BC}| = \sqrt{16{,}25}$
$16{,}25 + 16{,}25 = 32{,}5 \neq 20$, das Dreieck ist gleichschenklig, aber nicht rechtwinklig.

d) $|\overrightarrow{AB}| = \sqrt{36}$, $|\overrightarrow{AC}| = \sqrt{10}$, $|\overrightarrow{BC}| = \sqrt{26}$
$10 + 26 = 36$, das Dreieck ist rechtwinklig.

e) $|\overrightarrow{AB}| = \sqrt{36}$, $|\overrightarrow{AC}| = \sqrt{36}$, $|\overrightarrow{BC}| = \sqrt{72}$
$36 + 36 = 72$, das Dreieck ist gleichschenklig-rechtwinklig.

231

18. a) $u = |\overrightarrow{AB}| + |\overrightarrow{AC}| + |\overrightarrow{BC}| = \sqrt{30} + \sqrt{50} + \sqrt{148} \approx 24{,}71$

b) $|\overrightarrow{AB}| = |\overrightarrow{AC}|$, also $30 = k^2 + 6k + 10$; $k_1 = -3 + \sqrt{29} \approx 2{,}39$, $k_2 = -3 - \sqrt{29} \approx -8{,}39$

$|\overrightarrow{AB}| = |\overrightarrow{BC}|$, also $30 = k^2 - 4k + 8$; $k_3 = 2 + \sqrt{26} \approx 7{,}1$, $k_4 = 2 - \sqrt{26} \approx -3{,}1$

$|\overrightarrow{AC}| = |\overrightarrow{BC}|$, also $k^2 + 6k + 10 = k^2 - 4k + 8$; $k_5 = -\frac{1}{5}$

Für die Werte k_1 bis k_5 erhält man ein gleichschenkliges Dreieck.
Das Dreieck kann nicht gleichseitig sein, da es keinen Wert für k gibt, für den alle drei Seiten gleich lang sind.

19. a) Es gilt: $|\overrightarrow{AB}| = \sqrt{25}$, $|\overrightarrow{AC}| = \sqrt{50}$, $|\overrightarrow{BC}| = \sqrt{25}$,
also $|\overrightarrow{AB}| = |\overrightarrow{BC}|$. Außerdem gilt $|\overrightarrow{AB}|^2 + |\overrightarrow{BC}|^2 = |\overrightarrow{AC}|^2$.
Das Dreieck ist also gleichschenklig-rechtwinklig.
$\overrightarrow{OD} = \overrightarrow{OA} + \overrightarrow{BC} = \begin{pmatrix} 4 \\ 3 \\ 9 \end{pmatrix}$. Für D(4|3|9) ist das Viereck ABCD ein Quadrat.

b) Es gilt: $|\overrightarrow{AS}| = \sqrt{52}$, $|\overrightarrow{BS}| = \sqrt{17}$, $|\overrightarrow{CS}| = \sqrt{18}$, $|\overrightarrow{DS}| = \sqrt{53}$
Die Seiten der Pyramide haben alle eine unterschiedliche Länge.

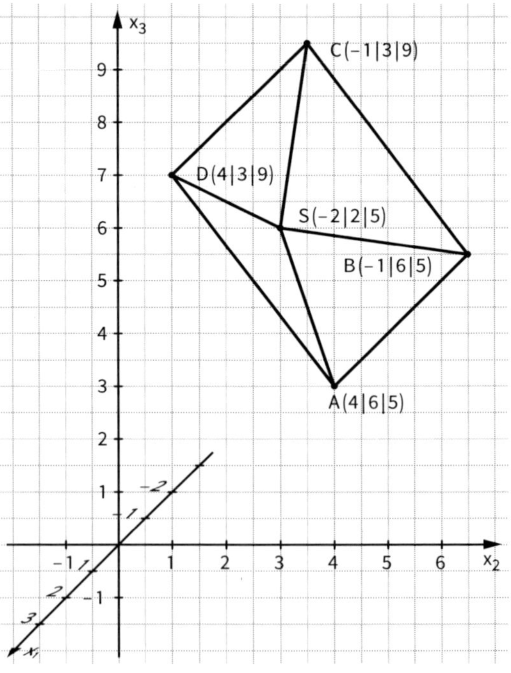

5.4 Vervielfachen von Vektoren

233

1. **a)** $\begin{pmatrix} -2 \\ 10 \\ 14 \end{pmatrix}$ **b)** $\begin{pmatrix} 3 \\ -6 \\ 4{,}5 \end{pmatrix}$ **c)** $\begin{pmatrix} -2 \\ 0 \\ -2{,}5 \end{pmatrix}$ **d)** $\begin{pmatrix} -6 \\ -3 \\ 15 \end{pmatrix}$ **e)** $\begin{pmatrix} 5 \\ -7{,}5 \\ 6{,}25 \end{pmatrix}$

2. Mehrere Lösungen immer möglich; einfache Beispiele:

a) $\vec{a} = \frac{1}{6} \cdot \begin{pmatrix} 4 \\ -6 \\ 3 \end{pmatrix}$

b) $\vec{a} = \frac{1}{12} \cdot \begin{pmatrix} -48 \\ -9 \\ 4 \end{pmatrix}$

c) $\vec{a} = 6 \cdot \begin{pmatrix} 3 \\ -2 \\ 4 \end{pmatrix}$; hier wäre die Aufgabenstellung ebenfalls eine Lösung.

d) $\vec{a} = \frac{1}{6} \cdot \begin{pmatrix} -3 \\ 120 \\ 4 \end{pmatrix}$

3. (1) Wegen der ersten Koordinate müsste der Faktor (– 1) sein. Dies passt nicht zur dritten Koordinate.

(2) Wegen der ersten Koordinate müsste der Faktor $\frac{1}{2}$ sein. Dies passt weder zur zweiten noch zur dritten Koordinate.

(3) Wegen der ersten Koordinate müsste der Faktor $\frac{1}{2}$ sein. Dies passt nicht zur dritten Koordinate.

(4) Da $\vec{a}$ und $\vec{b}$ die gleiche x_3-Koordinate haben, aber unterschiedliche x_1- und x_2-Koordinaten, kann $\vec{b}$ kein Vielfaches von $\vec{a}$ sein.

234

4. **a)** $\vec{b} = \begin{pmatrix} \frac{2}{3} \\ -\frac{1}{3} \\ \frac{2}{3} \end{pmatrix}$ **c)** $\vec{b} = \frac{1}{\sqrt{106}} \cdot \begin{pmatrix} 9 \\ 0 \\ 5 \end{pmatrix}$

b) $\vec{b} = \frac{1}{5\sqrt{2}} \cdot \begin{pmatrix} 5 \\ 3 \\ -4 \end{pmatrix}$ **d)** $\vec{b} = \frac{1}{\sqrt{2}} \cdot \begin{pmatrix} 1 \\ 0 \\ 1 \end{pmatrix}$

Es gibt jeweils nur eine Lösung.

5. $\vec{b} = 2 \cdot \begin{pmatrix} -2 \\ 5 \\ 4 \end{pmatrix} = 2 \cdot \vec{d}$;

$\vec{b}$ und $\vec{d}$ sind parallel zueinander.

$\vec{c} = -1{,}2 \cdot \begin{pmatrix} 2 \\ -5 \\ 4 \end{pmatrix} = -1{,}2 \cdot \vec{a}$; $\vec{e} = 150 \cdot \begin{pmatrix} 2 \\ -5 \\ 4 \end{pmatrix} = 150 \cdot \vec{a}$;

$\vec{a}$, $\vec{c}$ und $\vec{e}$ sind parallel zueinander.

234

6.

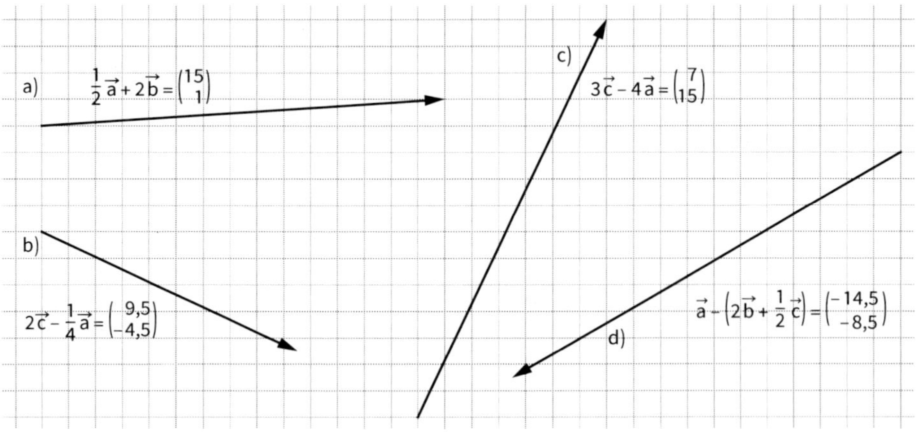

7. (1) $\frac{1}{2}\vec{a} + \frac{1}{2}\vec{b}$ (2) $-\vec{a} + \vec{b}$ (3) $\vec{a}$ (4) $\frac{1}{2}\vec{b}$

8. $\overrightarrow{AM_1} = \vec{a} + \frac{1}{2}\vec{b} + \frac{1}{2}\vec{c}$ $\overrightarrow{M_1M_2} = \frac{1}{2}\vec{b} - \frac{1}{2}\vec{a}$

$\overrightarrow{HM_3} = \frac{1}{2}\vec{a} - \vec{b} - \frac{1}{2}\vec{c}$ $\overrightarrow{M_2A} = -\frac{1}{2}\vec{c} - \frac{1}{2}\vec{a} - \vec{b}$

9. $\overrightarrow{MS} = -\frac{1}{2}\left(\vec{a} + \vec{b}\right) + \vec{c}$ $\overrightarrow{CS} = -\left(\vec{a} + \vec{b}\right) + \vec{c}$ $\overrightarrow{SB} = \vec{a} - \vec{c}$

10. $\overrightarrow{AB} = \begin{pmatrix} -12 \\ 12 \\ -4 \end{pmatrix}$, $\overrightarrow{OM} = \overrightarrow{OA} + \frac{1}{2}\overrightarrow{AB} = \begin{pmatrix} 3 \\ -4 \\ 7 \end{pmatrix} + \begin{pmatrix} -6 \\ 6 \\ -2 \end{pmatrix} = \begin{pmatrix} -3 \\ 2 \\ 5 \end{pmatrix}$

Der Mittelpunkt M der Strecke $\overline{AB}$ liegt bei $M(-3|2|5)$.
Für den Mittelpunkt M einer Strecke $\overline{AB}$ gilt allgemein:

$$\overrightarrow{OM} = \overrightarrow{OA} + \frac{1}{2}\overrightarrow{AB} = \overrightarrow{OA} + \frac{1}{2}\left(\overrightarrow{AO} + \overrightarrow{OB}\right) = \overrightarrow{OA} + \frac{1}{2}\left(-\overrightarrow{OA} + \overrightarrow{OB}\right)$$
$$= \frac{1}{2}\overrightarrow{OA} + \frac{1}{2}\overrightarrow{OB} = \frac{1}{2}\left(\overrightarrow{OA} + \overrightarrow{OB}\right)$$

11. $\overrightarrow{AB} = \begin{pmatrix} -6 \\ 4 \\ 2 \end{pmatrix}$; $\overrightarrow{AC} = \begin{pmatrix} 4 \\ -6 \\ -2 \end{pmatrix}$; $\overrightarrow{BC} = \begin{pmatrix} 10 \\ -10 \\ -4 \end{pmatrix}$ $M_a(1|0|4)$; $M_b(4|-2|3)$; $M_c(-1|3|5)$

$\overrightarrow{M_aM_b} = \begin{pmatrix} -3 \\ -2 \\ -1 \end{pmatrix} = -\frac{1}{2}\overrightarrow{AB}$

$\overrightarrow{M_aM_c} = \begin{pmatrix} -2 \\ 3 \\ 1 \end{pmatrix} = -\frac{1}{2}\overrightarrow{AC}$

$\overrightarrow{M_bM_c} = \begin{pmatrix} -5 \\ 5 \\ 2 \end{pmatrix} = -\frac{1}{2}\overrightarrow{BC}$

Jede Seite des Mittendreiecks $M_aM_bM_c$ ist parallel zur gegenüberliegenden Seite des Dreiecks ABC und halb so lang wie diese. Die Dreiecke ABC und $M_aM_bM_c$ sind ähnlich zueinander.

Blickpunkt: Bewegungen auf dem Wasser

235

1. $|\vec{v}| = \sqrt{1{,}4^2 + (-2{,}1)^2} \approx 2{,}52$

Geschwindigkeit $v \approx 2{,}52\,\frac{m}{s} = 9{,}07\,\frac{km}{h} \approx 5{,}04\,kn$

2. $|\vec{v_A}| = 6\,kn \approx 10{,}8\,\frac{km}{h} \approx 3\,\frac{m}{s}$; $|\vec{v_B}| = 10\,kn \approx 18\,\frac{km}{h} \approx 5\,\frac{m}{s}$

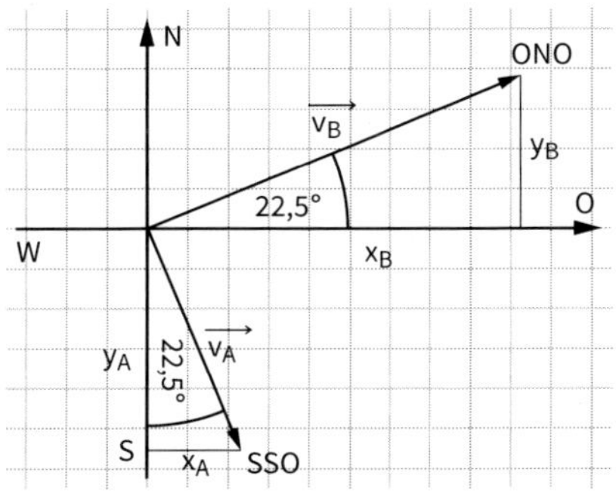

Der Winkel zwischen den beiden Kursen beträgt 90°.

$x_A = 3 \cdot \sin(22{,}5°) \approx 2{,}30$; $y_A = -3 \cdot \cos(22{,}5°) \approx -5{,}54$; $\vec{v_A} \approx \begin{pmatrix} 1{,}15 \\ -2{,}77 \end{pmatrix}$

$x_B = 5 \cdot \cos(22{,}5°) \approx 9{,}24$; $y_B = 5 \cdot \sin(22{,}5°) \approx 3{,}83$; $\vec{v_B} \approx \begin{pmatrix} 4{,}62 \\ 1{,}91 \end{pmatrix}$

236

3. $\vec{v} = \vec{v_1} + \vec{v_2} = \begin{pmatrix} 2 \\ 5 \end{pmatrix} + \begin{pmatrix} 1 \\ -2 \end{pmatrix} = \begin{pmatrix} 3 \\ 3 \end{pmatrix}$

$|\vec{v}| = \sqrt{18}\,\frac{m}{s} \approx 4{,}24\,\frac{m}{s} \approx 15{,}27\,\frac{km}{h}$

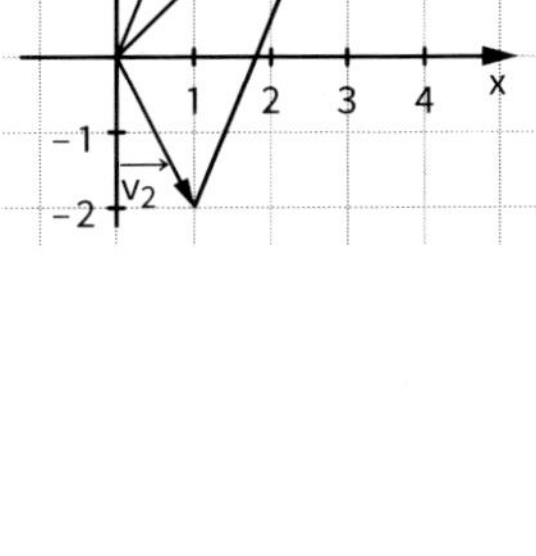

236

4. $x_1 = 4 \cdot \cos(75°) \approx 1{,}04;\; y_1 = 4 \cdot \sin(75°) \approx 3{,}86$

$\overrightarrow{v_1} \approx \begin{pmatrix} 1{,}04 \\ 3{,}86 \end{pmatrix};\; \overrightarrow{v_2} = \begin{pmatrix} 3 \\ 0 \end{pmatrix}$

$\vec{v} = \overrightarrow{v_1} + \overrightarrow{v_2} \approx \begin{pmatrix} 4{,}04 \\ 3{,}86 \end{pmatrix}$

$|\vec{v}| \approx \sqrt{4{,}04^2 + 3{,}86^2} \approx 5{,}59$

Der Tanker bewegt sich mit einer Geschwindigkeit von ca. 5,6 kn.

Anmerkung: Die Geschwindigkeit kann auch durch Ablesen in einer maßstabsgetreuen Zeichnung bestimmt werden.

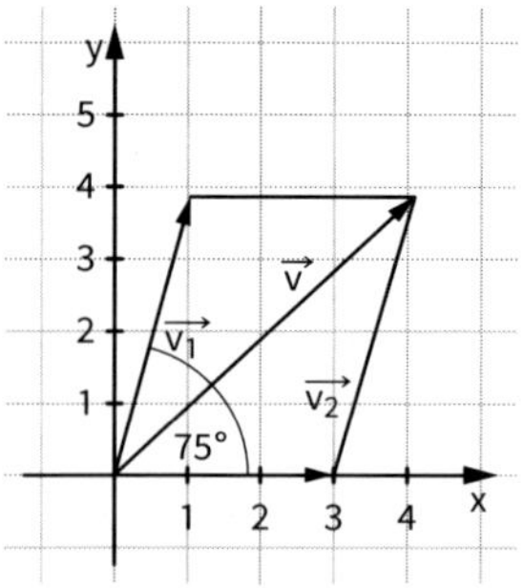